国家中等职业教育改革发展
示范校建设项目成果

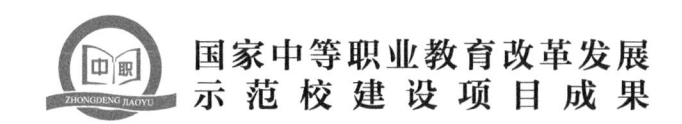

室内照明系统的安装与维修一体化教材

shinei zhaomingxitong de anzhuang yu weixiu yitihua jiaocai

主　编　陈　娇
副主编　高小霞
参　编　谭添满　费红蕾　卢光飞

知识产权出版社
全国百佳图书出版单位

责任编辑：石陇辉　　　　　责任校对：孙婷婷
封面设计：刘　伟　　　　　责任出版：刘译文

图书在版编目（CIP）数据

室内照明系统的安装与维修一体化教材/陈娇主编.—北京：知识产权出版社，2016.1（2024.7重印）

国家中等职业教育改革发展示范校建设项目成果

ISBN 978-7-5130-2186-9

Ⅰ.①室… Ⅱ.①陈… Ⅲ.①室内照明—安装—中等专业学校—教材②室内照明—维修—中等专业学校—教材 Ⅳ.①TU113.6

中国版本图书馆 CIP 数据核字（2013）第 176943 号

国家中等职业教育改革发展示范校建设项目成果

室内照明系统的安装与维修一体化教材

陈娇　主编

出版发行：	知识产权出版社有限责任公司		
社　　址：	北京市海淀区气象路50号院	邮　编：	100088
网　　址：	http：//www.ipph.cn	邮　箱：	bjb@cnipr.com
发行电话：	010-82000860 转 8101/8102	传　真：	010-82005070/82000893
责编电话：	010-82000860 转 8133	责编邮箱：	191985408@qq.com
印　　刷：	北京中献拓方科技发展有限公司	经　销：	新华书店、各大网上书店及相关专业书店
开　　本：	787mm×1092mm　1/16	印　张：	17.25
版　　次：	2016 年 1 月第 1 版	印　次：	2024 年 7 月第 2 次印刷
字　　数：	410 千字	定　价：	54.00 元

ISBN 978-7-5130-2186-9

出版权专有　侵权必究

如有印装质量问题，本社负责调换。

审定委员会

主　　任：高小霞
副主任：郭雄艺　罗文生　冯启廉　陈　强
　　　　刘足堂　何万里　曾德华　关景新
成　　员：纪东伟　赵耀庆　杨　武　朱秀明　荆大庆
　　　　罗树艺　张秀红　郑洁平　赵新辉　姜海群
　　　　黄悦好　黄利平　游　洲　陈　娇　李带荣
　　　　周敬业　蒋勇辉　高　琰　朱小远　郭观棠
　　　　祝　捷　蔡俊才　张文库　张晓婷　贾云富

序

根据《珠海市高级技工学校"国家中等职业教育改革发展示范校建设项目任务书"》的要求，2011年7月至2013年7月，我校立项建设的数控技术应用、电子技术应用、计算机网络技术和电气自动化设备安装与维修四个重点专业，需构建相对应的课程体系，建设多门优质专业核心课程，编写一系列一体化项目教材及相应实训指导书。

基于工学结合专业课程体系构建需要，我校组建了校企专家共同参与的课程建设小组。课程建设小组按照"职业能力目标化、工作任务课程化、课程开发多元化"的思路，建立了基于工作过程、有利于学生职业生涯发展的、与工学结合人才培养模式相适应的课程体系。根据一体化课程开发技术规程，剖析专业岗位工作任务，确定岗位的典型工作任务，对典型工作任务进行整合和条理化。根据完成典型工作任务的需求，四个重点建设专业由行业企业专家和专职教师共同参与的课程建设小组开发了以职业活动为导向、以校企合作为基础、以综合职业能力培养为核心，理论教学与技能操作融合贯通的一系列一体化项目教材及相应实训指导书，旨在实现"三个合一"，即能力培养与工作岗位对接合一、理论教学与实践教学融通合一、实习实训与顶岗实习学做合一。

本系列教材已在我校经过多轮教学实践，学生反响良好，可用作中等职业院校数控、电子、网络、电气自动化专业的教材，以及相关行业的培训材料。

珠海市高级技工学校

前 言

本书是电气自动化设备安装与维修专业优质核心课程的一体化教材。课程建设小组以电气自动化职业岗位工作任务分析为基础，以国家职业资格标准为依据，以综合职业能力培养为目标，以典型工作任务为载体，以学生为中心，运用一体化课程开发技术规程，根据典型工作任务和工作过程设计课程教学内容和教学方法，按照工作过程的顺序和学生自主学习的要求进行教学设计并安排教学活动，共设计了8个学习任务，每个学习任务下又设计了6～8个学习活动，每个学习活动通过3～4个教学环节，完成学习活动。通过这些学习任务，重点对学生进行室内照明行业的基本技能、岗位核心技能的训练，并通过完成室内照明系统的安装与维修典型工作任务的一体化课程教学达到与电气自动化设备安装与维修专业对应的室内照明系统岗位的对接，实现"学习的内容是工作，通过工作实现学习"的工学结合课程理念，最终达到培养高素质技能型人才的培养目标。

本书由我校电气自动化设备安装与维修专业相关人员与珠海长陆工业自动化控制系统有限公司等单位的行业、企业专家共同开发、编写完成。本书由陈娇担任主编，由高小霞担任副主编，参加编写的人员还有谭添满、费红蕾、卢光飞。全书由卢光飞和刘足堂主任统稿，高小霞校长对该成果进行了审稿与指导，曾德华主任等参加了审稿和指导工作。

由于时间仓促，编者水平有限，加之改革处于探索阶段，书中难免有不妥之处，敬请专家、同仁给予批评指正，为我们的后续改革和探索提供宝贵的意见和建议。

编 者

目 录

任务一　职业感知与安全用电 …………………………………………………… 1
　　学习活动一　职业感知 ………………………………………………………… 1
　　学习活动二　"我未来的工作"角色扮演 …………………………………… 6
　　学习活动三　电的基本知识 …………………………………………………… 8
　　学习活动四　安全用电 ………………………………………………………… 33
　　学习活动五　触电急救 ………………………………………………………… 44
　　学习活动六　工作总结与评价 ………………………………………………… 49
任务二　书房一控一灯的安装 …………………………………………………… 51
　　学习活动一　明确工作任务 …………………………………………………… 52
　　学习活动二　识读电路图 ……………………………………………………… 54
　　学习活动三　勘察施工现场 …………………………………………………… 63
　　学习活动四　制订工作计划 …………………………………………………… 65
　　学习活动五　施工前准备 ……………………………………………………… 66
　　学习活动六　现场施工 ………………………………………………………… 78
　　学习活动七　施工项目验收 …………………………………………………… 82
　　学习活动八　工作总结与评价 ………………………………………………… 84
任务三　办公室荧光灯的安装 …………………………………………………… 86
　　学习活动一　明确工作任务 …………………………………………………… 87
　　学习活动二　勘察施工现场 …………………………………………………… 92
　　学习活动三　制订工作计划 …………………………………………………… 94
　　学习活动四　施工前准备 ……………………………………………………… 96
　　学习活动五　现场施工 ………………………………………………………… 103
　　学习活动六　施工项目验收 …………………………………………………… 110
　　学习活动七　工作总结与评价 ………………………………………………… 113
任务四　楼梯双控灯的安装 ……………………………………………………… 115
　　学习活动一　明确工作任务 …………………………………………………… 116
　　学习活动二　勘察施工现场 …………………………………………………… 118
　　学习活动三　制订工作计划 …………………………………………………… 121
　　学习活动四　施工前准备 ……………………………………………………… 123
　　学习活动五　现场施工 ………………………………………………………… 127
　　学习活动六　施工项目验收 …………………………………………………… 129
　　学习活动七　工作总结与评价 ………………………………………………… 131

任务五　教室照明线路的安装与检修 ·· 133
学习活动一　明确工作任务 ·· 134
学习活动二　勘察施工现场 ·· 139
学习活动三　制订工作计划 ·· 145
学习活动四　现场准备与元器件的学习 ·· 155
学习活动五　现场施工 ·· 161
学习活动六　施工项目验收 ·· 172
学习活动七　工作总结与评价 ··· 175

任务六　实训室照明线路的安装 ·· 179
学习活动一　明确工作任务 ·· 180
学习活动二　勘察施工现场，制定施工方案 ··· 187
学习活动三　领取材料 ·· 191
学习活动四　准备现场 ·· 193
学习活动五　现场施工，交付验收 ··· 197
学习活动六　工作总结与评价 ··· 211

任务七　套房用电线路的安装与检修 ·· 215
学习活动一　明确工作任务 ·· 215
学习活动二　勘察施工现场 ·· 219
学习活动三　制定施工方案 ·· 222
学习活动四　现场施工 ·· 225
学习活动五　检修 ·· 229
学习活动六　交付验收 ·· 233
学习活动七　工作总结与评价 ··· 236

任务八　车间照明线路的安装 ··· 242
学习活动一　明确工作任务 ·· 243
学习活动二　勘察施工现场 ·· 245
学习活动三　制订工作计划 ·· 247
学习活动四　施工前准备 ··· 248
学习活动五　现场施工 ·· 264
学习活动六　施工项目验收 ·· 265
学习活动七　工作总结与评价 ··· 266

任务一
职业感知与安全用电

【学习目标】

(1) 感知维修电工的职业特征，培养维修电工的职业素养。
(2) 了解安全用电知识，建立自觉遵守电工安全操作规程的意识。
(3) 分析触电事故案例，了解常见的触电方式，正确采取措施、预防触电。
(4) 提高处理突发事件的能力。
(5) 能正确实施触电急救。
(6) 提高团队协作能力和沟通能力。

建议课时：46课时

【工作情境描述】

很多学生对物理课中电学部分涉及的电压、电流只有一些粗浅的概念性的了解，在现实的生产、生活中，哪里需要维修电工？维修电工应该干些什么？他们的工作环境怎样？一个合格的维修电工应该具备哪些基本技能？对于刚刚走入职业学校的学生来讲一无所知。需要进行职业素养教育，了解维修电工的职业特征。

维修电工必须接受安全教育，在具有遵守电工安全操作规程意识、了解安全用电常识后，经过专业学习与训练，才能走上岗位。

【工作流程与内容】

学习活动一	职业感知	（6课时）
学习活动二	"我未来的工作"角色扮演	（4课时）
学习活动三	电的基本知识	（14课时）
学习活动四	安全用电	（6课时）
学习活动五	触电急救	（12课时）
学习活动六	工作总结与评价	（4课时）

学习活动一 职业感知

【学习目标】

感知维修电工的职业特征，培养维修电工的职业素养。

学习地点：现场、教室

学习课时：6课时

【学习过程】

一、现场参观（无条件的可观看录像）后引出问题

引导问题1：你知道图1-1～图1-3中的这些人在干什么吗？图1-4是什么工作吗？

图1-1：_____　　图1-2：_____

图1-3：_____　　图1-4：_____

图1-1　工作1

图1-2　工作2

图1-3　工作3

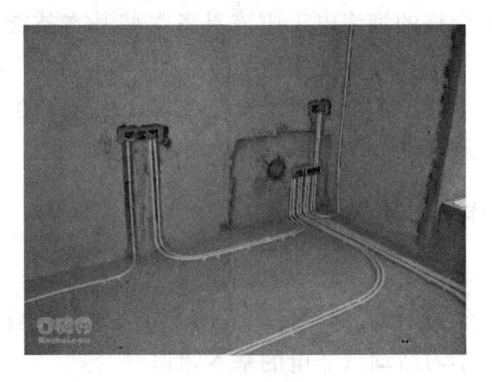

图1-4　工作4

引导问题2：图片中的这些人从事的是什么职业？

_____

_____

引导问题3：你认为怎样才能干好这些工作？

_____

_____

引导问题4：你将来想从事这项工作吗？

_____

引导问题5：干好这些工作要付出很多努力，学习很多的知识和技能，你有思想准备吗？

引导问题6：你能为此付出努力吗？

引导问题7：维修电工需要服从领导安排，遵守劳动纪律吗？

引导问题8：维修电工需要学会与客户进行沟通吗？

二、学习拓展

对电工职业的了解：

1. 职业名称

以上人员从事的都是维修电工职业，维修电工属于特种作业行业（特种作业是指容易发生人员伤亡事故，对操作者本人、他人及周围设施的安全可能造成重大危害的作业。直接从事特种作业的人员称为特种作业人员）。从事这个职业需要考取电工上岗证，也就是平时我们所说的电工操作证。

2. 维修电工职业等级

维修电工共设五个等级（见图1-5），分别为：初级（国家职业资格五级）、中级（国家职业资格四级）、高级（国家职业资格三级）、技师（国家职业资格二级）、高级技师（国家职业资格一级）。

图1-5 维修电工的等级

3. 维修电工的工作性质与要求

大体来说，维修电工的任务除了电子技术（弱电）之外的从发电、供电到用电的所有强电都是维修电工的工作范围。如熔丝、灯泡的更换，电动机的基本线路的安装与维修，电气自动化控制线路设计、安装、调试等都是电工的工作范围，因此各企事业单位与电相关的设备都离不开维修电工。

维修电工的工作环境：室内、室外。

维修电工一般需要有三证：电工上岗证（见图1-6）（安全生产监督管理总局颁发）、职业资格证（见图1-5）（人力资源和社会保障部颁发）、高压进网证（电力监管部门颁发）（见图1-7）。

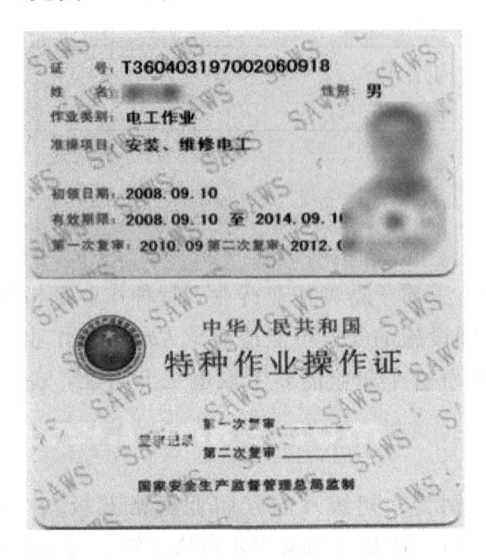

图1-6　电工上岗证　　　　　　　图1-7　高压进网证

4．需要具备哪些能力从事这个职业

（1）要有一定的理论知识，观察、判断、分析能力。

（2）要有简单的计算能力及查阅资料能力。

（3）要有肢体灵活协调能力，并能高空作业。

5．要养成良好的工作习惯

（1）维修电工必须遵守职业守则。

1）严格执行工作程序、工作规范、工艺文件和安全操作规程。

2）爱岗敬业，具有高度的责任心。

3）遵守法律、法规和相关规定。

4）工作认真负责，团结合作。

5）爱护设备及工具、夹具、刀具、量具。

6）着装整洁，符合规定；保持工作环境清洁有序，安全文明生产。

（2）维修电工职业道德规范。

1）安全作业，文明施工。

2）维修及时，认真负责。

3）遵守纪律，服务热情。

4）按章办事，不谋私利。

（3）维修电工的岗位职责。

1) 负责本公司、本车间的低压线路、电机和电气设备的安装、修理与保养工作。

2) 认真学习和掌握先进的电力技术，熟悉所辖范围内的电力、电气设备的用途、构造、原理、性能及操作维护保养等内容。

3) 严格遵守国家安全规程，保证安全供电，保证电气设备正常运转。

4) 经常深入现场，巡视检查电气设备状况及其安全防护，倾听操作工的意见。

5) 认真填写电气设备维修记录（检修项目、内容、部位、所换零部件、日期、工时、备用材料消耗等项）积累好原始资料。

6) 按试车要求对设备进行试车验收工作。

7) 掌握所使用的工具、量具、仪表的使用方法并精心保管，节约使用备件、材料、油料。搞好文明生产，做好交接班记录。

（4）安全操作规程。

1) 停电作业时，必须先用电笔检查是否有电，方可进行工作，凡是安装设备或修理设备完毕时，在送电前进行严格检查，方可送电。

2) 在一般情况下不许带电作业，必须带电作业时，要做好可靠的安全保护措施，有二人进行（一人操作一人监护）。

3) 雷雨天禁止高空、高压作业（禁止使用高压拉杆等），雨天室外作业必须停电，并尽量保持工具干燥。

4) 高空作业必须佩戴好安全带、小绳及工具袋，禁止上下抛掷东西。

5) 高空作业必须执行停送电工作票制度，做到无工作票不上杆，不交票不送电。

6) 高空作业坚持"四不上"：梯子不牢不上，安全用具不可靠不上，没有监护不上，线路识别不明不上。

7) 带电工作时，切勿切割任何载流导线。

8) 工作前必须检查工具是否良好，并要合理使用工具，工作前需首先检查现场的安全情况，保证安全作业。

9) 任何电气设备拆除后不得有裸露带电的导体，清扫电动机线圈时，不得用洗油及尖锐金属以免损坏绝缘，设备检修时不得私自改变线路，安装必须按图样施工。

10) 凡是一般用（临时）的电器设备与电源相接时，禁止直接或搭接，需装临时开关或刀闸。

11) 使用高压拉杆时，须戴高压绝缘手套。

12) 遇有严重威胁人身或设备的安全紧急情况时，可先拉开有关开关，事后向上级报告。

13) 在设备进行维修前，必须将电源切断并加锁或悬挂"停电作业"牌。

14) 对变压器维修时，高低压侧均需断开线路电源及负荷线，防止意外发生高压等危险。

15) 300A 以上电流互感器，次级回路禁止带电作业。

16) 电工安全用具装备应经常检查绝缘情况并规定每年一次耐压试验。

17) 在带电操作换灯泡（防止电压不符灯泡爆炸）等作业时，要戴防护眼镜。

小知识

职业——个人在社会中所从事的作为主要生活来源的工作。

知识——人们在改造世界的实践中所获的认知和经验的总和。

技能——本领，掌握和运用专门技术的能力。

三、你的亲友、邻居有当电工的吗？讲述你所了解的人和事

小组活动：

一个学生讲，组内其他学生听。组内学生互评，主要评价学生的语言表述能力、理解能力，评价表1见表1-1。

表1-1　　　　　　　　　　评价表1

序号	讲述人	评价内容		语言表述能力排序
		讲述了几个内容	以前你知道他讲的事情吗？	
1				
2				
3				
4				

评价人签字＿＿＿＿＿＿

学习活动二　"我未来的工作"角色扮演

【学习目标】

通过（领导、电工、用户）角色扮演，练习人与人之间的沟通能力，展望未来的工作。

学习地点：教室

学习课时：4课时

【学习过程】

一、小组活动

以小组为单位分配（领导、电工、用户）角色，通过（领导、电工、用户）角色扮演，练习人与人之间的沟通能力，展望未来的工作。（学生可充分发挥想象力自定内容）

案例1　某居民小区，物业领导安排电工到客户家进行电灯检修，电工到用户家后，用户责怪电工来的不及时，态度不好……电工应怎样完成检修任务？

首先主要体现与客户的沟通能力；其次要体现安全文明生产的内涵。

案例2　某公司领导安排电工到某车间进行照明电路检修，电工接到任务后，到车间后会遇到的问题，如何完成维修任务，由学生自己设计场景，进行表演。

首先主要体现维修电工接到任务后的处理办法；其次要体现维修电工到了现场的处理

过程（可以从正反两个方面进行表演）

具体活动1：小组活动：安排内容，选择角色。评价表2见表1-2。

表1-2　　　　　　　　　　　　　评价表2

角色	学生姓名	内容设计（沟通的内容、安全内容均可）
领导		
用户		
电工		

具体活动2：各小组在班级内展示，进行"我未来的工作"角色扮演，可以谈一谈维修电工方面的感想或模拟维修电工的实际工作情况。

具体活动3：展示评价，填写表1-3。

表1-3　　　　　　　　　　　　　评价表3

| 组号 | 参加展示人数 | 评价 || 小组优良排序 |
		语言表达最好的学生	模拟最好的学生	
1				
2				
3				
4				
5				

评价人签字＿＿＿＿＿＿、＿＿＿＿＿＿、＿＿＿＿＿＿

二、职业感知活动总结评价（见表1-4）

学生姓名＿＿＿＿＿＿＿

表1-4　　　　　　　　　　　　　评价表4

| 序号 | 项目 | 自我评价 ||| 小组评价 ||| 教师评价 |||
		10～8	7～6	5～1	10～8	7～6	5～1	10～8	7～6	5～1
1	小组活动参与度									
2	正确理解工作任务									
3	遵守出勤纪律									
4	看图回答问题									
5	学习准备充分、齐全									
6	协作精神									
7	时间观念									
8	仪容仪表符合活动要求									
9	语言表达规范									
10	角色扮演表现									
	总评									

教学建议：
（1）结合两天来的活动进行职业感知活动总结评价。
（2）职业感知活动总结评价每个学生一份，总评结果纳入学习任务一总成绩。

学习活动三　电的基本知识

【学习目标】

通过学习电路中的物理量，基本电路元器件，常用电路定理、定律，掌握足够的电路知识，为完成"照明线路的安装与检修"课程准备必要的理论基础。

学习地点：教室

学习课时：14课时

【学习过程】

一、电工中的基本物理量（2课时）

引导问题1：根据你的经验，说说关于电路你知道些什么？
_____
_____

引导问题2：你对电流有怎样的认识？
_____
_____

引导问题3：你对电压有怎样的认识？
_____
_____

引导问题4：根据你的了解，说说电路中的能量和能量转换
_____
_____

引导问题5：知道功率的意义吗？电器铭牌上的额定值有什么用处？
_____
_____

1. 电路

电流流通的路径。电路一般由电源、负载和中间环节组成，本课程中电源取自供电网，负载为各种灯，中间环节是导线，开关，有的电路中还有测量和保护装置。

对于电路了解，我们可以先从水路的道理来理解，如图1-8所示。

水往低处流，是说水从水压高的地方（A水槽）流向水压低的地方（B水槽）。水能流动的原因：水路中存在水，水流的路径中存在水压。

电流和水流类似，见图1-9，电流的流向也是从电压高的地方流向电压低的地方。电流流动的原因是，导体中有自由电荷，导体两端有电压。

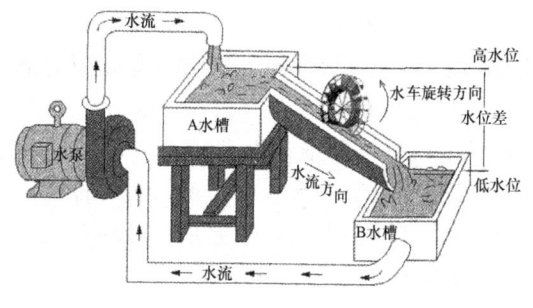

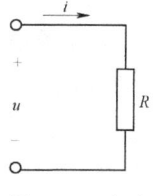

图 1-8 水流　　　　　　　图 1-9 电流

2. 电流

电荷的定向移动形成电流。

电流的大小用电流强度表示，简称为电流。

大写 I 表示直流电流，小写 i 表示电流的一般符号。

电流的单位及换算：$1A = 10^3 mA = 10^6 \mu A = 10^9 nA$

直流电流：大小和方向都不随时间变化。符号为 DC "—"。

交流电流：大小和方向随时间做周期性变化，符号为 AC "～"。

直流量、方波、三角波和正弦波见图 1-10。

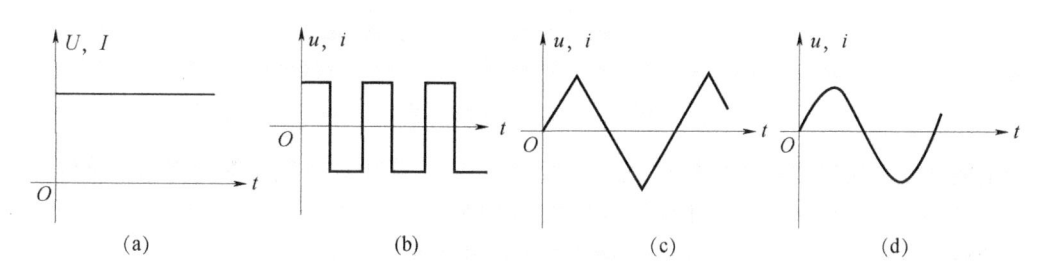

图 1-10 常用电流波形
(a) 直流量；(b) 方波；(c) 三角波；(d) 正弦波

3. 电压

电压是电路中产生电流的根本原因。在图 1-8 中，水路中 A 和 B 两个水槽中的水由于水位不同，产生水压，导致水从高压处流向低压处。电路中电源的正极与负极之间电位的不同，也形成电压，使电流从高电位流向低电位。电压等于电路中两点电位之差。大写 U 表示直流电压，小写 u 表示电压的一般符号。

电压的单位及换算：$1V = 10^3 mV = 10^{-3} kV$

4. 电位

电位具有相对性，在电路中先选择一个参考点，参考点的电位一般取零。比参考点高的电位点是正电位，比参考点低的电位点为负电位。电位实际上就是电路中某点到参考点的电压，电位的单位和电压相同。

电位和电压的区别：电位值是相对的，参考点选得不同，电路中其他各点的电位也将随之改变；电路中两点间的电压值是固定的，不会因参考点的不同而改变。

5. 电能

电能的转换是在电流做功的过程中进行的，因此电能的多少可以用功来量度。

$$W = UIt \tag{1-1}$$

在图 1-8 中，水流沿着水槽向下流动时，会推动水车转动，水车是水流的负载，水流为水车提供了转动所需要的能量，我们说水流对水车做了功，水能转换为机械能。

电流从电源正极经由灯泡流回负极，灯泡会发光，灯泡是电源的负载，电流为灯泡提供了能量，做了功，电能转换为光能和热能，见图 1-11。

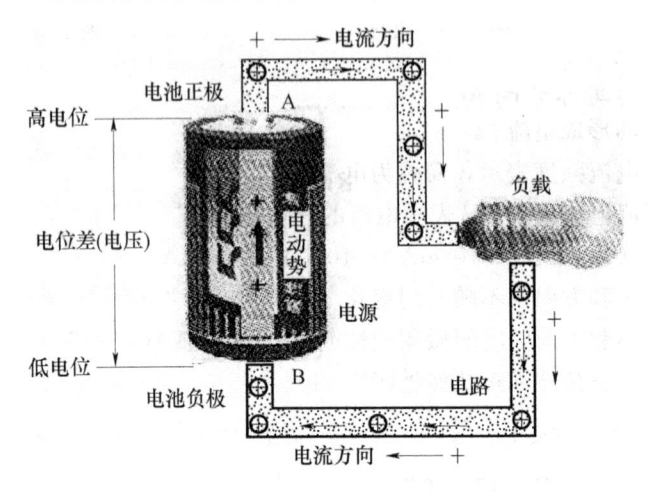

图 1-11 电流做功示意

电能（或电功）的单位是焦耳（J），日常生产和生活中，电能也常用度作为单位。

$$1\text{度} = 1\text{kW·h} = 1\text{kV·A·h} \tag{1-2}$$

功率为 1 kW 的设备用电 1 小时所消耗的电能为 1 度。

6. 电功率

电功率是描述电流做功快慢的物理量。

如果要将 2 升 20℃ 的水加热到 100℃，用 500W 的电水壶和用 1000W 的电水壶加热的时间是不同的，因此，可以说，两者所用的电能是相同的，但完成加热的速度不同。

计算式为单位时间内电流所做的功

$$P = \frac{W}{t} = UI = I^2R = \frac{U^2}{R} \tag{1-3}$$

电功率的单位是瓦特（W），常用换算 $1\text{W} = 10^{-3}\text{kW}$

小知识

电气设备的额定值，就是为了使电气设备安全、正常运行，生产厂家对电气设备使用的电压、电流、频率、消耗或输出功率等所提出的限定数值。

额定电压：电气设备在正常工作条件下允许施加的最大电压。

额定电流：电气设备在正常工作条件下允许通过的最大电流。

额定功率：在额定电压和额定电流下消耗的功率，即允许消耗的最大功率。

额定工作状态：电气设备在额定功率下的工作状态，也称为满载状态。

轻载状态：电气设备在低于额定功率的工作状态，轻载时电气设备不能得到充分利用或根本无法正常工作。

过载状态：电气设备在高于额定功率的工作状态，过载时电气设备很容易被烧坏或造成严重事故。

轻载和过载都是不正常的工作状态，一般是不允许出现的。

电灯泡和插座如图 1-12 和图 1-13 所示。

图 1-12　电灯泡　　　　　　　　图 1-13　插座

在后续的课程中会学习选用与安装以上电器。

7. 归纳整理电工物理量的主要内容（填写表 1-5）

表 1-5　　　　　　　　　　　物理量

序号	物理量	符号	物理意义	基本单位
1	电流			
2	电压			
3	电位			
4	电能			
5	电功率			

8. 评价（见表 1-6）

表 1-6　　　　　　　　　　评价表　　　　　　　　　姓名_____

序号	项目	自我评价			小组评价			教师评价		
		10～8	7～6	5～1	10～8	7～6	5～1	10～8	7～6	5～1
1	小组活动参与度									
2	正确理解学习任务									
3	遵守纪律									
4	回答问题态度									
5	仪容仪表要求									
	总评									

二、电路中的基本元件（2课时）

引导问题1：通过对电路的学习，你了解电路的负载有哪些？

___

引导问题2：电路中的不同负载都有什么特点？

___

1. 电阻元件

（1）电阻元件。

电阻元件是对电流呈现阻碍作用的耗能元件，例如灯泡、电热炉等电器。

（2）电阻。

导体对电流的阻碍作用称为电阻，用文字符号 R 来表示。电阻实物和图形符号见图1-14。

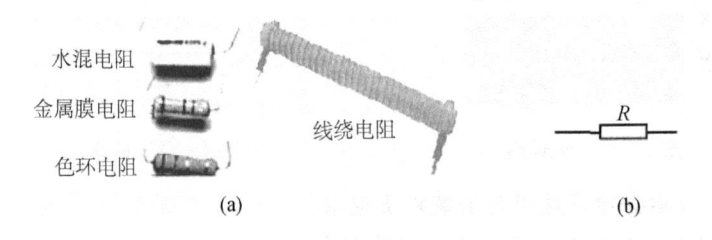

图1-14 电阻

(a) 电阻实物；(b) 图形符号

电阻单位是欧［姆］，用符号 Ω 表示，除欧姆外，常用的单位还有千欧（$k\Omega$）、兆欧（$M\Omega$）。

$$1M\Omega = 10^3 k\Omega = 10^6 \Omega$$

（3）与电阻大小有关的因素。

导体的电阻在材料确定的情况下，与导体的长度成正比，与导体的横截面积成反比，这个规律称为电阻定律

$$R = \frac{\rho L}{S} \tag{1-4}$$

ρ 是导体的电阻率，不同材料的电阻率可以查表，L 是导体的长度，单位是米（m）；S 是导体的横截面积，单位是平方毫米（mm^2）。

当导体的温度变化时，电阻也随着变化。

按电阻定律计算的电阻是20℃电阻，如果导体实际工作温度不是20℃，要进行修正。

小知识

（1）导体：导电、导热都比较好的金属如金、银、铜、铁、锡和铝等称为导体，见图1-15。

（2）绝缘体：导电性和导电导热性差或不好的材料，如金刚石、人工晶体、琥珀、陶

瓷、橡胶等，称为绝缘体，见图1-16。

在电力线路中，瓷绝缘子起支撑、绝缘的作用。

（3）半导体：把介于导体和绝缘体之间的材料称为半导体，见图1-17。

图1-15 导体　　　　图1-16 绝缘体　　　　图1-17 半导体

（4）超导体：在足够低的温度和足够弱的磁场下，其电阻率为零的物质。

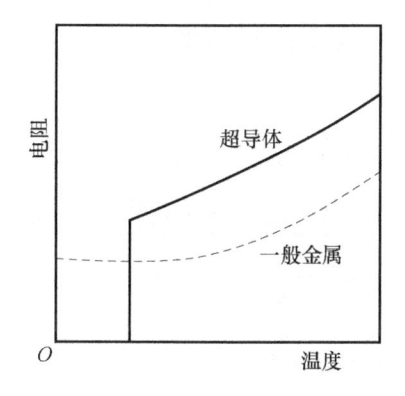

图1-18 导体和超导体与温度关系

一般材料在温度接近绝对零度的时候，物体分子热运动几乎消失，材料的电阻趋近于0，此时称为超导体，达到超导的温度称为临界温度。

2. 电容元件

（1）电容器。

两个彼此绝缘的导体构成的器件为电容器，见图1-19（a）。

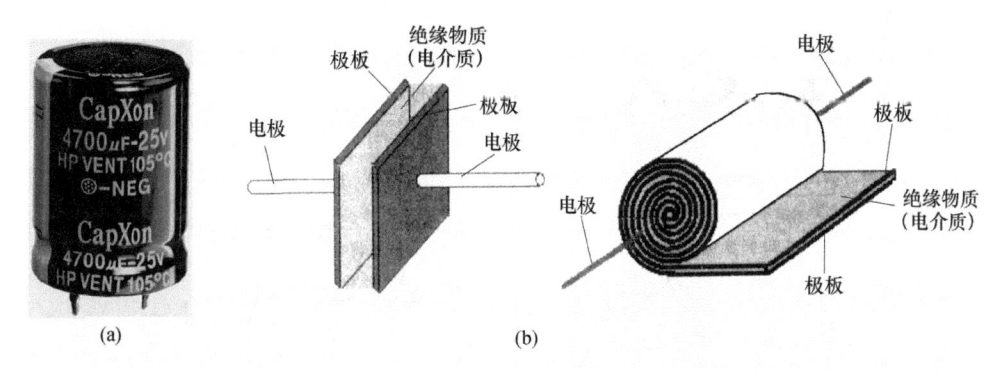

图1-19 电容器
(a) 电容器；(b) 电容器构造

13

两个导体称为极板，从两个导体上引出的导线称为电极，两个导体之间的绝缘物质也叫作电介质，见图1-19（b）。

（2）电容。

电容器一个极板上所带电量Q与两电极之间电压U的比值，称为电容器的电容，用符号C表示。

$$C = \frac{Q}{U} \tag{1-5}$$

电容的单位为F（法拉）。实际使用的电容器的电容都很小，常用μF（微法）和pF（皮法）作单位。

$$1F = 10^6 \mu F = 10^{12} pF$$

（3）电容元件的图形符号是 ——||—— 。

（4）电容元件是储能元件。电容器在充电和放电的过程中，在电路中形成电流。电容器充电时，电流做功，将电能转换为电场能储存在电容器中；电容器放电时，电流做功，将储存在电容器中的电场能转换为其他形式的能。

$$W_c = \frac{1}{2}CU^2 \tag{1-6}$$

电容器充放电与水容器蓄放水对比，见表1-7。

表1-7　　　　　　　　　　电容器与水容器对比

名 称	电容器	水容器
充电／蓄水	充电电流流入电容器 电容两端电压上升 电荷被存储在电容器内	蓄水水流流入水容器 水容器内水位上升 水被存贮在水容器内
放电／放水	放电电流从电容器流出 电容两端电压下降 电容器中的电荷被释放	放水水流从水容器流出 水容器内水位下降 水容器中的水被放出

电力电容器在工厂中可以用来提高功率因数，见图1-20。

3. 电感元件

（1）电感线圈。

电感线圈通常由金属导线绕成多匝环状，见图1-21。

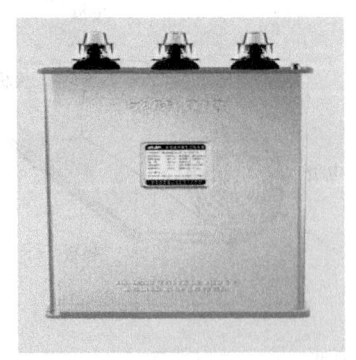

图1-20　电力电容器　　　　图1-21　电感线圈

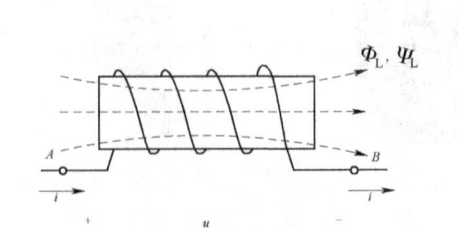

(2) 电感。

线圈通电时,线圈中产生自感磁通 Φ_L,多匝线圈称自感磁链 Ψ_L,线圈自感磁链和通过电流的比值为自感系数,也称为电感系数,简称为电感。

$$L = \frac{\psi_L}{i_L} \quad (1-7)$$

电感的单位为 H(亨利),通常还用 mH(毫亨)和 μH(微亨)。

$$1mH = 10^{-3}H, \quad 1\mu H = 10^{-6}H$$

(3) 电感元件的图形符号见图 1-22。

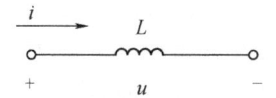

图 1-22 电感元件的图形符号

(4) 电感元件是储能元件。

电感线圈通入电流时,线圈中存储磁场能量。线圈电流增加,储能增加,从电源吸收能量,线圈电流减少,储能减少,向外界释放能量。

$$W_L = \frac{1}{2}LI^2 \quad (1-8)$$

小知识

工厂中大量使用的电动机,一些测量仪表里边都有电感线圈。

(1) 欧姆。

1787 年 5 月 16 日,欧姆诞生于德国巴伐利亚州的埃尔兰根。欧姆的父亲是一个技术熟练的锁匠,对哲学和数学都十分爱好。欧姆从小就在父亲的教育下学习数学并受到有关机械技能的训练,这对他后来进行研究工作特别是自制仪器有很大的帮助。

1805 年,欧姆进入爱尔兰大学学习,后来由于家庭经济困难,被迫退学。通过自学,他于 1811 年又重新回到爱尔兰大学,顺利地取得了博士学位。大学毕业后,欧姆靠教书维持生活。从 1820 年起,他开始研究电磁学。

欧姆定律及其公式的发现,给电学的计算,带来了很大的方便。人们为纪念他,将电阻的单位定为欧姆,简称为"欧"。

(2) 法拉第。

英国物理学家、化学家,也是著名的自学成才的科学家。生于萨里郡纽因顿一个贫苦铁匠家庭,仅上过小学。

14 岁时,他跟一位装书兼卖书师傅当学徒,利用此机会博览群书。他在二十岁时听英国著名科学家戴维先生讲课,对此产生了浓厚的兴趣。他给戴维写信,终于得到了为戴维当助手的工作。法拉第在几年之内就做出了自己的重大发现。虽然他的数学

基础不好，但是作为一名实验物理学家的他是无与伦比的。

1831法拉第发现一块磁铁穿过一个闭合线路时，线路内就会有电流产生，这个效应叫电磁感应。法拉第的电磁感应定律是他最伟大的贡献。

人们选择了法拉作为电容的国际单位，以纪念这位物理学大师。

(3) 亨利。

亨利是美国物理学家。他于1797年生于纽约州。亨利仅读过小学和初中，但由于勤奋学习，考进了奥尔巴尼学院，在那里他学习化学、解剖学和生理学，准备当一名医生，可是，毕业以后他却在奥尔巴尼学院当上了一名自然科学和数学讲师。

亨利对绕有不同长度导线的各种电磁铁的提举力做比较实验。他意外地发现，通有电流的线圈在断路的时候有电火花产生。亨利对这种现象进行了研究。1832年他发表了《在长螺旋线中的电自感》的论文，宣布发现了电的自感现象。

亨利的贡献很多，只是当时没有立即发表，因此他失去了许多发明的专利权和发现的优先权。但是亨利仍然不失为公认的著名电学家，为了纪念他，电感的国际单位以亨利命名。

4. 归纳整理基本电路元件的主要内容（见表1-8）

表1-8　　　　　　　　　基本电路元件的主要内容

序号	物理量	符号	物理意义	基本单位
1	电阻			
2	电容			
3	电感			

5. 评价（见表1-9）

表1-9　　　　　　　　　　评价表　　　　　　　　　姓名_____

序号	项目	自我评价			小组评价			教师评价		
		10~8	7~6	5~1	10~8	7~6	5~1	10~8	7~6	5~1
1	小组活动参与度									
2	正确理解学习任务									
3	遵守纪律									
4	回答问题态度									
5	仪容仪表要求									
	总评									

三、电路的基本规律（4课时）

引导问题1：回忆学过的知识，说说欧姆定律的内容，公式的三种表达式还记得吗？

_____

_____

引导问题2：对串联电路你有什么印象

_____

_____

引导问题3：对并联电路你有什么印象？

_____

_____

1. 欧姆定律

（1）部分电路的欧姆定律：

电路中的电流强度 I 跟加在这段电路两端的电压 U 成正比，跟这段电路的电阻 R 成反比，即

$$I = \frac{U}{R} \tag{1-9}$$

（2）全电路欧姆定律：

闭合电路中的电流强度跟电源电动势成正比，跟电路的总电阻（外电阻 R 和内电阻 r 之和）成反比，见图1-23。

$$I = \frac{E}{R+r} \tag{1-10}$$

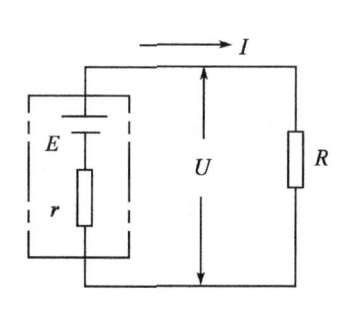

图1-23 全电路欧姆定律　　图1-24 电阻的串联

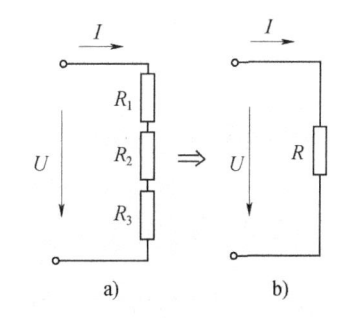

2. 电阻的串联

两个或两个以上电阻首尾相接连成一串，流过电流相同的连接方式电路为电阻的串联，见图1-24。

电阻的串联好比几根水管连接在一起，水流从始端流入，末端流出，经过每一根水管的水量相同。

电阻串联电路特点：

（1）流过每个串联电阻的电流都相等，若 n 个电阻串联，则有

$$I = I_1 = I_2 = I_3 = \cdots = I_n \tag{1-11}$$

(2) 串联电路两端的总电压等于各串联电阻两端的电压之和。若 n 个电阻串联,则有
$$U = U_1 + U_2 + \cdots + U_n \quad (1-12)$$

(3) 串联电路的总电阻等于各串联电阻的代数和,若有 n 个电阻串联,则有
$$R = R_1 + R_2 + \cdots + R_n \quad (1-13)$$

(4) 电阻串联电路的电压分配与阻值成正比
$$I = \frac{U_1}{R_1} \quad (1-14)$$

(5) 串联电路中各个电阻消耗的功率跟它的阻值成正比
$$I^2 = \frac{P_1}{R_1} = \frac{P_2}{R_2} = \cdots = \frac{P_n}{R_n} \quad (1-15)$$

3. 电阻的并联

两个或两个以上电阻,接在电路中相同的两点之间,使每一电阻两端电压相同的连接方式,叫作电阻的并联,见图 1-25。

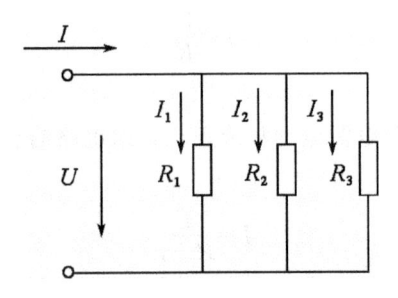

电阻的并联好比几根水管并接在一起,水从各个水管流出,总量是各个水管流水量的总和。

图 1-25 电阻的并联

电阻并联的特点:

(1) 所有电阻两端的电压都相等,当 n 个电阻并联时,有
$$U = U_1 = U_2 = \cdots = U_n \quad (1-16)$$

(2) 电路中的总电流等于各并联电阻的电流之和,当 n 个电阻并联时,有
$$I = I_1 + I_2 + \cdots + I_n \quad (1-17)$$

(3) 并联电路的总电阻的倒数,等于各并联电阻的倒数之和,即
$$\frac{1}{R} = \frac{1}{R_1} + \frac{1}{R_2} + \cdots + \frac{1}{R_n} \quad (1-18)$$

(4) 电路的电流分配与阻值成反比。当两个电阻并联时,有
$$\begin{cases} I_1 = \dfrac{R_2}{R_1 + R_2} I \\ I_2 = \dfrac{R_1}{R_1 + R_2} I \end{cases} \quad (1-19)$$

小知识

串联:常见的装饰用的"满天星"小彩灯,常常就是串联的,见图 1-24 (a)。

(1) 连接特点：串联的整个电路是一个回路，各用电器依次相连，没有分支。

(2) 工作特点：各用电器相互影响，电路中一个用电器断开，其余的用电器就不能工作。

(3) 开关控制特点：串联电路中的开关控制整个电路，开关位置变了，对电路的控制作用没有影响。

并联：家庭中的电灯、电风扇、电冰箱和电视机等用电器都是并联在电路中的，见图 1-25。

(1) 连接特点：并联电路由干路和若干条支路组成，有分支。每条支路各自和干路形成回路，有几条支路，就有几个回路。

(2) 工作特点：并联电路中，一条支路中的用电器若不工作，其他支路的用电器仍能工作。

(3) 开关控制特点：并联电路中，干路总开关的作用与支路开关的作用不同。总开关控制整个电路，而支路开关只控制它所在的那条支路。

4. 基尔霍夫定律

引导问题 4：你了解什么样的电路是复杂电路？

引导问题 5：复杂电路中可以用电阻的串、并联的方法简化吗？

电路名词

(1) 支路：由一个或几个串联的电路元件构成的，各元件上通过的电流相等。
(2) 节点：三条或三条以上支路的汇交点。
(3) 回路：电路中任意一个闭合的路径叫作回路，见图 1-26。
(4) 基尔霍夫电流定律（KCL）。

对任意节点，在任一瞬间，流入节点的电流之和等于流出节点的电流之和。或者说，在任一瞬间，流入一个节点的电流的代数和恒等于零

$$\sum I = 0 \tag{1-20}$$

$$\sum I_入 = \sum I_出 \tag{1-21}$$

例如，图 1-27 在节点 A 上：$I_1 + I_3 = I_2 + I_4 + I_5$

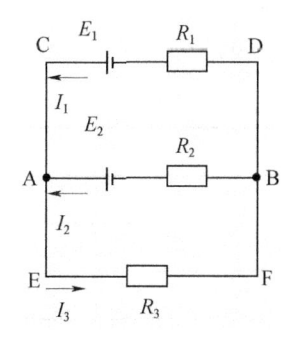

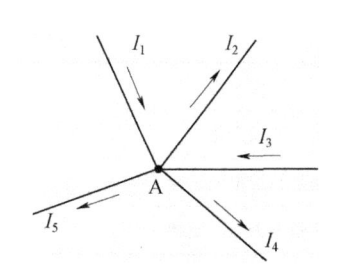

图 1-26 回路　　图 1-27 基尔霍夫电流定律

(5) 基尔霍夫电压定律（KVL）。

对电路中的任一回路，沿任意绕行方向转一周，各电阻上电压降的代数和等于各电源电动势的代数和，或各段电压降的代数和恒为零。

$$\sum IR = \sum E \qquad (1-22)$$

$$或 \sum U = 0 \qquad (1-23)$$

图1-28电路说明基尔霍夫电压定律。沿着回路 abcdea 绕行方向，有

$$U_{ac} = U_{ab} + U_{bc} = R_1 I_1 + E_1,$$

$$U_{ce} = U_{cd} + U_{de} = -R_2 I_2 - E_2,$$

$$U_{ea} = R_3 I_3$$

则 $U_{ac} + U_{ce} + U_{ea} = 0$

即 $R_1 I_1 + E_1 - R_2 I_2 - E_2 + R_3 I_3 = 0$

上式也可写成 $R_1 I_1 - R_2 I_2 + R_3 I_3 = -E_1 + E_2$

基尔霍夫电流定律可以解释工厂配电系统电流的分配，见图1-29。

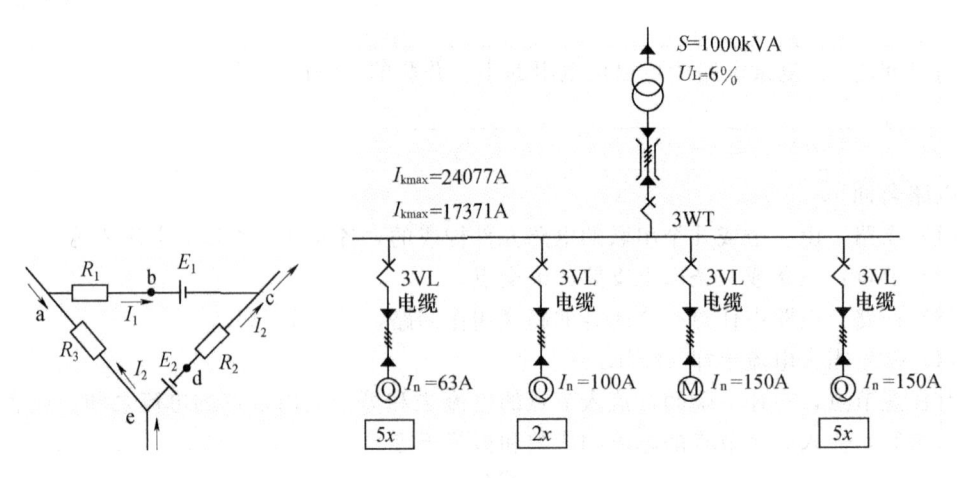

图1-28 基尔霍夫电压定律　　图1-29 工厂配电系统电流的分配

电源经变压器送到母线的电流，全部分配给各条线路，母线可看作一个结点，流入的电流等于流出的电流，电流不会停留在电路的任何地方。

6. 归纳整理电路基本定律的主要内容，见表1-10。

表1-10　　　　　　　　　　电路基本定律

序号	电路定律	意义	公式
1	欧姆定律		
2	基尔霍夫电流定律		
3	基尔霍夫电压定律		

7. 归纳整理电阻串、并联的主要特点，见表 1-11。

表 1-11 电阻串、并联的主要特点

序号	连接关系	特点	公式
1	电阻串联		
2	电阻并联		

8. 评价见表 1-12。

表 1-12 评价表 姓名_____

序号	项目	自我评价			小组评价			教师评价		
		10~8	7~6	5~1	10~8	7~6	5~1	10~8	7~6	5~1
1	小组活动参与度									
2	正确理解学习任务									
3	遵守纪律									
4	回答问题态度									
5	仪容仪表要求									
	总评									

四、单相交流电路（2课时）

引导问题 1：你知道直流电和交流电的区别吗？

引导问题 2：直流电与交流电的应用你了解多少？

引导问题 3：为什么现代工农业生产及日常生活中大多使用交流电？

1. 正弦交流电

（1）交流电。

大小和方向随时间按一定规律周期性变化的电流、电压。

（2）正弦交流电。

大小和方向随时间按正弦规律周期性变化的电流、电压称为正弦交流电，简称为交流电。

$$u = U_m \sin(wt + \varphi_u) \quad (1-24)$$

$$i = I_m \sin(wt + \varphi_i) \quad (1-25)$$

（3）最大值。

交流电在一个周期中达到的最大值，也称为幅值，用 U_m、I_m 表示。

（4）周期。

交流电完整变化一周所需要的时间。用符号 T 表示。

周期的单位是 s（秒），我国交流电周期为 0.02s。

（5）频率。

交流电在单位时间内周期性变化的次数称为频率，用符号 f 表示，频率的单位是 Hz（赫兹），我国的工频为 50Hz。

频率和周期的关系：

$$f = \frac{1}{T} \tag{1-26}$$

（6）相位与初相位。

交流电在某一时刻对应的电角度称为相位角，$(\omega t + \varphi_i)$ 简称为相位。$t=0$ 的时刻，交流电对应的相位 φ_i 称为初相位。它们的单位是°（度）或 rad（弧度）。

（7）相位差。

两个同频率正弦量之间的相位差，数值上等于它们的初相之差。

$$\varphi = (\omega t + \varphi_u) - (\omega t + \varphi_i) \tag{1-27}$$

（8）角频率。

交流电不仅大小和方向在变化，它的相位也在随时间的变化而变化。交流电每秒变化的相位称作角频率，用符号 ω 表示，单位为 rad/s（弧度每秒）。

角频率 ω 与周期 T 的关系为

$$\omega = \frac{2\pi}{T} \tag{1-28}$$

角频率与频率的关系为

$$\omega = 2\pi f \tag{1-29}$$

2. 交流电的三要素

正弦量的三要素是最大值、角频率和初相。最大值反映了正弦交流电的大小问题。角频率反映了正弦量随时间变化的快慢程度。初相确定了正弦量计时开始的位置。

3. 交流电的有效值

交流电的有效值是根据它的热效应确定的，用 I、U 表示。

例如两个阻值完成相同的灯泡，一个通入交流电，一个通入直流电。在相同的时间内观察灯泡的亮度，如果两灯的亮度相同，我们说流入灯泡交流电有效值的大小与直流电大小相同，见图 1-30。

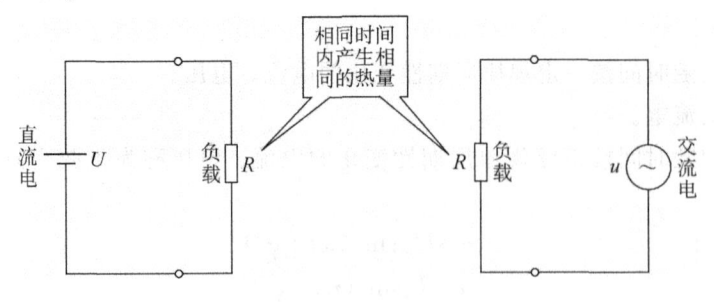

图 1-30 通入直流电和交流电

有效值与最大值的关系：

$$I=\frac{I_{\mathrm{m}}}{\sqrt{2}}=0.707I_{\mathrm{m}} \qquad (1-30)$$

4. 交流电的相量表示

一个正弦量的瞬时值可以用一个旋转矢量在纵轴上的投影值来表示，见图1-31。

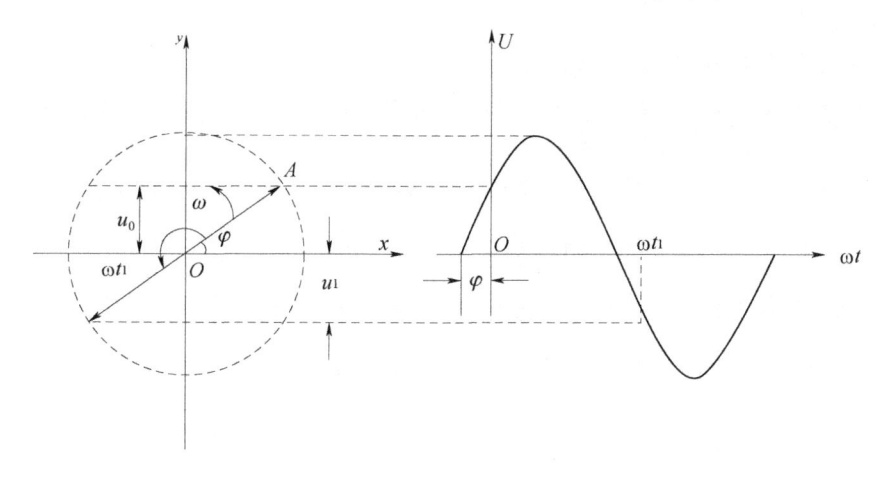

图1-31 交流电的向量表示

矢量长度＝U_{m}。矢量与横轴之间夹角＝初相位 φ。矢量以角速度 ω 按逆时针方向旋转。

例如：

$$u=220\sqrt{2}\sin(\omega t+53°)\mathrm{V}, i=0.41\sqrt{2}\sin(\omega t)\mathrm{A}$$

5. 单一元件电路

（1）纯电阻电路

1）电压和电流关系。

电阻两端电压 u 和电流 i 的频率相同，电压与电流的有效值关系符合欧姆定律，而且电压与电流同相，见图1-32。

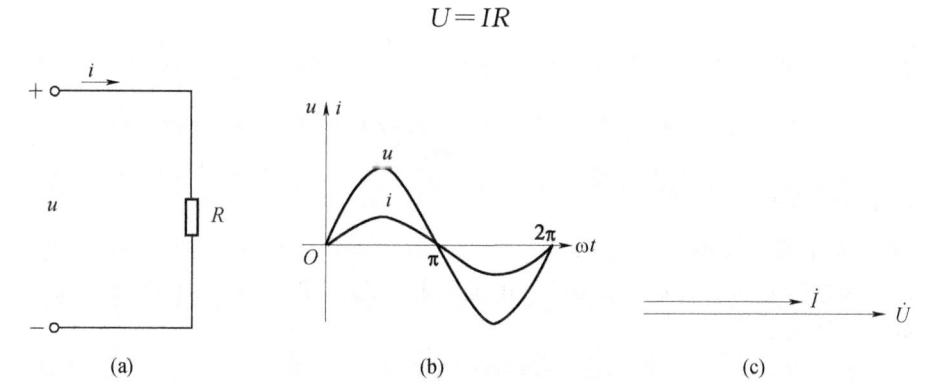

$$U=IR$$

图1-32 纯电阻电路电压和电流的关系

（a）电路图；（b）波形图；（c）相位图

2）电阻元件的功率。

电阻中某一时刻消耗的电功率叫做瞬时功率，它等于电压 u 与电流 i 瞬时值的乘积。

电阻是耗能元件，瞬时功率在一个周期内的平均值为平均功率，也称为有功功率。

$$P = \frac{U_m I_m}{2} = UI = I^2 R = \frac{U^2}{R} \tag{1-31}$$

（2）纯电感电路。

1）电压和电流的关系。

电感两端电压 u 和电流 i 的频率相同，电压的相位超前电流 90°。电压与电流的有效值关系符合欧姆定律，见图 1-33。

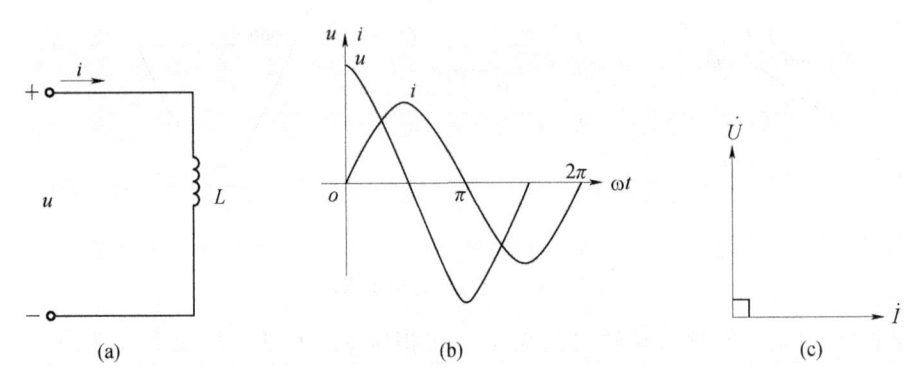

$$U_L = IX_L$$

图 1-33 纯电感电路电压和电流的关系
(a) 电路图；(b) 波形图；(c) 相位图

2）感抗。

线圈对交流电流阻碍作用的大小。

$$X_L = w_L = 2\pi f L \tag{1-32}$$

当 $f=0$ 时 $X_L=0$，表明线圈对直流电流相当于短路。

3）电感元件的功率。

纯电感在电路中仅有能量的交换而没有能量的损耗，平均功率为零。

$$P_L = 0 \tag{1-33}$$

能量交换的规模大小，用无功功率表示，或称为感性无功功率。Q_L 的基本单位是乏（var）。

$$Q_L = UI = I^2 X_L = \frac{U^2}{X_L} \tag{1-34}$$

（3）纯电容电路

1）电压和电流的关系。

电容两端电压 u 和电流 i 频率相同，电流的相位超前电压 90°，电压与电流在数值上满足关系式，见图 1-34。

$$U_C = IX_C$$

2）容抗。

电容对交流电流起阻碍作用的大小。

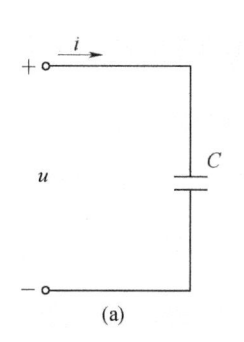

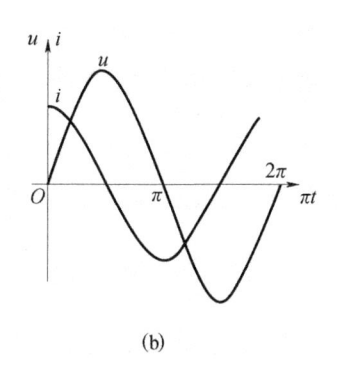

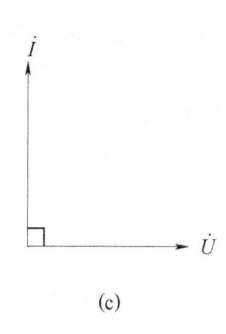

图 1-34 纯电容电路电压和电流的关系
(a) 电路图；(b) 波形图；(c) 相位图

$$X_C = \frac{1}{w_C} = \frac{1}{2\pi f_c} \tag{1-35}$$

电容元件对高频电流所呈现的容抗很小，相当于短路；而当频率 f 很低或 $f=0$（直流）时，电容就相当于开路，这就是电容的"隔直通交"作用。

3) 电容元件的功率。

纯电容在电路中仅有能量的交换而没有能量的损耗，平均功率为零。

$$P_C = 0 \tag{1-36}$$

能量交换的规模大小，用无功功率表示，或称为容性无功功率。Q_C 的基本单位是乏（var）。

$$Q_C = UI = I^2 X_C = \frac{U^2}{X_C} \tag{1-37}$$

6. 交流电路的三种性质

电路中的负载实际上是三种理想元件的组合，如荧光灯、镇流器可看成电感，灯管可以看成电阻，它们是串联的关系。

电阻、电容、电感三种元件在电路中可以串联工作，也可以并联工作，电路的性质分三种情况，见图 1-35。

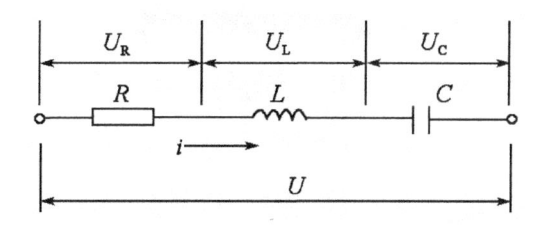

图 1-35 电阻、电感、电容三种元件电路

总电压 U：

$$U = \sqrt{U_R^2 + (U_L - U_C)^2} \tag{1-38}$$

电路的阻抗：

$$Z = \sqrt{R^2 + (X_L - X_C)^2} \tag{1-39}$$

功率关系：

$$S = \sqrt{P^2 + (Q_L - Q_C)^2} \tag{1-40}$$

视在功率：

在有多个元件组成的交流电路中，把总电压有效值 U 和总电流有效值 I 的乘积称为视在功率，用符号 S 表示，单位为 V·A（伏安）。

功率因数：

在工程上，将有功功率与视在功率的比值称为功率因数：

$$\cos\varphi = \frac{P}{S} = \frac{U_R}{U} = \frac{R}{Z} \qquad (1-41)$$

在 RLC 串联电路中：当 $X_L > X_C$ 时，电路呈感性；当 $X_L < X_C$ 时，电路呈容性；当 $X_L = X_C$ 时，电路呈阻性。

引导问题 4：区分图 1-36～图 1-40 的用电器的元件性质。

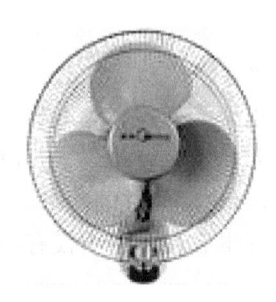

图 1-36　用电器 1　　　图 1-37　用电器 2　　　图 1-38　用电器 3

图 1-39　用电路 4　　　图 1-40　用电器 5

引导问题 5：你会看电气设备的铭牌吗？（见图 1-41）。

三相异步电动机				
型　号	Y90S-4B	编　号		
额定功率	1.1kw	额定电流	2.7A	
额定电压	380V	额定转速	1400/min	
防护等级	IP44	LW	61dB(A)	
工作方式	S_L　绝缘等级 B	额定频率 50Hz	
接　法	Y	重　量	21kg	
ZBK22007-88		生产日期		
×××　电机厂				

图 1-41　电气设备的铭牌

7. 归纳整理正弦交流电路中三种元件的基本情况，见表1-13。

表1-13   三种元件的基本情况

<table>
<tr><td colspan="2">电路</td><td>电阻</td><td>电感</td><td>电容</td></tr>
<tr><td rowspan="4">电压电流关系</td><td>频　率</td><td></td><td></td><td></td></tr>
<tr><td>阻　抗</td><td></td><td></td><td></td></tr>
<tr><td>电压电流的大小关系</td><td></td><td></td><td></td></tr>
<tr><td>电压超前电流的相位差</td><td></td><td></td><td></td></tr>
<tr><td rowspan="4">功率关系</td><td>有功功率</td><td></td><td></td><td></td></tr>
<tr><td>无功功率</td><td></td><td></td><td></td></tr>
<tr><td>视在功率</td><td></td><td></td><td></td></tr>
<tr><td>功率因数</td><td></td><td></td><td></td></tr>
</table>

8. 评价见表1-14。

表1-14   评价表   姓名_____

序号	项目	自我评价 10~8	7~6	5~1	小组评价 10~8	7~6	5~1	教师评价 10~8	7~6	5~1
1	小组活动参与度									
2	正确理解学习任务									
3	遵守纪律									
4	回答问题态度									
5	仪容仪表要求									
	总评									

五、三相交流电（4课时）

引导问题1：

（1）我国电力生产的主要来源是_____和_____发电。

（2）你还知道使用_____、_____能源发电。

（3）电能输送的原则是容量越大，距离越远，输电电压就越高，这样做的目的是什么？

_____

（4）据你了解，一般家用电器使用的电压为_____伏。

1. 三相电源

（1）三相交流电动势的产生。

三相交流电动势是由三相交流发电机产生的，见图1-42。

三相绕组的首端分别用 U_1、V_1、W_1 表示，尾端分别用 U_2、V_2、W_2 表示。

发电机旋转时，三相绕组切割磁场，产生三相交流电动势。

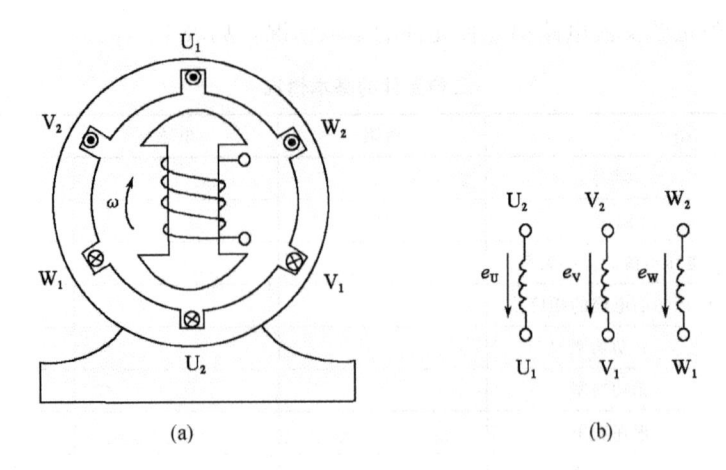

图 1-42 三相交流发电机

$$e_U = E_m \sin wt \qquad (1-42)$$
$$e_V = E_m \sin(wt - 120°) \qquad (1-43)$$
$$e_W = E_m \sin(wt + 120°) \qquad (1-44)$$

三个正弦交流电动势满足以下特征：

最大值相等
频率相同 ⎬ 称为对称三相电动势
相位互差 120°

对称三相电动势的瞬时值之和为 0。
即：
$$e_u + e_v + e_w = 0 \qquad (1-45)$$

三相交流电到达正最大值的顺序称为相序。U、V、W 为正相序，U、W、V 为逆相序。

(2) 三相电源的星形联结

将三相绕组的尾端 U_2、V_2、W_2 联结成一个公共点 N，首端 U_1、V_1、W_1 分别与负载相连的联结方式，叫做星形（Y 形）联结，见图 1-43。

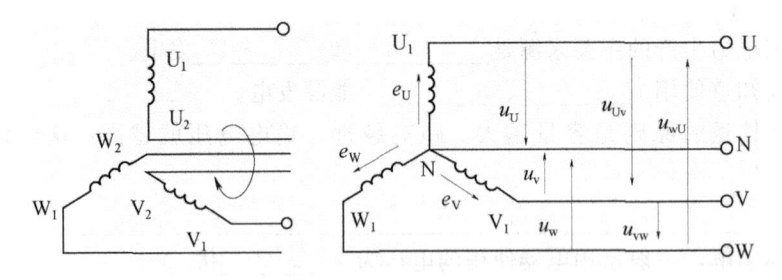

图 1-43 星形联结

相线：首端 U_1、V_1、W_1 的引出线。

中性线：公共点 N 的引出线，接入三相负载后流入的是三相不平衡电流。在低压系统，如果中性点与接地装置直接连接而取得大地的参考零电位，则该中性点称为零点，从零点引出的导线称为零线,这种接线称为三相四线制。

三相电源星形接线可以取得两种电压。

相电压:相线与中性线间的电压。

线电压:相线与相线间的电压。

线电压在相位上超前所对应的相电压 30°,线电压的有效值是相电压有效值的 $\sqrt{3}$ 倍,见图 1-44。

(3) 三相电源的三角形联结。

将三相交流发电机每一相绕组的首端和另一相绕组的尾端依次相连,形成闭合回路的联结方式,叫作三角形(△)联结,见图 1-45。

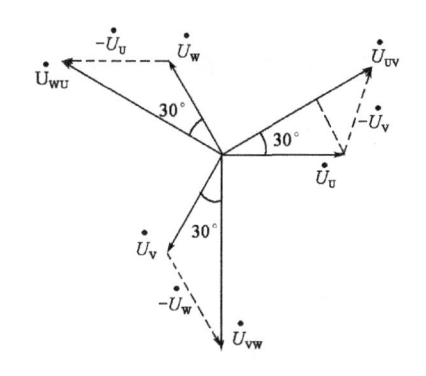

图 1-44 相电压和线电压　　图 1-45 三角形联结

采用三角形联结时,线电压等于相电压。

线电压与相电压的通用关系表达式:

$$\dot{U}_l = \dot{U}_e \tag{1-46}$$

在日常生活与工农业生产中,我国多数用户的电压等级为:

$$U_l = 380\text{V}、U_p = 220\text{V}$$
$$U_l = 220\text{V}、U_p = 127\text{V}$$

2. 三相负载

三相负载:需三相电源同时供电,如三相电动机等。

单相负载:单相负载是只需一相电源供电,如照明负载、家用电器。

三相负载也有 Y 和 △ 两种接法,至于采用哪种方法,要根据负载的额定电压和电源电压确定。

(1) 星形联结,见图 1-46。

负载中通过的电流称为相电流 I_P,中线上通过的电流称为中线电流 I_N,端线上通过的电流称为线电流 I_L。

1)负载的线电压=电源线电压。

2)负载的相电压=电源相电压。

3)线电流=相电流。

4)中线电流。

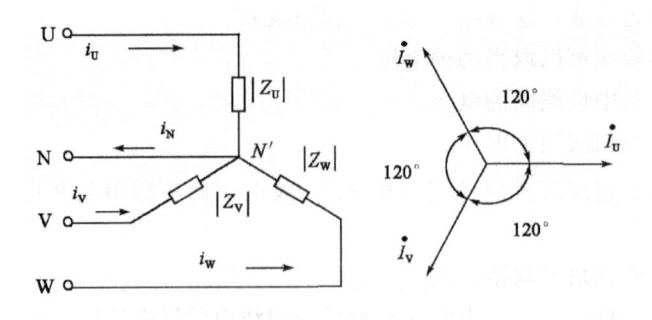

图 1-46 星形联结

$$I_N = I_U + I_V + I_W \tag{1-47}$$

三相电源对称、三相 Y 接负载也对称的情况下，三相负载电流也是对称的，此时中线电流为零。

(2) 三角形联结，见图 1-47。

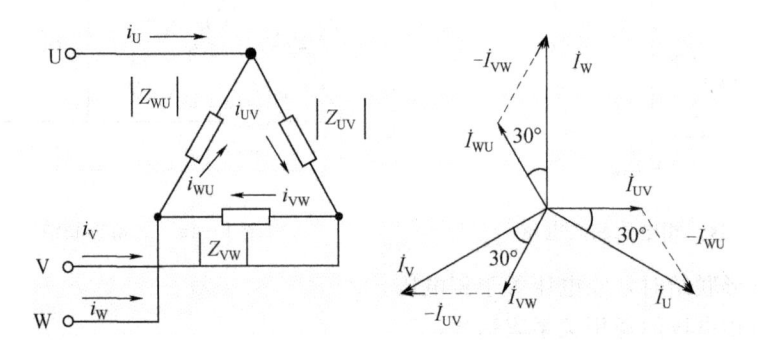

图 1-47 三角形联结

把每相负载分别联结在三相电源的两根相线之间的接法叫作负载的三角形联结。

1) 负载相电压＝电源线电压，一般电源线电压对称，因此不论负载是否对称，负载相电压始终对称。

2) 在三相对称情况下，线电流是相电流的倍数，相位滞后与其相对应的相电流 30°。

三相负载的联结原则。

负载的额定电压＝电源的线电压，应作 △ 联结。

负载的额定电压＝电源的相电压，应作 Y 联结。

三相电动机绕组是对称的，可以联结成星形，也可以联结成三角形，而照明负载三相不一定对称，一般都联结成星形（具有中性线）。

3. 三相功率

三相对称负载不论作星形联结或三角形联结，总有功功率都可以表示为

$$P = \sqrt{3} U_L I_L \cos\varphi_P \tag{1-48}$$

三相对称负载的无功功率的计算公式为

$$Q = \sqrt{3} U_L I_L \sin\varphi_P \tag{1-49}$$

三相对称负载的视在功率的计算公式为

$$S=\sqrt{P^2+Q^2}=\sqrt{3}U_L I_L \tag{1-50}$$

4. 问题与讨论

三相对称负载星形联结时有

$$Z_u=Z_v=Z_w=Z \tag{1-51}$$

$$\dot{P}_N=\dot{P}_u=\dot{P}_v=\dot{P}_w \tag{1-52}$$

Y形连接三相完全对称时，中性线可以取消，称为三相三线制，见图1-48。

思考：若三相不对称，能否去掉中线？

应用实例——照明电路，见图1-49。

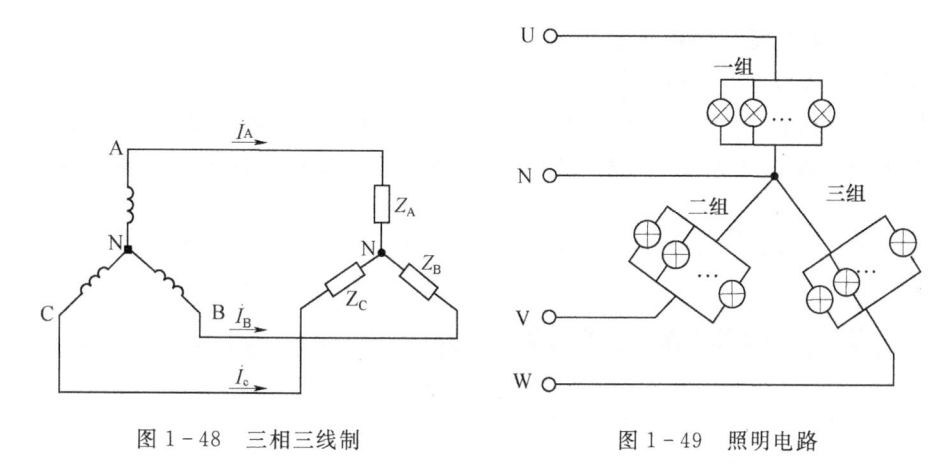

图1-48 三相三线制　　　图1-49 照明电路

正确接法：每组灯相互并联，然后分别接至各相电压上。设电源电压为

$$\frac{U_l}{U_P}=\frac{380\text{V}}{220\text{V}}$$

当有中线时，每组灯的数量可以相等也可以不等，但每盏灯上都可得到额定的工作电压220V。

如果三相照明电路的中线因故断开，当发生一相负载全部断开时或一相发生短路，电路会出现什么情况？

(1) 如果中线断开，设U相负载又全部断开，此时V、W两相构成串联，其端电压为电源线电压380V。

若V、W相对称，各相端电压为190V，均低于额定值220V而不能正常工作；若V、W相不对称，则负载多（电阻小）的一相分压少而不能正常发光，负载少（电阻大）的一相分压多则易烧损。

(2) 如果中线断开，设又发生U相短路，此时V、W相都会与短接线构成通路，两相端电压均为线电压380V，因此V、W相由于超过额定值而烧损。

结论如下所述。

中线的作用是：通过三相不平衡电流，使星形连接的不对称负载得到相等的相电压。三相四线制Y联结电路中，中线不允许断开！为此不允许接熔丝也不允许接刀闸。

负载不对称而又没有中线时,负载上可能得到大小不等的电压,有的超过用电设备的额定电压,有的达不到额定电压,都不能正常工作。如,照明电路中各相负载不能保证完全对称,所以绝对不能采用三相三线制供电,而且必须保证零线可靠。

小知识

三相五线制包括三相电的三根相线(A、B、C线)、中性线(N线)以及保护线(PE线)。保护线在供电变压器低压侧和中性线接到一起,但进入用户侧后不能当作零线使用,否则发生混乱后就与三相四线制无异了,见图1-50。

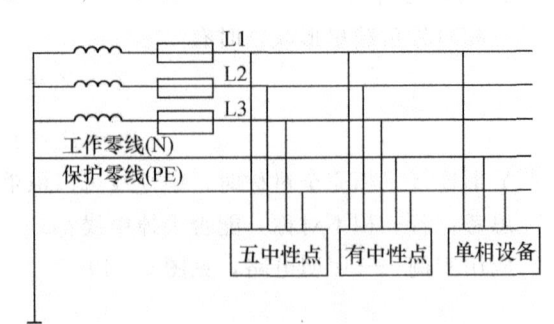

图1-50 三相五线制

我国规定,民用供电线路相线与相线之间的电压(即线电压)为380V,相线和地线或中性线之间的电压(即相电压)均为220V。进户线一般采用单相三线制,即三根相线中的一根和中性线(零线)、地线(PE线)。

三相五线制导线颜色国标为：A线黄色,B线绿色,C线红色,N线淡蓝色,PE线黄绿双色。

5.归纳整理三相交流电路的主要内容,见表1-15。

表1-15　　　　　　　　　　三相交流电路

关系	方式	
	星形联结	三角形联结
线电压与相电压		
线电流与相电流		
有功功率		
无功功率		
视在功率		

6.评价见表1-16。

表1-16　　　　　　　　　　评价表

序号	项目	自我评价			小组评价			教师评价		
		10~8	7~6	5~1	10~8	7~6	5~1	10~8	7~6	5~1
1	小组活动参与度									
2	正确理解学习任务									
3	遵守纪律									
4	回答问题态度									
5	仪容仪表要求									
	总评									

学习活动四　安全用电

【学习目标】

了解安全用电知识及常见的触电方式，建立自觉遵守电工安全操作规程的意识。

学习地点：教室

学习课时：6课时

（1）信息收集内容可提前一天以作业的形式布置给学生。

（2）安全用电常识学习，采用引导学生阅读——教师总结归纳——再引导——再归纳的方法分段进行。

【学习过程】

一、收集信息

1. 维修电工工作有危险吗？有哪些危险？

2. 描述你所了解的有危险的人和事。

（1）利用互联网。

（2）访问你身边从事电工维修工作的人，了解相关情况。

二、事故案例分析

观看触电事故录像，列举出两个以上触电事故及原因（对多列举触电事故及原因的学生，总结评价时可加分，鼓励学生积极思考、主动参与的行动）。

简述事故现象1：

触电原因：

简述事故现象2：

触电原因：

简述事故现象3：
_____
_____

触电原因：
_____
_____

三、查阅、学习安全用电基本知识

引导问题1：
《安全操作规程》《电气安装规程》《设备运行管理规程》是维修电工必备的三本书（以本地区发布的规程为准），请翻阅这三本书，回答下列问题：

1）电工在具体工作中，确保人身、设备安全应遵守哪本书中的相关规定？
_____
_____

2）电工在具体工作中，确保电气设备安装符合国家或地区标准要求，应遵守哪本书中的相关规定？
_____
_____

3）《设备运行管理规程》共分几个章节？列举其目录。
_____
_____

引导问题2：
学习电工特种作业安全技术培训教材，试回答下列问题：

1）从电工特种作业安全技术培训教材中，摘抄电工职业道德规范的具体内容：
_____
_____

2）从电工特种作业安全技术培训教材或《安全操作规程》中，摘抄电工岗位安全职责：
_____
_____

3）从电工特种作业安全技术培训教材中，摘抄电工作业人员条件：
_____
_____

引导问题3：
1）我国电力生产的主要来源是_____和_____发电。
2）你还知道使用_____、_____能源发电。
3）电能输送的原则是容量越大，距离越远，输电电压就越高，这样做的目的是什么？
_____
4）据你了解，一般家用电器使用的电压为_____伏。

引导问题4：列举今后你预防触电的具体做法。
_____
_____

引导问题5：
1) 常见的几种触电方式：
_____
_____

2) 影响触电危害程度的因素。
_____
_____

3) 人接触安全电压就一定安全吗？为什么？
_____
_____

4) 填写图1-51所示触电方式的名称。

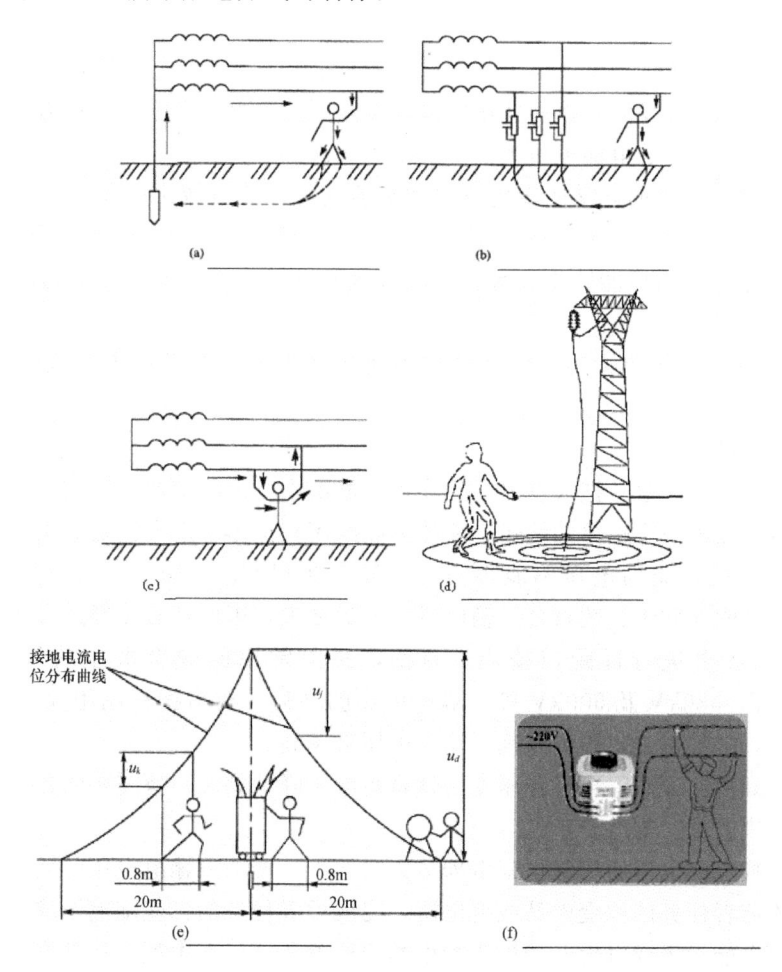

图1-51 触电方式

由各种电压的电力线路将发电厂、变电站和电力用户联系起来的发电、输电、变电、配电和用电的整体，叫作电力系统。电力系统示意图如图 1-52 所示。

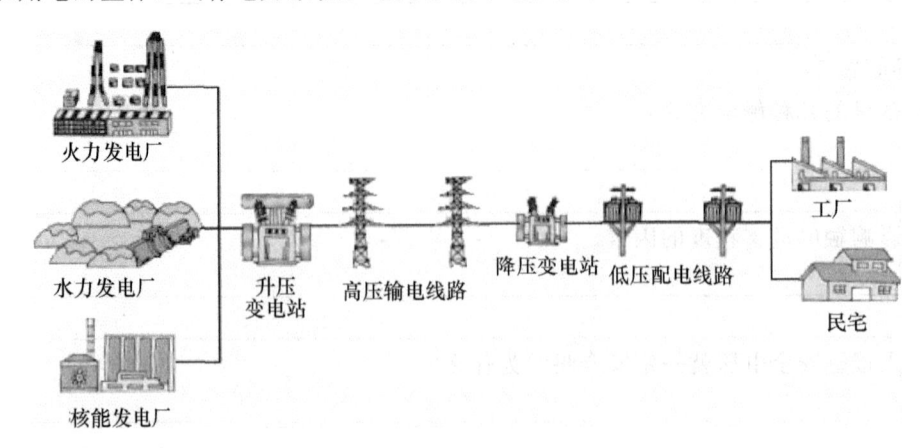

图 1-52 电力系统示意图

(1) 发电

发电就是电力的生产，生产电力的工厂称为发电厂，发电厂的作用是将其他形式的能量转换成电能的场所。发电厂按所使用的能源不同可分为火力发电厂、水力发电厂、核能发电厂等。发电厂产生的电能电压为 3.15～15.75kV。

1) 火力发电：燃料的化学能转化成水和水蒸气的内能再转化成发电机转子的机械能再转化成电能。

2) 水力发电：水机械能转化成水轮机的机械能再转化为发电机转子的机械能再转化为电能。

3) 核能发电：核能转化为水和蒸气的内能再转化为发电机转子的机械能再转化为电能。

(2) 电能的输送

为了安全和节约，通常把大发电厂建在远离城市中心的能源产地附近。因此发电厂发出的电能还需要经过一定距离的输送，才能分配给用户。由于发电机的绝缘强度和运行安全等因素，发电机发出的电压不能很高，一般为 3.5kV、6.3kV、10.5kV 和 15.75kV 等。为了减少电能在数十、数百公里输电线路上的损失，因此还必须经过升压变压器升高到 35～500kV 后再进行远距离输电。目前，我国常用的输电电压的等级有 35kV、110kV、220kV、330kV 及 500kV 等。输电电压的高低，要根据输电距离和输电容量而定，其原则是，容量越大，距离越远，输电电压就越高。

高压输电到用户区后，再经降压变压器将高电压降低到用户所需要的各种电压。

(3) 工厂中的变、配电。

变电即变换电网电压的等级，配电即电力的分配。变电分输电电压的变换和配电电压的变换。完成前者任务的称变电站或变电所，完成后者任务的称变配电站或变配电所。如果只具备配电功能而无变电设备的称为配电站或配电所。大、中型工厂都有自己的变、配电站，通常由高压配电室、变压器室和低压配电室组成。用电量在 1000kW 以下的工厂，由于采用低电压（在电力系统中 1kV 以上为高电压，1kV 以下为低电压）供电。只需要一个低压配电室就够了。

电能输送到工厂后，经高压配电室配电后，由变压器室的降压变压器将 6~10kV 的电源电压降至 380V/220V 的低电压，再经过低压配电装置，对各车间用电设备进行配电。

在车间配电中，对动力用电和照明用电采用分别配电的方式，即把各个动力配电线路以及照明配电线路一一分开，这样可避免因局部事故而影响整个车间的生产。

（4）电力系统的供电方式

目前，国内外电力系统普遍采用三相电源供电方式。三相电源供电方式就是由频率和振幅相同、相位互差 120° 的三个正弦交流电源同时供电的方式。

三相交流电与单相交流电在发电、输电和用电等方面具有明显的优越性：

1）在尺寸相同的情况下，三相发电机比单相发电机输出的功率大。

2）在输电距离、输电电压、输送功率和线路损耗相同的条件下，三相输电比单相输电可节省 25% 的有色金属。

3）单相电路的瞬时功率随时间交变，而对称三相电路的瞬时功率是恒定的，这使得三相电动机具有恒定转矩，比单相电动机的性能好，结构简单，便于维护。

（5）相电压与线电压

从三相电源的正极性端引出三根输出线，称为端线（俗称为火线），三相电源的负极性端连接为一点，称为电源中性点，用 N 表示，如图 1-53 所示。每根端线与工作零线之间的电压就是每一相的相电压。端线之间的电压成为线电压。并且线电压为相电压的 $\sqrt{3}$ 倍，即线电压为 380V，则相电压为 220V。

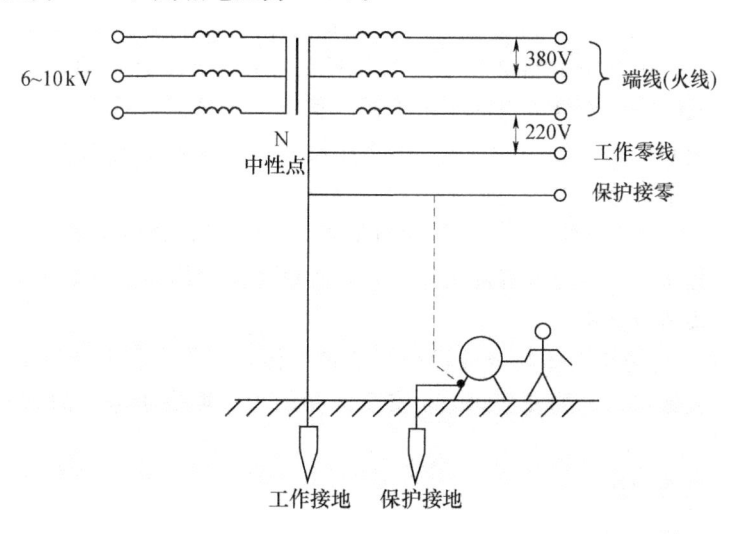

图 1-53 相电压导线电压

1. 触电原因

（1）缺乏电气安全知识。

由于不知道哪些地方带电，什么东西能导电，误用湿布抹灯泡或擦抹带电的家用电器，或随意摆弄灯头、开关、电线，一知半解玩电器等，因而造成触电。在架空线路附近放风筝；带负荷拉高压隔离开关；低压架空线折断后不停电，误碰火线；光线不明的情况下带电接线，误触带电体；触摸破损的胶盖刀闸；儿童在水泵电动机外壳上玩耍、触摸灯头或插座；随意乱动电器等。

(2) 违反安全操作规程。

带负荷拉高压隔离开关；在高低压同杆架设的线路电杆上检修低压线或广播线时碰触有电导线；在高压线路下修造房屋接触高压线；剪修高压线附近树木接触高压线等。带电换电杆架线；带电拉临时照明线；带电修理电动工具、换变压器、搬动用电设备；火线误接在电动工具外壳上；用湿手拧灯泡等。

(3) 设备不合格。

闸刀开关或磁力启动器缺少护壳而触电；电气设备漏电；电炉的热元件没有隐蔽；电器设备外壳没有接地而带电；配电盘设计和制造上的缺陷，使配电盘前后带电部分易于触及人体；电线或电缆因绝缘磨损或腐蚀而损坏；在带电下拆装电缆等。

(4) 维修管理不善。

大风刮断低压线路和刮倒电杆后，没有及时处理；胶盖刀闸胶木盖破损长期不修理；瓷瓶破裂后火线与拉线长期相碰；水泵电动机接线破损使外壳长期带电等。

(5) 偶然因素。

大风刮断电力线路触到人体等。

2．预防触电的措施

(1) 直接触电的预防。

直接触电的预防措施有以下3种。

1) 绝缘措施。良好的绝缘是保证电气设备和线路正常运行的必要条件，是防止触电事故的重要措施。选用绝缘材料必须与电气设备的工作电压、工作环境和运行条件相适应。不同的设备或电路对绝缘电阻的要求不同。例如：新装或大修后的低压设备和线路，绝缘电阻不应低于 $0.5M\Omega/V$；运行中的线路和设备，绝缘电阻要求工作电压 $1k\Omega/V$ 以上；高压线路和设备的绝缘电阻不低于 $1000M\Omega/V$。

2) 屏护措施。采用屏护装置，如常用电器的绝缘外壳、金属网罩、金属外壳、变压器的遮栏、栅栏等将带电体与外界隔绝开来，以杜绝不安全因素。凡是金属材料制作的屏护装置，应妥善接地或接零。

3) 间距措施。为防止人体触及或过分接近带电体，在带电体与地面之间、带电体与其他设备之间，应保持一定的安全间距。安全间距的大小取决于电压的高低、设备类型、安装方式等因素。

(2) 间接触电的预防。

间接触电的预防措施有以下3种。

1) 加强绝缘。对电气设备或线路采取双重绝缘的措施，可使设备或线路绝缘牢固，不易损坏。即使工作绝缘损坏，还有一层加强绝缘，不致发生金属导体裸露造成间接触电。

2) 电气隔离。采用隔离变压器或具有同等隔离作用的发电机，使电气线路和设备的带电部分处于悬浮状态。即使线路或设备的工作绝缘损坏，人站在地面上与之接触也不易触电。必须注意，被隔离回路的电压不得超过500V，其带电部分不能与其他电气回路或大地相连。

3）自动断电保护。在带电线路或设备上采取漏电保护、过流保护、过压或欠压保护、短路保护、接零保护等自动断电措施，当发生触电事故时，在规定时间内能自动切断电源起到保护作用。

（3）其他预防措施。

1）加强用电管理，建立健全安全工作规程和制度，并严格执行。

2）使用、维护、检修电气设备，严格遵守有关安全规程和操作规程。

3）尽量不进行带电作业，特别在危险场所（如高温、潮湿地点），严禁带电工作；必须带电工作时，应使用各种安全防护工具，如使用绝缘棒、绝缘钳和必要的仪表，戴绝缘手套，穿绝缘靴等，并设专人监护。

4）对各种电气设备按规定进行定期检查，如发现绝缘损坏、漏电和其他故障，应及时处理；对不能修复的设备，不可使用其带"病"进行，应予以更换。

5）根据生产现场情况，在不宜使用380/220V电压的场所，应使用12～36V的安全电压。

6）禁止非电工人员乱装乱拆电气设备，更不得乱接导线。

7）加强技术培训，普及安全用电知识，开展以预防为主的反事故演习。

3. 触电方式知识的介绍

按照人体触电及带电体的方式和电流通过人体的途径，触电可分为以下几种情况：

（1）单相触电：单相触电是指在地面或其他接地导体上，人体某一部位触及一带电体的触电事故。

（2）两相触电：两相触电是指人体两处同时触及同一电源任何两带电体而发生的触电。

（3）跨步电压触电：当带电体接地有电流流入地下时，电流在接地点周围土壤中产生电压降。人在接触接地点周围，两脚之间出现的电位差即为跨步电压。由此造成的触电称为跨步电压触电。

在低电压380V的供电网中，如一根线掉在水中或潮湿的地面，在此水中或潮湿的地面上就会产生跨步电压。

在高压故障接地处同样会产生更加危险的跨步电压，所以在检查高压设备接地故障时，室内不得接近故障点4m以内，室外不得接近故障点8m以内。（以上距离为土地干燥的距离）。

（4）悬浮电路触电：是电通过有初、次级线圈互相绝缘的变压器后（即·初、次级之间没有直接电路联系而只有磁路联系）从次级输出的电压零线不接地，相对于大地处于悬浮状态，若人站在地面上接触其中一根带电线，一般没有触电感觉。但在大量的电子设备中，如收、扩音机等，它是以金属底板或印刷电路板作公共接"地"端，如果操作者身体的一部分接触底板（接"地"点），另一部分接触高电位端，就会造成触电。所以在这种情况下，一般要求单手操作。

4. 电流对人身的损害

一般我们常说的触电是指电流流过人体，对人体造成伤害，也叫作电击。

当通过人体的电流较小时，人体会有针刺、打击、疼痛感，会引起肌肉痉挛收缩；当通过人体的电流较大时，会引起呼吸困难，血压升高，心脏跳动不规则，昏迷等症状，甚至会造成呼吸停止和心脏停止跳动，导致死亡。

决定触电伤害程度的因素主要有两个：触电电流的大小和触电时间的长短。

通过人体 1mA 左右电流，就会引起人的感觉，如针刺感。电流大到 15mA 时，人就无法自己摆脱握在手中的带电导体。电流超过 30mA 就会导致死亡。

触电电流的大小主要取决于电压和人体综合电阻。人体电阻只有 2kΩ 左右，而且人的表皮电阻大，体内电阻只有 600~800Ω，但是由于人总是穿着衣服鞋袜，综合电阻可以达到几十千欧。所以电工在操作时，应穿绝缘良好的电工鞋，增大人体综合电阻。

触电时间短，电流小，不会对人体造成很大伤害，但触电时间一加长，由于人体的生理反应，紧张出汗，减小了表皮电阻，使触电电流进一步增大，达到伤害电流的程度，就会造成死亡事故。可以用触电电流和触电时间的乘积来鉴定触电伤害事故，当乘积大于 50mA·s 时，就会造成较严重的伤害，甚至死亡。我国规定 30mA·s 为极限值。

四、小组活动

1. 总结归纳你们认为保证电工安全作业的必要措施并以小组形式展示评价，填写表 1-17。

表 1-17　　　　　　　　　　评价表

组号	参加展示人数	评价		展示排序（有效项目数）
		语言表达最好的学生	总结归纳的有效措施项目	
1				
2				
3				
4				
5				

评价人签字＿＿＿＿＿＿＿＿

2. 你会现场扑救因设备使用不当而引起的电气火灾吗？你对灭火器使用和认识知道多少呢？

（1）电气火灾的主要原因有哪些？

1）电路短路。2）过负载。3）接触不良。4）电火花或电弧。

（2）电气设备发生火灾时我们应怎么做？

应立即切断电源，应选用二氧化碳、干粉灭火器灭火。未停电时不得使用泡沫灭火器和水灭火。

（3）使用灭火器时我们应注意哪些安全事项？

1）对准火源，打开阀门向火源喷射。

2）干粉灭火器不适用于旋转的电动机、发电机等灭火。

3）二氧化碳易使人窒息，注意人处位置有足够的通风和人站在上风侧。

4）注油设备发生火灾，切断电源后，最好用泡沫灭火器或干砂灭火。

（4）图 1-54 所示灭火器，你能识别吗？你怎样区分它们？

图 1-54　灭火器

（5）你会使用灭火器吗？

1）二氧化碳灭火器的使用。

图 1-55 是二氧化碳灭火器瓶上的使用说明，让我们大概了解二氧化碳灭火器的使用。

图 1-55　二氧化碳灭火器

图 1-56 是二氧化碳灭火器的使用介绍。
- 使用方法：先拔出保险销，再压合压把，将喷嘴对准火焰根部喷射。
- 注意事项：使用时要尽量防止皮肤因直接接触喷筒和喷射胶管而造成冻伤。
- 扑救电器火灾时，如果电压超过 600V，切记要先切断电源后再灭火。
- 应用范围：适用于 A、B、C 类火灾，不适用于金属火灾。扑救棉麻、纺织品火灾时，应注意防止复燃。由于二氧化碳灭火器灭火后不留痕迹，因此适宜扑救家用电器火灾。

2）干粉灭火器的使用，如图 1-57 所示。
- 适用范围：适用于扑救各种易燃、可燃液体和易燃、可燃气体火灾，以及电器设备火灾。
- 干粉灭火器是利用二氧化碳或氮气作动力，将干粉从喷嘴内喷出，形成一股雾状粉

图 1-56 二氧化碳灭火器使用介绍

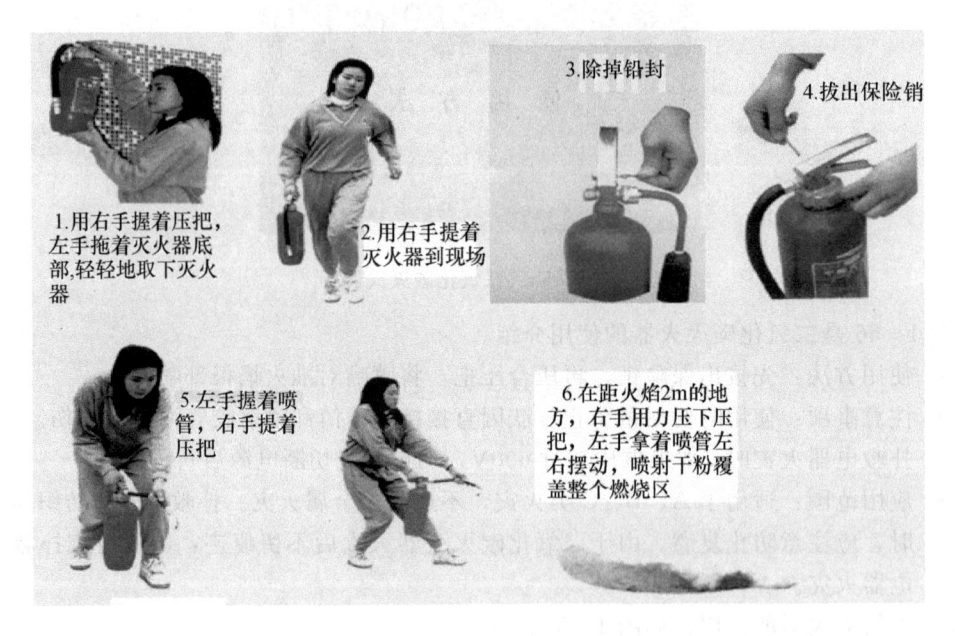

图 1-57 干粉灭火器使用介绍

流,射向燃烧物质灭火。普通干粉又称为 BC 干粉,用于扑救液体和气体火灾,对固体火灾则不适用。多用干粉又称为 ABC 干粉,可用于扑救固体、液体和气体火灾。

3) 1211灭火器的使用方法与干粉灭火器相同,但是注意:

1211本身含有氟的成分,具有较好的热稳定性和化学惰性,久贮不变质,对钢、铜、铝等常用金属腐蚀作用小并且由于灭火时是液化气体,所以灭火后不留痕迹,不污染物品。1211灭火器适用于电器设备,各种装饰物等贵重物品的初期火灾扑救。由于它对大气臭氧层的破坏作用,在非必须使用场所一律不准新配置1211灭火器。

泡沫灭火器的详细使用方法见图1-58。

图1-58 泡沫灭火器的详细使用方法

- 泡沫灭火器主要用于扑救油品火灾,如汽油、煤油、柴油及苯、甲苯等的初起火灾。也可用于扑救固体物质火灾。泡沫灭火器不适于扑救带电设备火灾以及气体火灾。泡沫灭火器有化学泡沫灭火器和空气泡沫灭火器两种。
- 手提式化学泡沫灭火器由筒体、筒盖、喷嘴及瓶胆等组成。平时,瓶胆内装的是硫酸铝的水溶液,筒体内装的是碳酸氢钠的水溶液。当灭火器颠倒时,两种溶液混合,产生化学反应,喷射出泡沫。在喷射泡沫过程中,灭火器应一直保持颠倒的垂直状态,不能横置或直立过来,否则喷射会中断。如扑救可燃固体物质火灾,应把喷嘴对准燃烧最猛烈处喷射;如扑救容器内的油品火灾,应将泡沫喷射在容器的器壁上,从而使得泡沫沿器壁流下;如扑救流动油品火灾、操作者应站在上风方向,并尽量减少泡沫射流与地面的夹角,使泡沫由近而远地逐渐覆盖整个油面上。

3. 电气火灾或突发事件紧急疏散演习

五、总结与评价（见表1-18）

表1-18　　　　　　　　　　　总结与评价

项目	自我评价			小组评价			教师评价		
	10~8	7~6	5~1	10~8	7~6	5~1	10~8	7~6	5~1
小组活动参与度									
信息收集及简述情况									
安全用电问题回答情况									
引导问题3学习情况									
引导问题4学习情况									
引导问题5学习情况									
紧急疏散演习表现									
时间观念									
出勤情况									
仪容仪表符合活动要求									
总评									

学习活动五　触电急救

【学习目标】

（1）能使触电者尽快脱离电源。

（2）能正确实施触电急救。

学习地点：实训室

学习课时：12课时

【学习过程】

引导问题1：

发现有人在居民住宅触电（触电形式见图1-59），使其尽快脱离电源的方法有哪些？请画图表示。

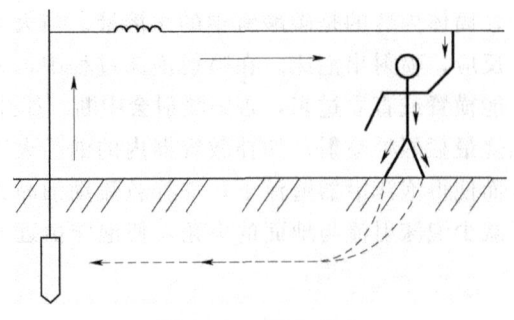

图1-59　触电形式

引导问题 2：

1）你对脱离电源后的触电者应采取哪些措施？见图 1-60。

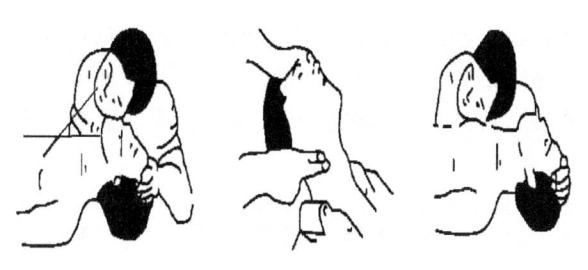

图 1-60　对脱离电源后的触电者应采取的措施

2）请说明图 1-61 是什么急救方法？触电者在什么身体状况下采取这种触电急救方式？

图 1-61　急救方法 1　　　　图 1-62　急救方法 2

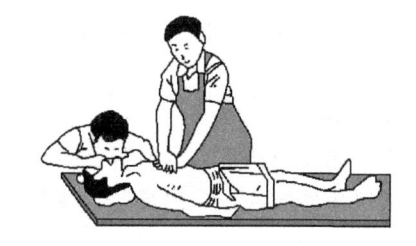

3）请说明图 1-62 是什么急救方法？触电者在什么身体状况下采取这种触电急救方式？

小知识

人触电后，由于产生痉挛和失去知觉而抓住带电体不能解脱，因此正确的触电紧急救护工作，是使触电人尽快地脱离电源，切勿直接碰触触电人。

(1) 低压触电时的脱离电源。

低压触电时，应立即断开近处的电源开关（或拔去电源插头）。如果不能立即断开，救护人员可用干燥的手套、衣服等作为绝缘物使触电者脱离电源。如果触电者因抽筋而紧握电线，则可用木柄斧、铲或胶把钳把电线弄断。

(2) 高压触电时的脱离电源。

高压触电时，应立即通知电工断开电源侧高压开关。

一、触电急救方法

1. 触电者脱离电源后的检查

触电者脱离电源后,应立即进行检查,若是已经失去知觉,则要着重检查触电者的双目瞳孔是否已经放大,呼吸是否已经停止,心脏跳动情况如何等。在检查时应使触电者仰面平卧,松开衣服和腰带,打开窗户加强空气流通,但要注意触电者的保暖,并及时通知医院前来抢救。

2. 根据触电人员的身体情况选择急救的方法

(1) 触电伤员如神志清醒,应使其就地躺平,严密观察,暂时不要站立或走动。

(2) 触电伤员神志不清者或呼吸困难,应就地仰面躺平,确保其气道通畅,迅速测心跳情况,禁止摇动伤员头部呼叫伤员,要严密观察触电伤员的呼吸和心跳情况,并立即联系医疗部门接替救治。

(3) 触电伤员如意志丧失,应在10s内用看、听、试的方法,判定伤员的呼吸、心跳情况。如呼吸停止立即在现场采用口对口呼吸、如呼吸心跳均停止立即在现场采用心肺复苏法抢救。在运送伤员的途中,要继续在车上对伤员进行心肺复苏法抢救。

看:伤员的胸部、腹部有无起伏动作。

听:用耳贴近伤员的口鼻处,听有无呼气声音。

试:试测口鼻有无呼气的气流。再用两手指轻试一侧(左或右)喉结旁凹陷处的颈动脉有无搏动。

3. 心肺复苏的方法

(1) 通畅气道。如发现伤员口内有异物可将其身体及头部同时侧转,迅速用一个手指或用两手指交叉从口角处插入,取出异物,操作中要注意防止将异物推到咽喉深部。

(2) 通畅气道后可采用仰头抬颌法,见图1-63。用左手放在触电者前额,另一只手的手指将其下颌骨向上抬起,两手协同将头部推向后仰,使触电者鼻孔朝上,舌根随之抬起,气道即可通畅。严禁用枕头或其他物品垫在伤员头下。头部抬高前倾,或头部平躺会加重气道阻塞,并且使胸处按压时流向脑部的血流减少。

图1-63 仰头抬颌法

(3) 口对口(鼻)人工呼吸,如图1-62所示。

1) 在保持触电者气道通畅的同时,救护人员用放在伤员额上的手指捏住伤员的鼻翼,救护人员深吸气后。与伤员口对口贴紧,在不漏气的情况下,先连续大口吹气两次,每次吹气为1~1.5s(放3.5~4s,每5s一次)。两次吹气后速测颈动脉。如无搏动,可判为心跳已经停止,要立即同时进行胸外心脏按压。

2) 除开始时大口吹气两次外,正常口对口(鼻)呼吸吹气量不需过大,以免引起胃膨胀。吹气和放松时要注意伤员胸部应有起伏的呼吸动作。吹气时如有较大阻力,可能是头部后仰不够,应及时纠正。

3) 触电者如牙关紧闭,可进行口对鼻人工呼吸。口对鼻人工呼吸吹气时,要将伤员嘴唇紧闭,防止漏气。

(4) 胸外心脏按压法。

正确的按压位置是保证胸外心脏按压效果的重要前提。确定正确按压位置的步骤:

1) 救护人迅速的双腿跪在被救人右侧的肩膀旁,右手的食指和中指并拢沿触电者的两侧最下面的肋弓下缘向上,找到肋骨接合处的中点。两手指并齐,中指放在切迹中点(剑突底部)。左手的掌根(即大拇指最后的一节1/3处)紧挨食指上缘,左手置于胸骨上,即为正确按压位置,如图1-64所示。

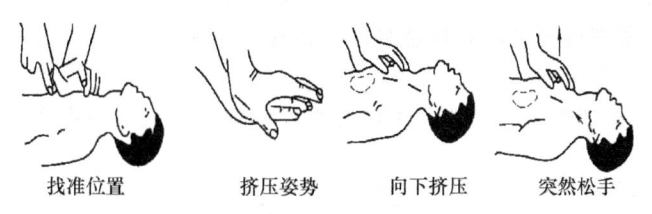

图1-64 正确按压位置

2) 使触电者仰面躺在平硬的地方,救护人员跪在伤员右侧肩位旁,两臂伸直,肘关节固定不屈,两手掌根相叠,手指翘起,不接触伤员胸壁。以髋关节为支点,利用上身的重力,垂直将伤员胸骨压陷3~5cm(儿童和瘦弱者酌减)。压至要求程度后,立即全部放松,但放松时救护人员的掌根不得离开胸壁。按压必须有效,有效的标志是按压过程中可以触摸到伤员颈动脉搏动。

3) 操作频率。

胸外按压要均匀速度进行,每分钟80~100次,每次按压和放松时间相等。胸外按压与口对口(鼻)呼吸要同时进行时,单人抢救时每按压30次后吹气2次(30∶2),反复进行。

(5) 抢救过程中的判定。

1) 按压吹气5min后,用看、听、试方法,在5~7s时间内完成对伤员呼吸和心跳是否恢复的判定。

2) 若判定颈动脉已有搏动但无呼吸,则暂停胸外按压,而再进行口对口人工呼吸。口对口人工呼吸,每5s完成一次(即每分钟12次)。如脉搏和呼吸均未恢复,则继续坚持心肺复苏法抢救。

3) 在抢救过程中,要每隔数分钟再判定一次,每次判定时间均不得超过5~7s。在医生未接替抢救前,现场抢救人员不得放弃抢救。现场触电抢救,对采用肾上腺素等药物应持慎重态度。如没有必要的诊断设备条件和足够的把握,不得乱用。在医院内抢救触电者时,由医务人员经医疗仪器设备诊断,根据诊断结果决定是否采用。

二、触电急救方法训练

参阅前文,在教师的演示、指导下,学生进行触电急救方法训练并将触电急救训练过程记录表1-19。

表1-19　　　　　　　触电急救,训练过程　　　　学生姓名_____

训练内容	第一次合格率	第二次合格率	第三次合格率	第四次合格率	考核记录
口对口人工呼吸法					
胸外挤压法					
牵手急救法					
两人同时配合抢救法					

三、学习拓展

1. 杆上或高处触电急救

（1）发现低压杆上或高处有人触电，应争取时间及早在杆上或高处开始进行抢救。

（2）救护人员应在确认触电者已与电源隔离，救护人员所处环境安全无触电的危险时，方可接触触电者进行抢救，并应注意防止发生高空坠落。

（3）高处抢救

1）触电者脱离电源后，应将伤员扶卧在自己的安全带上（或在适当地方躺平），并注意保持伤员气道通畅。

2）如触电者呼吸停止，应立即口对口（鼻）吹气2次，再测颈动脉，如有搏动，则每5s吹气一次，如颈动脉无搏动时，可用空心拳头叩击心前区2次，促使心脏复跳。

3）高处发生触电。为使抢救更有效，完成前述措施后再立即用绳索迅速将伤员送至地面。

4）在将触电者由高处送至地面前，应再口对口（鼻）吹气4次。

5）触电者送至地面后，应立即继续按心肺复苏法坚持抢救。

2. 触电急救时应注意的问题

（1）触电者脱离电源后，视触电人状态确定正确急救方法。

（2）被救人不要躺在潮湿冰凉的地面，要保持被救人的身体余温，防止血液的凝固。

（3）触电急救必须争分夺秒，立即在现场迅速用心肺复苏法进行抢救，抢救不准中断，只有医务人员接替救治后方可中止。在抢救时不要为方便而随意移动伤员，如确有必要移动时，抢救中断时间不应超过30s。移动或送医院的途中必须保证触电者平躺在车上，必须保证呼吸道的通畅，不准将触电者半靠或坐在轿车里送往医院。如呼吸或心脏停止跳动，应在运往医院途中的车上继续进行心肺复苏法，抢救不得中断。

（4）心肺复苏法的实施要迅速准确，吹气时要保证将气吹到被救人的肺中（吹气要观察被救人胸部有隆起），胸外按压心脏时，要保证压在触电者心脏准确位置。每次胸外心脏按压，被救人每按压一次颈动脉应搏动一次，如无搏动证明没按压在心脏上，立即调整位置。

（5）高压触电，应在确保救护人安全情况下，因地制宜采取相应救护措施。例如：触电者触及高压带电设备，救护人员应迅速切断电源，或用适合该电压等级的绝缘工具（戴绝缘手套、穿绝缘靴并用绝缘棒）解脱触电者。救护人员在抢救过程中应注意保持自身与周围带电部分必要的安全距离。

（6）触电发生在架空线杆塔上，如低压带电线路，若可能立即切断线路电源的，应迅速切断线路电源，或者救护人员迅速登杆，系好安全带后，用带绝缘胶柄的钢丝钳、干燥的不导电物体或绝缘物体将触电者拉离电源。高压触电，触电者不能脱离电源，必须由电力部门从事高压带电作业的人员进行抢救。无论是何级电压线路上触电，救护人员在使触电者脱离电源时要注意防止发生高处坠落的可能和再次触及其他有电线路的可能。

（7）触电者触及断落在地上的带电高压导线，且尚未确定线路无电。救护人员在没有采取安全措施前，不能接近断线点前8~10m范围内，防止跨步电压伤人。触电者脱离带电导线后，亦应迅速带至8~10m以外后立即进行触电急救。只有在确定线路已经无电，才可在触电者离开触电导线后,立即就地进行急救。

(8)救护触电伤员切除电源会同时使照明停电,在此情况下先进行心肺复苏法,其他人员立即解决事故照明、应急灯等临时照明。新的照明要符合使用场所防火、防爆的要求。

学习活动六 工作总结与评价

【学习目标】

(1)正确实施触电急救训练汇报。
(2)学习任务一的总结评价。
学习地点:教室
学习课时:4课时

【学习过程】

一、训练汇报:各组推荐一至二名学生进行触电急救展示(见表1-20)

表1-20 训练汇报

展示学生姓名	值得学习的地方	还需改进的地方

参评人_____

二、综合评价(见表1-21)

表1-21 综合评价 学生姓名_____

项目	加分	自我评价			小组评价			教师评价		
		10~8	7~6	5~1	10~8	7~6	5~1	10~8	7~6	5~1
总结										
工作任务1										
工作任务2										
工作任务3										
工作任务4										
总评										

三、教师点评

(1) 找出各组的优点进行点评。
(2) 整个任务完成过程中各组的缺点进行点评，改进方法。
(3) 整个活动完成中出现的亮点和不足。

任务二　书房一控一灯的安装

【学习目标】

（1）能阅读"书房一控一灯的安装"工作任务单，明确工时、工艺要求，明确个人任务要求。

（2）能识别导线、开关、灯等电工材料，识读电路原理图、施工图。

（3）根据施工图样，勘察施工现场，制订工作计划。

（4）正确使用电工常用工具，并根据任务要求和施工图样，列举所需工具和材料清单，准备工具，领取材料。

（5）能按照作业规程应用必要的标识和隔离措施，准备现场工作环境。

（6）能按图样、工艺要求、安装规程要求，进行护套线布线施工。

（7）施工后，能按施工任务书的要求直观检查。

（8）按电工作业规程，作业完毕后能清点工具、人员，收集剩余材料，清理工程垃圾，拆除防护措施。

（9）能正确填写任务单的验收项目，并交付验收。

（10）工作总结与评价。

建议课时：38课时

【工作情境描述】

某小区的物业公司提出给某住户的书房安装一控一灯的需求，用户要求当天完成该项工作，安装公司同意接收该项工作任务，开出任务单并委派维修电工人员前往该小区作业，并按客户要求当天完成任务，把客户验收单交付公司。

【工作流程与内容】

学习活动一	明确工作任务	（6课时）
学习活动二	识读电路图	（6课时）
学习活动三	勘察施工现场	（2课时）
学习活动四	制订工作计划	（2课时）
学习活动五	施工前准备	（10课时）
学习活动六	现场施工	（4课时）
学习活动七	施工项目验收	（4课时）
学习活动八	工作总结与评价	（4课时）

学习活动一　明确工作任务

【学习目标】

(1) 能阅读"书房一控一灯的安装"工作任务单。
(2) 能明确工时、工艺要求，
(3) 能明确个人任务要求。
学习地点：教室
学习课时：6课时

【学习过程】

一、请阅读工作任务单，用自己的语言描述具体的工作内容

安装工作联系见表2-1。

表2-1　　　　　　　　　安装工作联系单

流水号：2010-09-037

类别：水□　电□　暖□　土建□　其他□　　　　　　　日期：2010年9月7日

安装地点	新华小区12栋3单元502房的书房		
安装项目	书房一控一灯的安装		
需求原因	在新改造的书房安装一盏60W白炽灯		
申报时间	2010年9月6日	完工时间	2010年9月7日
申报单位	12栋3单元502房	安装单位	电工班
验收意见		安装单位电话	××××××××
验收人		承办人	
申报人电话	××××××××	承办人电话	
物业负责人	王五	物业负责人电话	××××××××

引导问题：

1) 该项工作在什么地点进行？

2) 该项工作要求什么时间开始做？

3) 该项工作要求什么时间完成？

4) 该项工作要求多长时间完成？

5) 该项工作是哪个单位申报的？

6) 该项工作具体内容是什么？

7) 该项任务交给你和同组人,你们的姓名签在何处?

8) 该项工作完成后交给谁验收?

9) 验收意见应该是什么内容?

10) 你认为使用安装工作联系单有什么作用?

11) 该项工作怎样才算完成了?

二、请同学们收集各种安装工作联系单,增强"安装工作联系单"的理解,达到正确填写工作单和使用工作单的能力,见表2-2。

表2-2　　　　　　　　　　电工维修工作记录

工程名称		施工单位	
设备线路名称			
维修内容			
处理结果			
事故原因			
技术措施			
维修人员		维修时间	

三、对明确工作任务进行评价
(1) 各组展示不同的工作单,讲述内容与特点。
(2) 评价见表2-3。

表2-3　　　　　　　　　　评价表

序号	项目	自我评价		
		10~8	7~6	5~1
1	学习兴趣			
2	正确理解工作任务			
3	遵守纪律			
4	学习主动性			
5	学习准备充分、齐全			
6	协作精神			
7	时间观念			
8	仪容仪表符合活动要求			
9	语言表达规范			
10	工作效率与工作质量			
总评		体会:		

四、教师点评

（1）找出各组的优点进行点评。

（2）展示过程中各组的缺点进行点评，改进方法。

（3）整个任务完成中出现的亮点和不足。

学习活动二　识读电路图

【学习目标】

能识读电路图、施工图。

学习地点：教室

学习课时：6课时

【学习过程】

一、电路基础

引导问题1：完成该项任务需要哪些材料？

_____

_____

引导问题2：请你试着用图示的方法表示电气元件的连接关系。

引导问题3：电工中规定的标准的电气原理图是什么样子呢？

请看下列标准电路原理图（见图2-1），完成以下空白工作页。

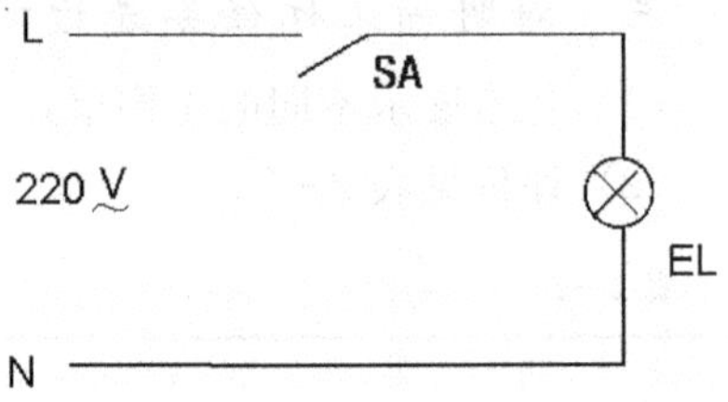

1）L表示什么？_____

2）N表示什么？_____

3）SA表示什么？_____

4）EL表示什么？_____

5）—⊗—表示什么？_____

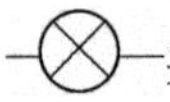

6）——╱——表示什么？_____

7）电气符号图包括图形符号和文字符号，你能说明灯的图形符号是_____，文字符号是_____。

图2-1　电路原理图

二、学习拓展

请查找电气符号图表，完成以下空白工作页，见表2-4。

表2-4　　　　　　　　　　　　　空白工作页

名称	文字符号	图形符号
电阻		
照明灯	EL	
熔断器		
指示灯	HL	
相交导线		
不相交导线		
电容	C	
电感		
接地线		
接机壳		
电流表		
电压表		
插头		
插座		

引导问题：

1) 有了电气符号图，我们能阅读电路原理图，在前文的电路原理图中，你能说出该电路由哪几部分组成吗？

2) 灯在电路中起什么作用？

3) 开关在电路中起什么作用？

4) 导线在电路中起什么作用？

5) 该电路中电源是多少伏？起什么作用？

6) 电的基本物理量有哪些？常用单位是什么？

7）各物量之间有怎样的关系？

8）电路的状态有哪三种？

小知识

(1) 电流 I：正电荷的定向移动形成电流　　单位：安培（A）

(2) 电压 U：推动电荷移动的压力　　　　　单位：伏特（V）

(3) 电阻 R：导体内对电荷移动的阻碍作用　单位：欧姆（Ω）

(4) 功率 P：负载在1s消耗的电能　　　　　单位：瓦（W）

(5) 功 W：负载在电路中消耗的电能　　　　单位：千瓦时（kW·h）或度

(6) 电路图：用图形符号表示电路连接情况的图。

欧姆定律：$I=\dfrac{U}{R}$

功率：$P=UI$

三、电气施工图的识读

1. 电气图连线表示方法

(1) 一般表示。

1) 导线用单线图表示，每一线路走向只画一条线。

2) 两条导线不做标识———。

3) 三根导线画三撇———///———。

4) 四根以上导线画一撇，旁边标注数字———/⁴———。

5) 表示导线型号，截面积，安装方法，用短画指引线。

BLV-500：铝心塑料绝缘线，耐压500V。　　　BLV-500-(3×25+1×16)-VG40-DA

3×25+1×16：3根25mm² ，1根16mm² 导线。

VG40：穿直径40mm塑料管敷设。

DA：沿地板暗敷。

(2) 导线连接点表示，见图2-2。

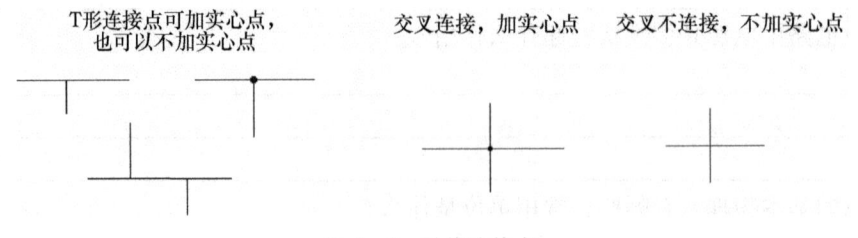

图2-2 导线连接点

2. 读图要求

(1) 熟记各个电气元件的图形和文字符号。

（2）掌握各类电气图绘制特点。

系统图：电源取自供电系统低压配电线路，经进户线穿管进户，到总配电箱，用户分配电箱。

平面图：用户配电箱到每个用电器的平面布线。

（3）把电气图、土建图、管路图结合起来读。

（4）了解涉及电气图的有关标准和规程。

有些技术要求不一定在图中给出，很多要求在国家标准与技术规范中已明确规定，必须执行。

3. 建筑识图

请阅读某住宅楼标准底层平面图，如图 2-3 所示。

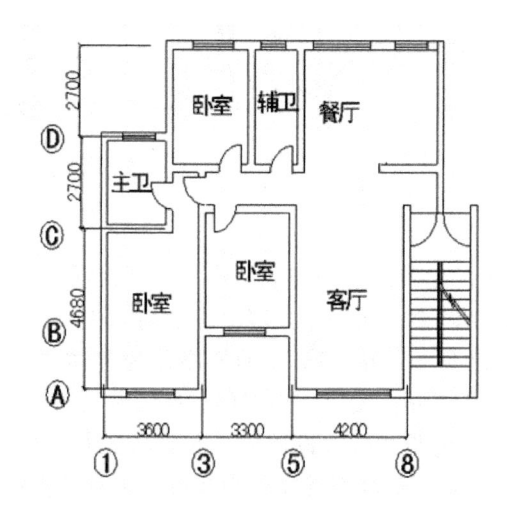

图 2-3 住宅楼标准底层平面图

引导问题：

1）在图上标出门窗位置。

2）说明房间的结构布置。

3）图中有哪些房间？你认为需要几组照明装置？

4）试着用图示的方法标明灯和开关的合适位置。

5）电气识图。

请阅读电气设备在平面图上的图形符号，如图 2-4 所示。

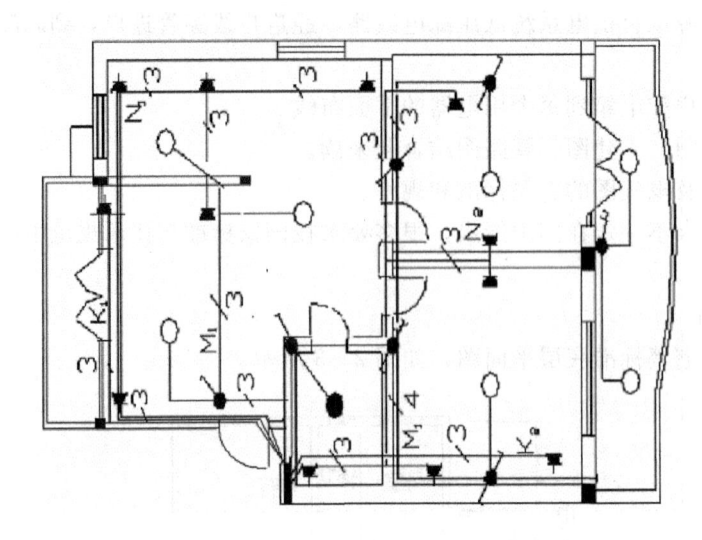

图 2-4 电气设备在平面图上的图形符号

说明：

图 2-5 是初步设计图，建筑结构为砖混结构，楼板为预制板，层高为 3 m，错层式，其中大卫、过厅、书房、主卧室、次卧室比客厅等处高 0.4 m。

户内配电箱的安装高度为 1.7 m，15 A 的插座是为分体式空调设计的，安装高度为 2m，厨房的插座安装高度为 1 m，大卫、小卫的插座安装高度为 1.3 m，其他插座安装高度为 0.3 m，20 A 的插座是为柜式空调设计的，安装高度为 0.3 m。

荧光灯安装高度为 2.5 m，壁灯安装高度为 2 m，开关安装高度为 1.3 m。

引导问题：

1）指出图中的灯及其数量。

_____

_____

2）指出图中灯的种类及每种的数量。

_____

_____

3）指出图中的所使用的开关名称及安装方式。

_____

_____

4）指出图中的所使用的插座名称及安装方式。

_____

_____

5）指出线路中采用的是什么导线。

_____

_____

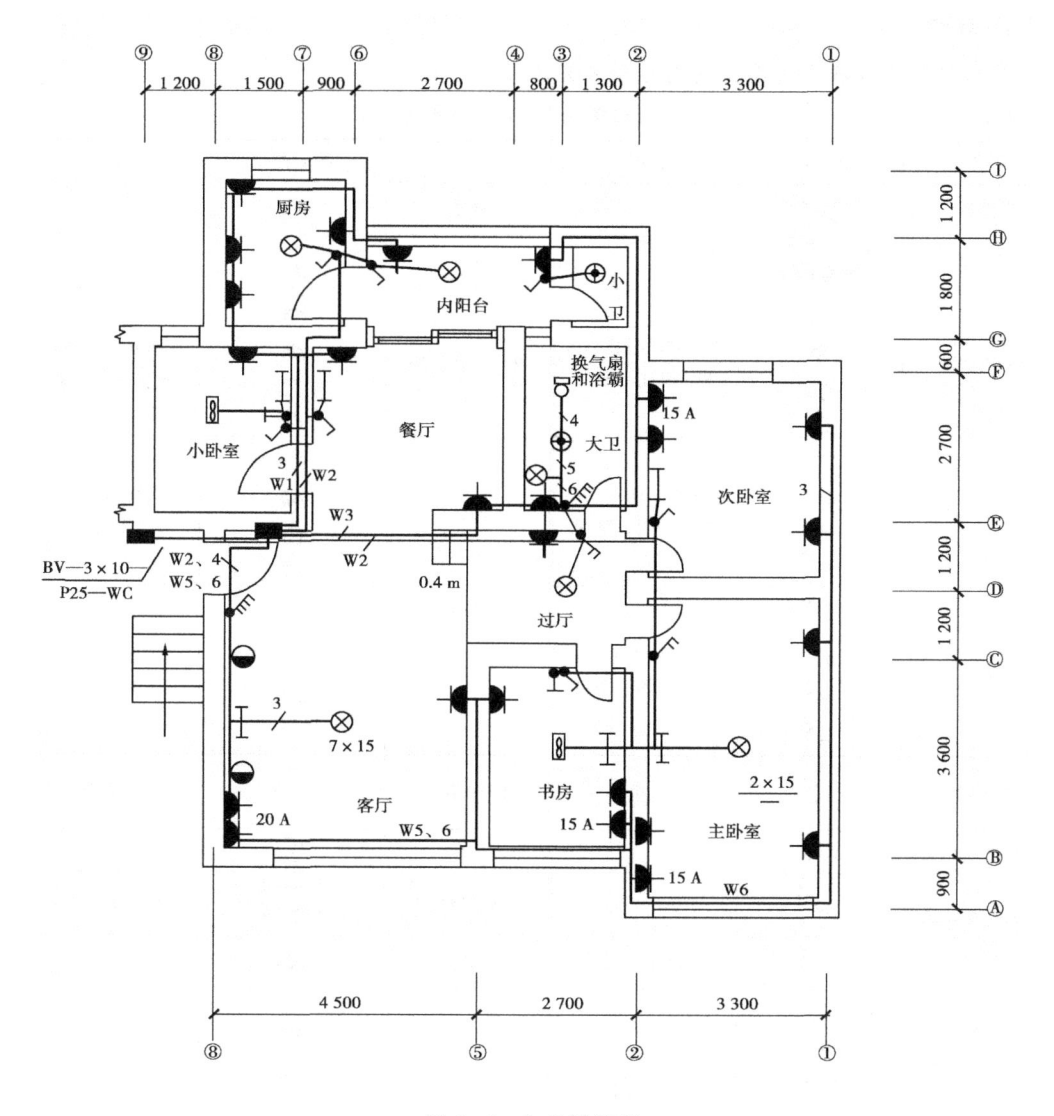

图 2-5 初步设计图

6) 在图中找出照明配电箱的位置。

7) 在图中找出各灯对应的控制开关。

8) 在图中找出哪个房间采用一灯双控。

小知识

常用电气设备在平面图上的图形符号见表2-5。

表2-5　　　　　常用电气设备在平面图上的图形符号

名称	图形符号	说明	名称	图形符号	说明
断路器			插座		
照明配电箱			开关		开关一般符号
单相插座		依次表示明装、暗装、密闭、防爆	单相三孔插座		依次表示明装、暗装、密闭、防爆
单极开关		依次表示明装、暗装、密闭、防爆	三相四孔插座		依次表示明装、暗装、密闭、防爆
双极开关		依次表示明装、暗装、密闭、防爆	三极开关		依次表示明装、暗装、密闭、防爆
多个插座		3个	带开关插座		装一单极开关
单极拉线开关			灯		
单极双控拉线开关			荧光灯		单管或三管灯
双控开关		单相三线	吸顶灯		
带指示灯开关			壁灯		
多拉开关		如用于不同照度	花灯		

四、照明基本线路

1. 一只开关控制一盏灯（见图2-6）

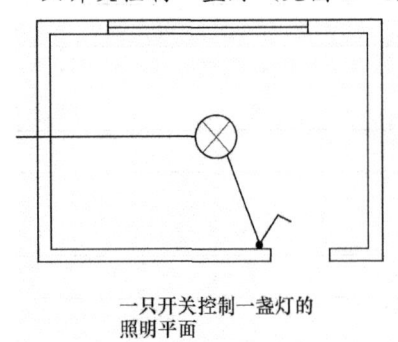

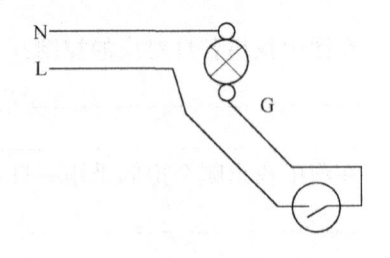

一只开关控制一盏灯的照明平面

一只开关控制一盏灯的透视接线图

图2-6　一只开关控制一盏灯

2. 多只开关控制多盏灯（见图 2-7）

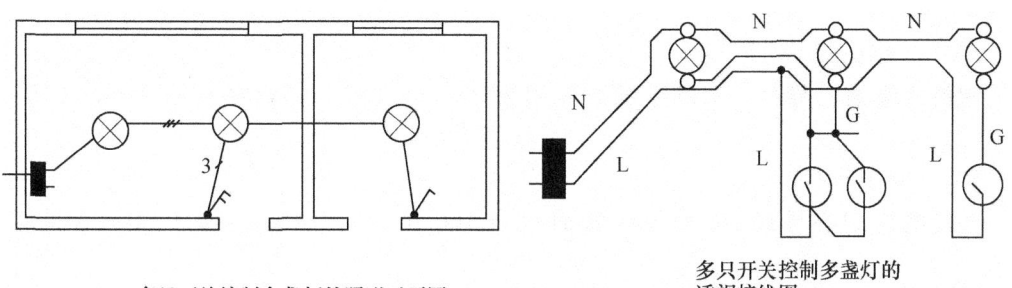

多只开关控制多盏灯的照明平面图

多只开关控制多盏灯的透视接线图

图 2-7 多只开关控制多盏灯

3. 两只开关控制一盏灯（见图 2-8）

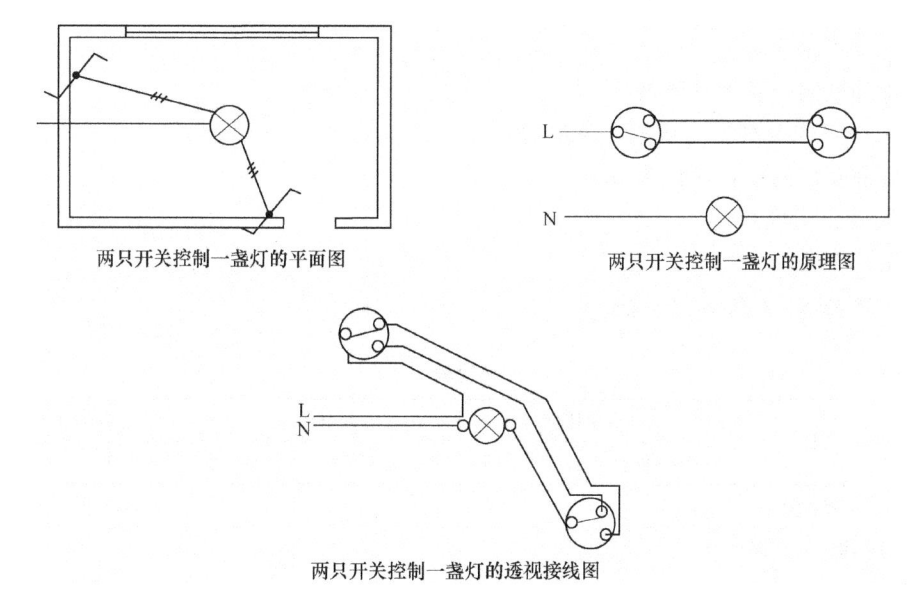

两只开关控制一盏灯的平面图

两只开关控制一盏灯的原理图

两只开关控制一盏灯的透视接线图

图 2-8 两只开关控制一盏灯

五、施工图中导线标注方法

$a-b\ (c\times d)\ -e-f$

a：线路编号或线路用途的符号。

b：导线型号。

c：导线根数。

d：导线截面面积。

e：敷设方式符号及穿管管径。

f：线路敷设部位符号。

例：1L-3×25+2×16-SC50-FC，WC

第 1L 回路，有 5 根导线，其中 3 根导线截面面积为 25mm² (3×25)，2 根导线截面面积

为 $16mm^2$（2×16），穿直径 50mm 焊接钢管（SC50），沿墙面内、地面内暗敷设（WC，FC）

BV－3×10－PVC25

塑料绝缘铜心导线，3 根导线截面积为 $10mm^2$（3×10），穿直径 25mm PVC 管（PVC25）

BV－5×16－G40

塑料绝缘铜心导线，5 根导线截面积为 $16mm^2$（5×16），穿直径 40mm 的钢管（G40）

六、照明灯具的标注方法

$$a-b\frac{c\times d\times l}{e}f$$

a：灯数。

b：灯具类型代号。

c：每种照明灯具的灯泡数。

d：每个灯泡或灯管的功率，单位为 W。

e：灯泡安装高度，单位为 m。

f：安装方式代号。

l：光源种类。

七、评价表（见表 2-6）

表 2-6　　　　　　　　　　评价表

序号	项目	自我评价			小组评价			教师评价		
		10～8	7～6	5～1	10～8	7～6	5～1	10～8	7～6	5～1
1	学习兴趣									
2	正确识读电路图									
3	遵守纪律									
4	学习主动性									
5	元器件认识程度									
6	协作精神									
7	时间观念									
8	仪容仪表符合活动要求									
9	语言表达规范									
10	工作效率与工作质量									
	总评									

八、教师点评

（1）找出各组的优点进行点评。

（2）展示过程中各组的缺点进行点评，改进方法。
（3）整个任务完成中出现的亮点和不足。

学习活动三　勘察施工现场

【学习目标】

能根据施工图样，勘察施工现场，取得必要的资料、数据。
学习地点：施工现场
学习课时：2课时

【学习过程】

一、请带着电气设备平面图（见图2-9），到施工现场进行勘察

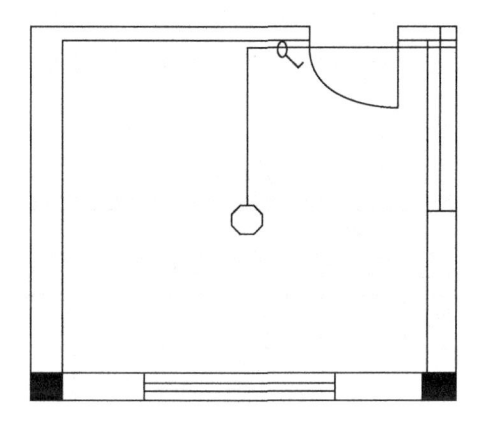

图2-9　电气设备平面图

引导问题：

1）书房的面积、形状、高度。

_____

_____

2）电源的引入位置。

_____

3）开关的安装位置、安装方式、安装高度。

_____

_____

4）灯座的安装位置、灯的高度。

_____

_____

5）灯座、开关、电源的位置关系及距离。

_____

_____

6）计算出所用导线的数量。

_____

_____

7）根据现场的状况，安装的难易程度，确定施工的时间。

_____

_____

要与客户确定勘察安装现场的时间与地点，准备好资料、名片，以及带好纸和笔，必要时带上照相机。

到达现场首先对现场的大概情况做一下了解，不要急于与客户见面，把现场环境大概记录一下。最好能及时出一份草图。

见了客户之后，先听客户介绍一下具体的情况，了解客户的具体需求，适当做笔录。客户讲完之后，可根据先前了解的情况，给客户做出一些合理性的建议。

二、评价表（见表2-7）

表2-7　　　　　　　　　　评价表

序号	项目	自我评价			小组评价			教师评价		
		10～8	7～6	5～1	10～8	7～6	5～1	10～8	7～6	5～1
1	学习兴趣									
2	现场勘察效果									
3	遵守纪律									
4	观察分析能力									
5	准备充分、齐全									
6	协作精神									
7	时间观念									
8	仪容仪表符合活动要求									
9	与客户沟通能力									
10	工作效率与工作质量									
	总评									

三、教师点评

（1）找出各组的优点进行点评。

（2）展示过程中各组的缺点进行点评，改进方法。
（3）整个任务完成中出现的亮点和不足。

学习活动四　制订工作计划

【学习目标】

（1）能根据施工图样，勘察施工现场，制订工作计划。
（2）能根据任务要求和施工图样，列举所需工具和材料清单。

学习地点：教室
学习课时：2课时

【学习过程】

引导问题：

1）安装需要的工具有哪些？

_____

_____

2）安装需要的材料有哪些？

_____

_____

3）安装的主要内容是什么？个人要做的工作有哪些？

_____

_____

4）按图要求书房安装的是哪种灯？功率多大？工作电压是多少？

_____

_____

工作计划表：可以是表格的形式，也可以是流程图的形式或者文字的形式。
描述你对现场勘察的信息记录，并制订相应的工作计划。
根据任务要求和施工图样，列举所需工具和材料清单见表2-8。

表2-8　　　　　　　　　　　所需工具和材料清单

序号	名称	数量
1		
2		
3		
4		
5		

一、评价表（见表 2-8）

表 2-8　　　　　　　　　　　评价表

序号	项目	自我评价			小组评价			教师评价		
		10～8	7～6	5～1	10～8	7～6	5～1	10～8	7～6	5～1
1	学习兴趣									
2	遵守纪律									
3	计划表达形式									
4	列出材料数量									
5	列出材料质量									
6	列出工具数量									
7	列出工具质量									
8	协作精神									
9	查阅资料的能力									
10	工作效率与工作质量									
	总评									

二、教师点评

（1）找出各组的优点进行点评。
（2）展示过程中各组的缺点进行点评，改进方法。
（3）整个任务完成中出现的亮点和不足。

学习活动五　施工前准备

【学习目标】

（1）能识别导线、开关、灯等电工材料。
（2）能正确使用电工常用工具。
学习地点：实训教室
学习课时：10 课时

【学习过程】

观察你从仓库领取的导线、开关、灯等电工材料，学习其规格、型号、功能及使用规定。

引导问题 1：你对绝缘导线的知识知道多少？请同学们观察你们从仓库领取的材料并借助多媒体上网查找或查找相关书籍，完成以下空白处的填写及回答问题。

1) 看看线上的铭牌标示，填写以下空格：

BV 表示：_____
RBV 表示：_____
RVV 表示：_____

2）你能列举哪些绝缘导线常用截面积？
_____
_____

引导问题 2：在图 2-10 的铭牌上还有哪些参数？你能列出来吗？
_____
_____

引导问题 3：列出的参数分别表示什么含义？
_____
_____

引导问题 4：观察你从仓库领的护套线的颜色。
1）外层护套层线颜色是：_____
2）内层线心绝缘层颜色是：_____

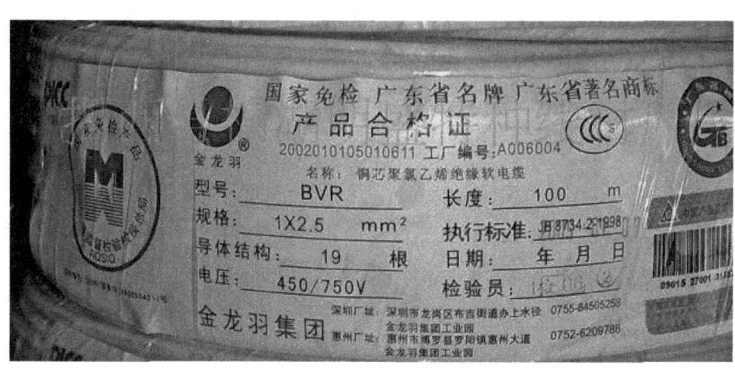

图 2-10　铭牌

引导问题 5：请观察下列两组图片，你认为零线，火（相）线分别该接哪种颜色的线，请选择你认为正确的答案。

火（相）线接：□红色　□蓝色
零线接：□红色　□蓝色

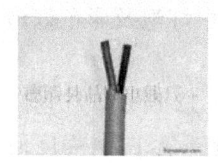

火（相）线接：□棕色　□蓝色
零线接：□棕色　□蓝色

引导问题 6：请借助多媒体上网查找或查找相关书籍，回答下列问题：
1）火（相）线颜色规定有哪些？

2) 零线颜色规定有哪些？

引导问题7：开关的作用是什么？

引导问题8：阅读下列资料，请填写下列工作页空白处。

开关的类型很多，一般分类方式如下：

1) 按装置方式，可分为明装式：明线装置用；暗装式：暗线装置用；悬吊式：开关处于悬垂状态使用；附装式：装设于电气器具外壳。

2) 按操作方法，分为跷板式、倒扳式、拉线式、按钮式、推移式、旋转式、触摸式和感应式。

3) 按接通方式，可分为单联（单投、单极）、双联（双投、双极）、双控（间歇双投）和双路（同时接通二路）。常用开关如图2-11所示。

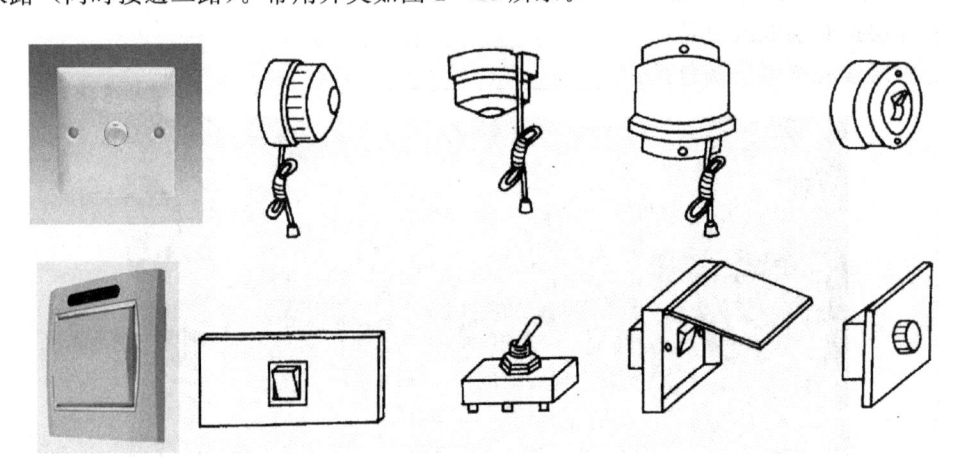

图2-11 常用开关

①你所领取的开关是属于以上的哪一种，请你在上面相应的图片的下方打"√"。
②你所领取的开关有相应的铭牌吗？上面有哪些信息，请你列出，并说明它的含义。

引导问题9：你能借助多媒体上网查找或查找相关书籍，回答下列问题：

1) 白炽灯具有：_____、_____、_____、_____、等特点。一般灯泡为无色透明灯泡，也可根据需要制成磨砂灯泡、乳白灯泡及彩色灯泡。

2) 阅读下列资料，请填写下列工作页空白处。

白炽灯由灯丝、玻璃壳、玻璃支架、引线、灯头等组成，如图2-12所示。灯丝一般用钨丝制成，当电流通过灯丝时，由于电流的热效应，使灯丝温度上升至白炽程度而发光。40W以下的灯泡，制作时将玻璃壳内抽成真空；40W及以上的灯泡则在玻璃壳内充有氩气或氮气等惰性气体，使钨丝在高温时不易挥发。

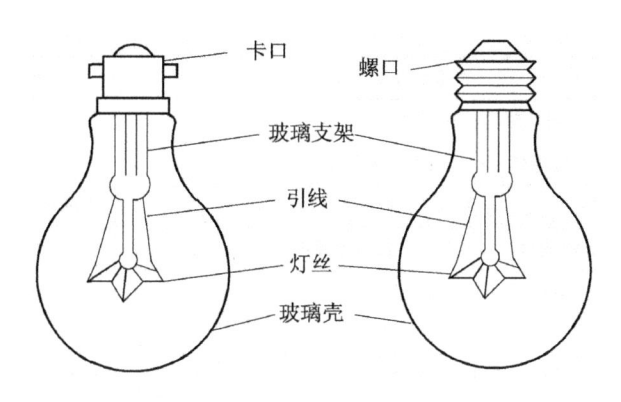

图 2-12 白炽灯

以上提到的"40W"是什么含义？

_____

3) 阅读下列资料，请填写下列工作页空白处。

白炽灯的种类很多，按其灯头结构可分为插口式还是螺口式两种，按其额定电压分为 6V、12V、24V、36V、110V 和 220V 等 6 种。就其额定电压来说有 6～36V 的安全照明灯泡，作局部照明用，如手提灯、车床照明灯等；有 220～230V 的普通白炽灯泡，作一般照明用。按其用途可分为普通照明用白炽灯、投光型白炽灯、低压安全灯、红外线灯及各类信号指示灯等。各种不同额定电压的灯泡，其外形很相似，所以在安装使用灯泡时应注意灯泡的额定电压必须与线路电压一致。

对照你所领取的灯，记录下灯上的铭牌内容，并描述它们的含义：

_____

灯头的结构是插口式还是螺口式？

_____

4) 白炽灯常见故障与处理方法见表 2-9。

表 2-9　　　　　　白炽灯常见故障与处理方法

故障现象	造成原因	处理方法
灯泡不亮	灯泡灯丝已断或灯座引线断开	更换灯泡或灯头
	灯头或开关处的接线接触不良	查明原因，加以紧固
	线路断路	检查并接通线路
	电源熔丝烧断	查明原因并重新更换
灯泡忽亮忽暗或忽亮忽熄	灯头或开关处接线松动	查明原因，加以紧固
	熔丝接触不良	加以紧固或更换
	灯丝与灯泡内电极忽接忽离	更换灯泡
	电源电压不正常	采取措施，稳定电源电压

续表

故障现象	造成原因	处理方法
灯泡特亮	灯泡断丝后搭丝（短路），使电流增大	更换灯泡
	灯泡额定电压与线路电压不符	更换灯泡
	电源电压过高	检查原因，排除线路故障
灯光暗淡	灯泡陈旧，灯丝蒸发变细，电流减小	更换灯泡
	灯泡额定电压与线路电压不符	更换灯泡
	电源电压过低	采取措施，提高电源电压
	线路因潮湿或绝缘损坏有漏电现象	检查线路，更换电线

5）阅读下列资料。

灯座是供普通照明用白炽灯泡和气体放电灯管与电源连接的一种电气装置。以前习惯将灯座叫作灯头，自1967年国家制定了白炽灯灯座的标准后，全部改称灯座，而把灯泡上的金属头部叫作灯头。

灯座的种类很多，分类方法也有多种。

①按与灯泡的连接方式，分为螺旋式（又称为螺口式）和卡口式两种，这是灯座的首要特征分类。

②按安装方式分，则有悬吊式、平装式、管接式三种。

③按材料分，有胶木、瓷质和金属灯座。

④其他派生类型，如防雨式、安全式、带开关、带插座二分火、带插座三分火等多种。除白炽灯座外，还有荧光灯座、荧光灯辉光启动器座以及特定用途的橱窗灯座等。常用灯座如图2-13所示。

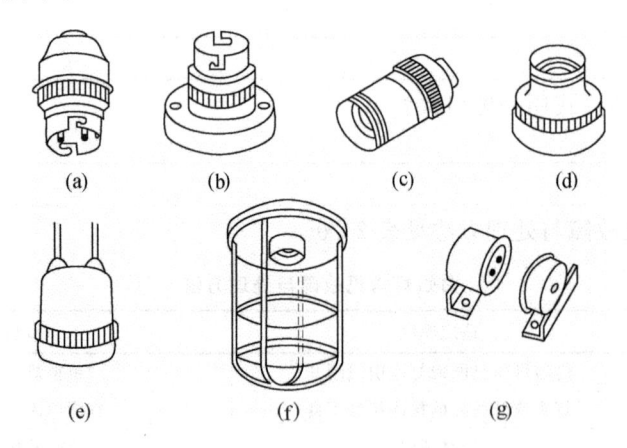

图2-13 常用灯座
(a) 插口吊灯座；(b) 插口平灯座；(c) 螺口吊灯座；(d) 螺口平灯座；
(e) 防水螺口吊灯座；(f) 防水螺口平灯座；(g) 安全荧光灯座

你所领取的开关是属于以上的哪一种？请你在上面相应的图片的下方打"√"。

引导问题10：观察你从仓库领取的电工工具有哪些？对照以下图片（见图2-14），

填写工具的名称。

_____   _____

_____   _____

_____   _____

_____   _____

_____   _____

____ ____ ____ ____

图 2-14　电工工具

引导问题11：通过多媒体或网络设备及相关资料，完成以下空白工作页。

1) 电工刀的用途：电工刀是用来剖削_____、切割_____的工具。

2) 电工刀使用时，应将刀口朝_____剖削，剖削导线绝缘层时，应使刀面与导线成较_____的锐角，以免割伤导线。

3) 低压验电器的用途是什么？形式有哪些？
_____
_____

4) 判断下列验电器的使用方法的正确性，在正确的下面打"√"，见图2-15。

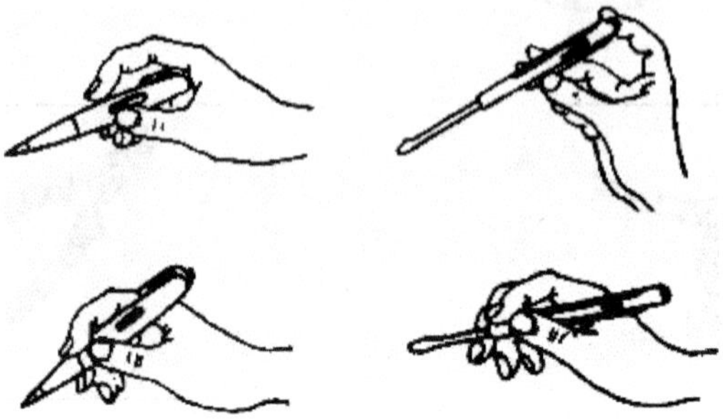

图2-15 验电器的使用方法

5) 观察你所领取的螺钉旋具，描述它的规格。
_____
_____

6) 螺钉旋具的正确使用方法。
_____
_____

7) 钢丝钳有铁柄和绝缘柄两种，绝缘柄为电工用钢丝钳，常用的规格有_____、_____、_____3种。

8) 尖嘴钳因其头部尖细，适用于在狭小的工作空间操作。尖嘴钳也有_____柄和绝缘柄两种，绝缘柄的耐压为_____V。

尖嘴钳的用途有哪些？
_____
_____

在使用尖嘴钳时，要注意哪些注意事项呢？
_____
_____

9) 斜口钳钳柄有铁柄、管柄和绝缘柄3种形式。其耐压为_____V。其特点是剪切口与钳柄成一定角度。对_____不同、_____不同的材料，应选用大小合适的斜口钳。

简单描述斜口钳的功能：
_____

10) 剥线钳是专用于剥削较细小导线_____的工具。它的手柄是绝缘的，耐压为_____V。

使用剥线钳剥削导线绝缘层时，先将要剥削的绝缘长度用标尺定好，然后将_____放入相应的刃口中（比导线直径稍大），再用手将钳柄一握，导线的绝缘层即被剥离，并自动弹出。

剥线钳的特点：使用方便，剥离绝缘层不伤线心，适用心线横截面积为_____以下的绝缘导线。

一、电工刀的使用

使用电工刀时，要注意以下 3 点安全知识，你在使用过程中注意到了吗？

(1) 使用电工刀时，应注意避免伤手。

(2) 电工刀用毕，随即将刀身折进刀柄。

(3) 电工刀刀柄是无绝缘保护的，不能在带电导线或器材上剖削，以免触电。

二、低压验电笔的使用

低压验电笔是电工常用的一种辅助安全用具。用于检查 500V 以下导体或各种用电设备的外壳是否带电

低压验电笔使用注意事项：

(1) 低压验电笔测量电压范围在 60~500V，低于 60V 时验电笔的氖泡可能不会发光，高于 500V 不能用低压验电笔来测量，否则容易造成人身触电。

(2) 使用验电笔之前，首先要检查验电笔里有无安全电阻，再直观检查验电笔是否有损坏，有无受潮或进水，检查合格后才能使用。

(3) 测试前应先在确认的带电体上试验以证明是良好的，以防止氖泡损坏而得出错误的结论。

(4) 使用验电笔时，不能用手触及验电笔前端的金属探头，这样做会造成人身触电事故。使用验电笔时一般应穿绝缘鞋。

(5) 使用验电笔时，一定要用手触及验电笔尾端的金属部分，否则，因带电体、验电笔、人体与大地间没有形成回路，验电笔中的氖泡不会发光，造成误判，认为带电体不带电，这是十分危险的。

(6) 在明亮的光线下测试带电体时，应特别注意氖泡是否真的发光（或不发光），必要时可用另一只手遮挡光线仔细判别。千万不要造成误判，将氖泡发光判断为不发光，而将有电判断为无电。

(7) 有些设备工作时其外壳往往因感应而带电，用验电笔验试有电，但不一定会造成触电危险，这种情况下，必须用其他方法（如万用表）判断是否真正带电。

三、螺钉旋具的使用

注意手指必须接触笔尾的金属体（钢笔式或测电笔顶部的金属螺钉旋具式）。这样，只要带电体与大地之间的电位差超过 70V 时，电笔中的氖泡就会发光。

螺钉旋具的用途：它是用来紧固或拆卸螺钉。

螺钉旋具的式样和规格：螺钉旋具的式样和规格很多，按头部形状不同可分为一字形

和十字形两种，如图 2-16 (a)、(b) 所示。

螺钉旋具型号：

（1）一字螺钉旋具的型号表示为刀头宽度×刀杆。例如 2mm×75mm，则表示刀头宽度为 2mm，杆长为 75mm（非全长）。

（2）十字螺钉旋具的型号表示为刀头大小×刀杆。例如 2♯×75mm，则表示刀头为 2 号，金属杆长为 75mm（非全长）。型号为 0♯、1♯、2♯、3♯ 对应的金属杆粗细大致为 3.0mm、5.0mm、6.0mm、8.0mm。

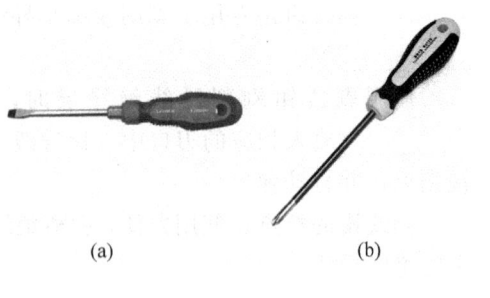

图 2-16 螺钉旋具
(a) 一字螺钉旋具；(b) 十字螺钉旋具

一字形螺钉旋具常用的规格有 50mm、100mm、150mm 和 200mm 等规格，电工必备的是 50mm 和 150mm 两种。十字形螺钉旋具专供紧固或拆卸十字槽的螺钉，常用的规格有Ⅰ～Ⅳ号 4 种，分别适用于直径为 2～2.5mm、3～5mm、6～8mm 和 10～12mm 的螺钉。

按握柄材料不同，螺钉旋具又可分为木柄和塑料柄两种。

使用螺钉旋具时，要注意以下 3 点注意事项，你在使用过程中都碰到了吗？你能按照要求做到安全操作吗？

（1）带电作业时，手不可触及螺钉旋具的金属杆，以免发生触电事故。

（2）作为电工，不应使用金属杆直通握柄顶部的螺钉旋具。

（3）为防止金属杆触到人体或邻近带电体，金属杆应套上绝缘管。

四、电工钢丝钳的构造和用途

钢丝钳在电工作业时，用途广泛。电工钢丝钳由钳头和钳柄两部分组成，钳头由钳口、齿口、刀口和铡口 4 部分组成。钳口用来弯绞和钳夹导线线头；齿口用来紧固或起松螺母；刀口用来剪切导线或剖削软导线绝缘层；铡口用来铡切电线线心、钢丝或铅丝等较硬金属。其构造及用途如图 2-17 所示。

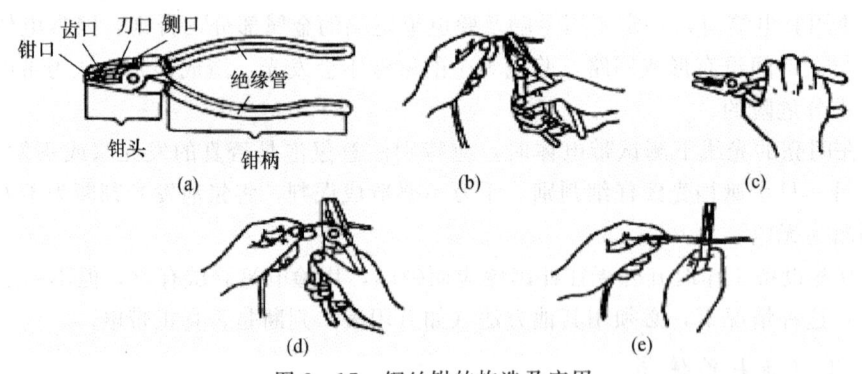

图 2-17 钢丝钳的构造及应用
(a) 构造；(b) 弯纹导线；(c) 紧固螺母；(d) 剪切导线；(e) 铡切钢丝

从图 2-17 中你能模仿出钢丝钳的正确使用吗？请大家动手试试。

在使用钢丝钳时，以下的注意事项，你能按照要求做到安全操作吗？

（1）使用前检查其绝缘柄绝缘状况是否良好，若发现绝缘柄绝缘破损或潮湿时，不允许带电操作，以免发生触电事故。

（2）在带电剪切导线时，不得用刀口同时剪切不同电位的两根线（如相线与零线、相线与相线等），以免发生短路事故。

（3）不能用钳头代替手锤作为敲打工具，否则容易引起钳头变形。钳头的轴销应经常加机油润滑，保证其开闭灵活。

（4）严禁用钳子代替扳手紧固或拧松大螺母，否则，会损坏螺栓、螺母等工件的棱角，导致无法使用扳手。

卷尺：是日常生活中常用的测量工具。

铁锤：是敲打物体使其移动或变形的工具。最常用来敲钉子，矫正或是将物件敲开。

扳手：用于旋紧或拧松螺母、螺栓的工具。

五、电线电缆规格型号说明见表 2-10

表 2-10　　　　　　　　　　电线电缆规格型号说明

型号	名称	用途
BX（BLX） BXF（BLXF） BXR	铜（铝）心橡皮绝缘线 铜（铝）心氯丁橡皮绝缘线 铜心橡皮绝缘软线	适用交流 500V 及以下或直流 1000V 及以下的电气设备及照明装置之用
BV（BLV） BVV（BLVV）（见图 2-18） BVVB（BLVVB） BVR（见图 2-19） BV-105（见图 2-20）	铜（铝）心聚氯乙烯绝缘线 铜（铝）心聚氯乙烯绝缘氯乙烯护套圆形电线 铜（铝）心聚氯乙烯绝缘氯乙烯护套平形电线 铜（铝）心聚氯乙烯绝缘软线 铜心耐热105℃聚氯乙烯绝缘软线	适用于各种交流、直流电器装置，电工仪表、仪器，电信设备，动力及照明线路固定敷设之用
RV（见图 2-21） RVB RVS RV-105 RXS RX	铜心聚氯乙烯绝缘软线 铜心聚氯乙烯绝缘平行软线 铜心聚氯乙烯绝缘绞型软线 铜心耐热105℃聚氯乙烯绝缘连接软电线 铜心橡皮绝缘棉纱编织绞型软电线 铜心橡皮绝缘棉纱编织圆形软电线	适用于各种交流、直流电器、电工仪表、家用电器、小型电动工具、动力及照明装置的连接
BBX BBLX	铜心橡皮绝缘玻璃丝编织电线 铝心橡皮绝缘玻璃丝编织电线	适用电压分别有 500V 及 250V 两种，用于室内外明装固定敷设或穿管敷设

图 2-18　BVV　　　　　　图 2-19　BVR

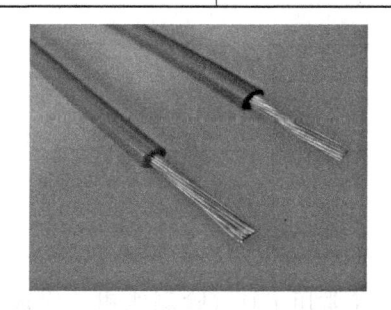

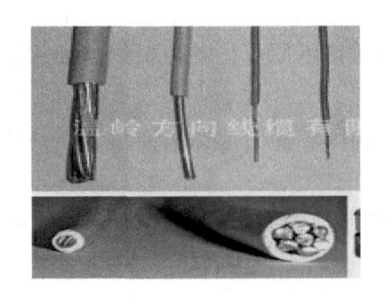

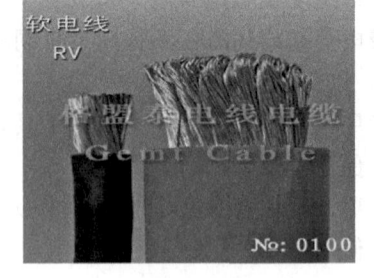

图 2-20 BV　　　　　图 2-21 RV

PVC 线槽线管类别规格见表 2-12。

表 2-12　　　　　　　PVC 线槽、线管类别规格

类别	规格	类别	规格	类别	规格	类别	规格
A 槽 4m	10×20	A 管 4m	◎16	B 槽 3.8m	10×20	B 管 3.8m	◎16
	14×24		◎20		14×24		◎20
	19×39		◎25		19×39		◎25
	22×60		◎32		22×60		◎32
	27×100		◎40		27×100		◎40
	40×60				40×60		◎50
	40×80				40×80		
	40×100				40×100		

六、电工常用工具的使用及技能训练

（1）用剥线钳完成单股塑料铜心硬线、软线的剥削的训练记录表（见表 2-13）。

表 2-13　　　　　　　　训练记录表 1

训练次数	单股塑料铜心硬线		单股塑料铜心软线	
	剥线总数	合格数	剥线总数	合格数
1				
2				
3				
4				
5				

（2）用电工常用工具（除剥线钳）完成单股塑料铜心硬线、软线的剥削（见表 2-14）。

表 2-14　　　　　　　　　　　训练记录表 2

使用工具	训练次数	单股塑料铜心硬线		单股塑料铜心软线	
		剥线总数	合格数	剥线总数	合格数
	1				
	2				
	3				
	1				
	2				
	3				
	1				
	2				
	3				

(3) 剥线比赛。

教学建议：单位时间内比速度、质量。

七、评价表（见表 2-15）

表 2-15　　　　　　　　　　　评价表

序号	项目	自我评价			小组评价			教师评价		
		10~8	7~6	5~1	10~8	7~6	5~1	10~8	7~6	5~1
1	学习兴趣									
2	遵守纪律									
3	元器件的识别									
4	元器件的型号，参数选用									
5	所用工具的正确使用与维护保养									
6	导线剥削的质量									
7	规范、安全操作									
8	协作精神									
9	查阅资料的能力									
10	工作效率与工作质量									
	总评									

八、教师点评

(1) 找出各组的优点进行点评。

(2) 展示过程中各组的缺点进行点评，改进方法。

(3) 整个活动完成中出现的亮点和不足。

学习活动六 现场施工

【学习目标】

(1) 能按照作业规程应用必要的标识和隔离措施,准备现场工作环境。
(2) 能按图样、工艺要求、安装规程要求,进行护套线布线施工。
(3) 施工后,能按施工任务书的要求直观检查。

学习地点:实训室
学习课时:4 课时

【学习过程】

引导问题1:通过多媒体设备上网或查阅相关"电业安全操作规程、电工手册、电气安装施工规范"等资料,施工前要进行哪些必要的安全隔离措施?顺序是怎样?

___

引导问题2:施工前必要的安全标识挂于何处,其内容是什么?

___

引导问题3:塑料护套线绝缘层的剖削方法和步骤是什么?

___

引导问题4:塑料护套线中什么颜色的线接相(火)线?什么颜色的线接零线?什么颜色的线接地线?

___

引导问题5:护套线的安装工艺要求有哪些?

___

引导问题6:接线桩与导线应该如何连接才正确?有哪些连接要求?

___

引导问题7:白炽灯的安装要求有哪些规定?

___

引导问题8:照明开关的安装工艺要求有哪些?

___

引导问题9：螺旋式灯座的安装接线要求有哪些？
_____
_____

引导问题10：开关接在相线上还是零线上？为什么？
_____
_____

引导问题11：开关离地面的安装高度有什么规定？
_____
_____

引导问题12：火线为什么要接螺旋式灯泡的顶端触点？
_____
_____

引导问题13：护套线线路安装有哪些技术要求？
_____
_____

引导问题14：护套线线路的配线工序是什么？
_____
_____

安全标识牌实物（见图2-22）

图2-22 安全标识牌

一、安装护套线线路的技术要求

（1）护套线心线的最小截面积规定：室内使用时，铜心导线不得小于1mm，铝心导线不得小于1.5mm。

（2）护套线敷设时，不可采用线与线的直接缠绕连接方法，而应采用接线盒或借用其他电气装置的接线端子来连接线头。

（3）护套线可用塑料钢钉电线夹等进行支持。

（4）护套线支持点定位的规定：直线部分，两支持点之间的距离一般为0.2m；转角部分，转角前后各应安装一个支持点；两根护套线十字交叉时，叉口处的四方各应安装一个支持点；进入接线盒应安装一个支持点。

（5）护套线在同一墙面上转弯时，必须保持垂直。

（6）护套线线路的离地最小距离不得小于0.15m。

护套线线路配线工序如下所述。
(1) 准备施工所需工具和材料。
(2) 标画线路走向和电器位置。
(3) 安装支持准备部件。
(4) 安装塑料钢钉电线夹。
(5) 敷设导线及紧线。
(6) 安装电气元件。
(7) 检验电路的安装质量。
护套线线路施工方法如下所述。
(1) 放线。
(2) 敷线、紧线及固定。
(3) 护套线护套层应完整地进入接线盒内 10mm 后可剥去护套层。

1. 计划的制订需要考虑如下问题
(1) 小组讨论人员的分工问题。
(2) 确定完成任务的工作过程中使用到的电工工具的使用方法和安全注意事项、规程、工艺要求。
(3) 制订施工具体步骤。

2. 确定工作流程

拿你的计划和小组其他成员的计划比较，相互借鉴、组合、优化，通过讨论制订出一个可行的完整计划，并按计划步骤填写下面的工作流程图，见图 2-23，方框不够可以另加、有多可以留空白。

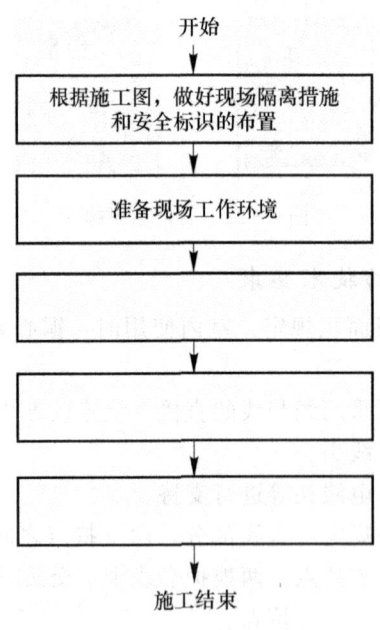

图 2-23 工作流程图

3. 现场施工

教学提示：

(1) 在学生施工前，教师要做规范性示范操作。

(2) 在学生进行施工时，教师要进行巡回指导，发现问题及时解决。

4. 反思性评价（展示前，个人独自完成）

(1) 在施工过程中，所用到的工具你能否正确使用？能否熟练操作？

_____

(2) 施工是否顺利？能按时完成施工吗？

_____

(3) 小组分工是否合理？有否出现纠纷？配合是否良好？

评价：_____

(4) 总结这次任务是否达到学习目标？

评价：_____

(5) 有哪些地方需要在今后的学习任务中改良？

评价：_____

二、评价表（见表 2-16）

表 2-16　　　　　　　　　　　　评价表

序号	项目	自我评价			小组评价			教师评价		
		10~8	7~6	5~1	10~8	7~6	5~1	10~8	7~6	5~1
1	学习兴趣									
2	遵守纪律									
3	现场环境准备情况									
4	安装工艺									
5	所用工具的正确使用与维护保养									
6	安装规程符合规范									
7	安全操作规范									
8	协作精神									
9	查阅资料的能力									
10	工作效率与工作质量									
	总评									

三、教师点评

(1) 找出各组的优点进行点评。

(2) 施工过程中各组的缺点进行点评，改进方法。

(3) 整个活动完成中出现的亮点和不足。

学习活动七 施工项目验收

【学习目标】

（1）施工后，能按施工任务书的要求直观检查。

（2）按电工作业规程，作业完毕后能清点工具、人员，收集剩余材料，清理工程垃圾，拆除防护措施。

（3）能正确填写任务单的验收项目，并交付验收。

学习地点：施工现场

学习课时：4课时

【学习过程】 引导问题：

（1）作业完毕后清点所用的工具有哪些？并整理好。
_____
_____

（2）拆除防护措施的顺序是什么？
_____
_____

（3）作业完毕后收集剩余材料，清理工程垃圾的具体工作有哪些？
_____
_____

（4）若教师模拟住户，学生完成自检后，该做什么事？
_____
_____

1. 室内电气照明的塑料护套线明配线工艺标准

（1）材料要求：

1）塑料护套线：导线的规格、型号必须符合设计要求。

2）接线端子：选用时应根据导线的根数和总截面选择相应规格的接线端子。

（2）质量标准

1）护套线敷设平直、整齐，固定可靠，穿过梁、墙、楼板和跨越线路等处有保护管。跨越建筑物变形缝的导线两端固定牢固，应留有补偿余量。

2）导线明敷部分紧贴建筑物表面，多根平行敷设间距一致，分支和弯头处整齐。

3）导线连接牢固，包扎严密，绝缘良好，不伤线心，接头设在接线盒或电气器具内；板孔内无接头；接线盒位置正确，盒盖齐全、平整，导线进入接线盒式电气器具内留有适当余量。

2. 工程验收时，应对下列项目进行检查

（1）开关安装正确，动作正常。
（2）电气元器件、设备的安装固定应牢固、平整。
（3）电器通电试验、灯具试亮及灯具控制性能良好。
（4）开关、插座、终端盒等器件外观良好，绝缘器件无裂纹，安装牢固、平正，安装方法得当。

完成施工后，学生对照自己的成果进行直观检查，学生自己完成"自检"部分内容，同时也可以由老师安排其他同学（同组或别组同学）进行"互检"，并填写表 2-17。

表 2-17　　　　　　　　　　　　检查表

项　目	自检 合格	自检 不合格	互检 合格	互检 不合格
按照电路图进行敷设				
电源开关控制的是相线				
各器件固定的牢固性				
相线、零线选择的颜色是否用对				
接线桩处工艺（有反圈、毛刺、漏铜过多为不合格）				
线卡是否牢固				
线卡距离是否合理				
灯、开关的安装高度				
各部位置、尺寸				
接线端子可靠性				
维修预留长度				
导线绝缘的损坏				
接线的正确性				
护套线的布线工艺性				
美观协调性				

"自检"和"互检"完成后，学生可能会根据自己或同学发现的问题，进行及时修正。

3. 工程交接验收时，宜向住户提交下列资料

（1）配线竣工图，图中应标明暗管走向（包括高度）、导线截面积和规格型号。
（2）开关、灯具、电器设备的安装使用说明书、合格证、保修卡等。

一、评价表（见表 2-18）

表 2-18　　　　　　　　　评价表

序号	项目	自我评价			小组评价			教师评价		
		10～8	7～6	5～1	10～8	7～6	5～1	10～8	7～6	5～1
1	学习兴趣									
2	遵守纪律									
3	验收单的填写									
4	施工后的直观检查是否到位									
5	施工后的清点工作									
6	工程垃圾的清除									
7	安全隔离措施的拆除规范									
8	协作精神									
9	查阅资料的能力									
10	工作效率与工作质量									
	总评									

二、教师点评

（1）找出各组的优点进行点评。
（2）展示过程中各组的缺点进行点评，改进方法。
（3）整个活动完成中出现的亮点和不足。

学习活动八　工作总结与评价

【学习目标】

（1）真实评价学生的学习情况。
（2）培养学生的语言表达能力。
（3）展示学生学习成果，树立学生学习信心。
学习地点：教室。
学习课时：4 课时

【学习过程】

同学们以小组形式，通过演示文稿、展板、海报、录像等形式，向全班展示、汇报学习成果。

提示展示内容可以有：

(1) 通过书房一控一灯的安装过程学到了什么（专业技能和技能之外的东西）？
(2) 展示你最终完成的成果并说明它的优点。
(3) 安装质量存在问题吗？若有问题？是什么问题？什么原因导致的？下次该如何避免？
(4) 讨论你组的成果以什么形式展示？

一、评价表（见表 2-19）

表 2-19　　　　　　　　　　评价表

序号	项目	自我评价			小组评价			教师评价		
		10～8	7～6	5～1	10～8	7～6	5～1	10～8	7～6	5～1
1	学习兴趣									
2	任务明确程度									
3	现场勘察效果									
4	学习主动性									
5	承担工作表现									
6	协作精神									
7	时间观念									
8	质量成本意识									
9	安装工艺规范程度									
10	创新能力									
	总评									

二、教师点评

(1) 找出各组的优点进行点评。
(2) 整个任务完成过程中各组的缺点进行点评，改进方法。
(3) 整个活动完成中出现的亮点和不足。

任务三 办公室荧光灯的安装

【学习目标】

(1) 能阅读"办公室荧光灯的安装"工作任务单，明确工时、工艺要求，明确个人任务要求。

(2) 能识别荧光灯电路各组成元器件并组装，识读电路原理图、施工图。

(3) 能根据施工图样，勘察施工现场，制订工作计划。

(4) 能根据任务要求和施工图样，列举所需工具和材料清单，准备工具，领取材料。

(5) 能按照作业规程应用必要的标识和隔离措施，准备现场工作环境。

(6) 能按图样、工艺要求、安装规程要求，进行护套线布线施工。

(7) 施工后，能按施工任务书的要求自检。

(8) 按电工作业规程，作业完毕后能清点工具、人员，收集剩余材料，清理工程垃圾，拆除防护措施。

(9) 能正确填写任务单的验收项目，并交付验收。

(10) 工作总结与评价。

建议课时：28课时

【工作情境描述】

学生处一办公室要求加装一盏荧光灯，总务科委派维修电工在1天内完成安装，维修电工接到派工单后，按要求完成。

【工作流程与内容】

学习活动一　明确工作任务　　　　　　　　（2课时）
学习活动二　勘察施工现场　　　　　　　　（4课时）
学习活动三　制订工作计划　　　　　　　　（4课时）
学习活动四　施工前准备　　　　　　　　　（6课时）
学习活动五　现场施工　　　　　　　　　　（6课时）
学习活动六　施工项目验收　　　　　　　　（2课时）
学习活动七　工作总结与评价　　　　　　　（4课时）

学习活动一 明确工作任务

【学习目标】

阅读"办公室荧光灯安装"工作任务单,正确理解安装任务和工艺要求,明确安装地点、联系人、个人任务及工时要求。学习荧光灯电路图及荧光灯安装的基本技能。

学习地点:教室

学习课时:2课时

【学习过程】

教师模拟总务处有关人员下发维修工作联系单,学生阅读维修工作联系单,回答问题(填写工作页见表 3-1)。

表 3-1　　　　　　　　　　　维修工作联系单(总务处)

编号:066　　　　　　　　　　　　　　　　　　　　　派单日期:2010.11.1

维修地点	1 栋 104 学生科办公室			
维修项目	安装一盏荧光灯		维修工时	一天
维修原因	办公室照度不够,加装一盏荧光灯			
报修部门	学生科	联系人	张红梅	报修时间	2010 年 11 月 1 日
		联系电话	××××××××		
维修单位	电工班	责任人	王帅	承接时间	2010 年 11 月 1 日
		联系电话	××××××××		
维修人员				完工时间	2010 年 11 月 2 日
验收意见				验收人	

注:1. 请各处室对所需维修项目进行评价,以便我们改进工作
　　2. 此单维修后,报回总务处
　　3. 一般维修一个工作日内完成。如无维修材料,报批采购后予以维修
　　4. 人为损坏,需查实缴费后予以维修。

引导问题:

(1) 该项工作是哪个单位、何人报修的?

_____

_____

(2) 具体维修项目是什么?

_____

_____

(3) 维修人员一栏应该填写谁?签名意味着什么?

_____

_____

(4) 承接时间、完工时间应该怎样填写？

(5) 该项工作完成后，应该与谁联系？

(6) 维修工作联系单的验收意见、验收人应该由谁填写？

(7) 现在要你去完成"安装一盏荧光灯"的工作任务，你能完成吗？

学生填写或口头表述以上7个问题，教师进行评价
评价点：
1) 是否明确任务，工时、工艺要求。
2) 回答引导问题是否正确、规范。
3) 语言表达是否规范。
(8) 你认识图3-1中的这些元器件吗？

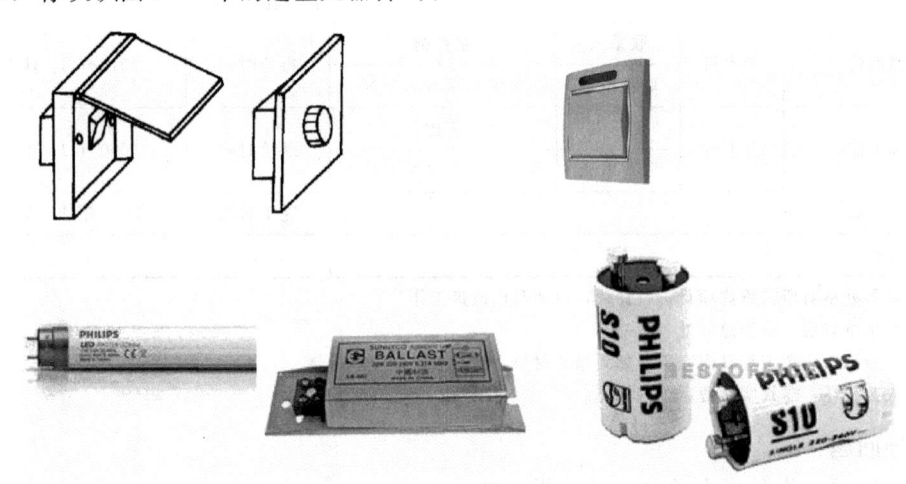

图3-1 元器件

(9) 请你用"√"在图中选择完成"安装一盏荧光灯"工作任务所需的元器件，并写出它们的名称。

(10) "安装一盏荧光灯"工作任务所需的元器件选好了，如何把它们连接起来？试画图表示。

(11) 请画出正确的荧光灯照明电路图，试着说说接线方法

荧光灯拆装及接线练习（见表3-2和表3-3）。

表3-2　　　　　　　　　　　　练习记录表

学生姓名_____

	接线用时（小时）	教师检查记录	通电情况
第一次拆装记录			/
第一次接线记录			
第二次拆装记录			/
第二次接线记录			

表3-3　　　　　　　　　　　教学活动一总结评价表

第____组　　姓名：_____

项目	评价内容	自我评价		
		很满意	比较满意	还要加把劲
职业素养考核项目	安全意识、责任意识强；工作严谨、敏捷			
	学习态度主动；积极参加教学安排的活动			
	团队合作意识强；注重沟通，相互协作			
	劳动保护穿戴整齐；干净、整洁			
	仪容仪表符合活动要求；朴实、大方			
专业能力考核项目	按时按要求独立完成工作页；质量高			
	相关专业知识查找准确及时；知识掌握扎实			
	技能操作符合规范要求；操作熟练、灵巧			
	注重工作效率与工作质量；操作成功率高			
小组评价意见		综合等级	组长签名：	
老师评价意见		综合等级	教师签名：	

说明：

考核分A、B、C+、C-四个等级，分别对应很满意、比较满意、还要加把劲，达不到以上三项要求的为C-，视为不及格。

荧光灯原理图见图3-2。

1．荧光灯电路

（1）灯管：

荧光灯管是一根玻璃管，内壁涂有一层荧光粉。灯管内充有稀薄的惰性气体（如氩气）和水银蒸汽，灯管两端有由钨制成的灯丝，灯丝涂有受热后易于发射电子的氧化物。

当灯丝有电流通过时，使灯管内灯丝发射电子，还可使管内温度升高，水银蒸发。这时，若在灯管的两端加上足够的电压，就会使管内氩气电离，从而使灯管由氩气放电过渡到水银蒸气放电。放电时发出不可见的紫外光线照射在管壁内的荧光粉上面，使灯管发出各种颜色的可见光线。

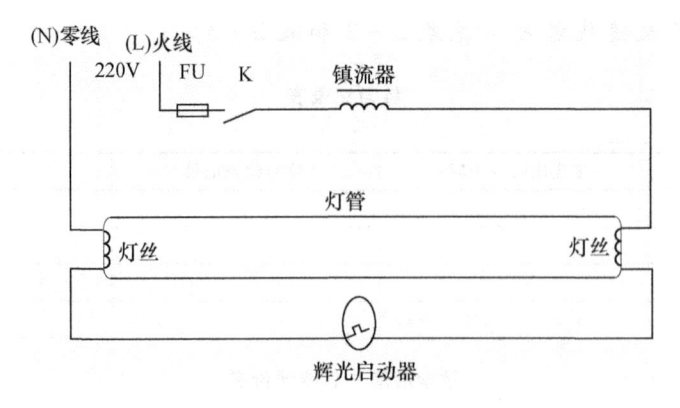

图 3－2　荧光灯原理图

（2）启动器：

启动器又叫辉光启动器。荧光灯启动器有辉光式和热开关式两种。最常用的是辉光式。外面是一个铝壳（或塑料壳），里面有一个氖灯和一个纸质电容器，氖灯是一个充有氖气的小玻璃泡，里边有一个U形双金属片和一个静触片（见图3-3）。双金属片是由两种膨胀系数不同的金属组成，受热后，由于两种金属的膨胀不同而弯曲程度减小，与静触片相碰，冷却后恢复原形与静触片分开。

（3）镇流器：

镇流器又叫限流器、扼流圈，见图3-4，是一个绕在硅钢片铁心上的电感线圈，其感抗值很大。其作用有两个：一是在荧光灯启动时产生一个很高的感应电压，使灯管点燃；二是灯管工作时限制通过灯管的电流不致过大而烧毁灯丝。

图 3－3　辉光启动器　　　　　　　　　图 3－4　镇流器

一般在镇流器上面都标有接线图。由于镇流器是电感性的，因而使得荧光灯电路的功率因数降低，不利于节约用电，为了提高功率因数，可在荧光灯的电源两端并联一只电容器，其容量按灯管的功率不同而选配，通常情况下，20 W 的灯管配 2.5 μF 的电容器，40 W 的灯管配 4.75 μF 的电容器，且电容器的耐压应大于 220 V，最好用耐压 450 V 的电容器。

（4）荧光灯构造及作用：

荧光灯工作特点：灯管开始点燃时需要一个高电压，正常发光时只允许通过不大的电流，这时灯管两端的电压低于电源电压。

当接通电源时，由于荧光灯没有点亮，电源电压全部加在启辉光管的两个电极之间，辉光启动器内的氩气发生电离。电离的高温使"U"形电极受热趋于伸直，两电极接触，使电流从电源一端流向镇流器→灯丝→辉光启动器→灯丝→电源的另一端，形成通路并加热灯丝。灯丝因有电流（称为启辉电流或预热电流）通过而发热，使氧化物发射电子。同时，辉光管两个电极接通时，电极间电压为零，启辉器中的电离现象立即停止，例"U"形金属片因温度下降而复原，两电极离开。在离开的一瞬间，使镇流器流过的电流发生突然变化（突降至零），由于镇流器铁心线圈的高感作用，产生足够高的自感电动势作用于灯管两端。这个感应电压连同电源电压一起加在灯管的两端，使灯管内的惰性气体电离而产生弧光放电。随着管内温度的逐渐升高，水银蒸汽游离，碰撞惰性气体分子放电，当水银蒸汽弧光放电时，就会辐射出不可见的紫外线，紫外线激发灯管内壁的荧光粉后发出可见光。

正常工作时，灯管两端的电压较低（40W灯管的两端电压约为110V，20W的灯管约为60V），此电压不足以使辉光启动器再次产生辉光放电。因此，辉光启动器仅在启辉过程中起作用，一旦启辉完成，便处于断开状态。

小知识

在安装时，控制开关要在火线上，不能接反，否则，在熄灯后的一段时间内，荧光灯仍会发出微光，这种现象请读者注意观察。

电感镇流由于结构简单，寿命长，作为第一种荧光灯配合工作的镇流器，它的市场占有率还比较大，但是，由于它的功率因数低，低电压启动性能差，耗能笨重，频闪等诸多缺点，它的市场慢慢地被电子镇流器所取代，电感镇流器能量损耗：40W（灯管功率）＋10W（电感镇流器自身发热损耗）等于整套灯具总耗电为50W，见图3-5。

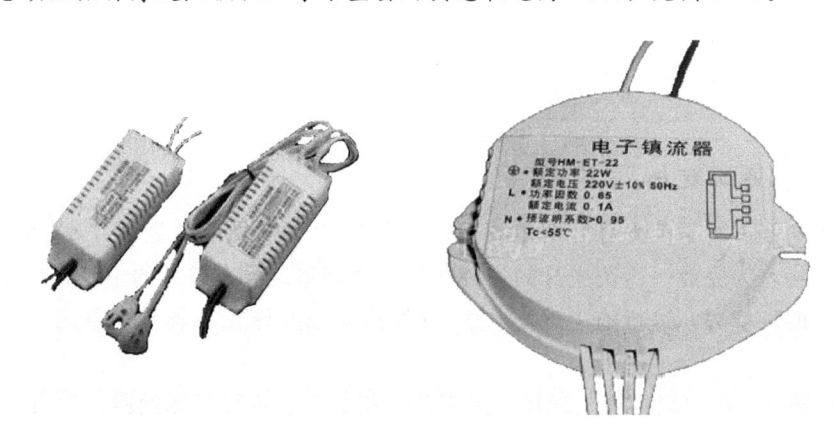

图3-5 电子镇流器

电子镇流器是一个将工频交流电源转换成高频交流电源的变换器。

工作原理：工频电源经过射频干扰滤波器，全波整流和无源（或有源）功率因数校正器后，变为直流电源。通过DC/AC变换器，输出20～100kHz的高频交流电源，加到与灯连接的*LC*串联谐振电路加热灯丝，同时在电容器上产生谐振高压，加在灯管两端，但使灯管"放电"变成"导通"状态，再进入发光状态，此时高频电感起限制电流增大的作用，保证灯管获得正常工作所需的灯电压和灯电流，为了提高可靠性，常增设各种保护电路，如异常保护，浪涌电压和电流保护，温度保护等。

电子镇流器的优点：

1）节能：电子镇流器自身的功率损耗仅为电感镇流器的40%左右，而且荧光灯在30kHz左右的高频下，光效将提高20%，工作电流仅为电感的40%左右，并且能够在低温、低压下启动和工作。

2）无频闪：灯管在30kHz左右工作时，发光稳定，人眼感觉不出"频闪"有利于保护视力。

3）无噪声：有利于在安静的环境中工作和学习。

4）灯管寿命延长：无须辉光启动器，不被反复冲击，闪烁，不会使灯管过早发黑，一次启动，减少维修和更换辉光启动器和灯管的工作量。

5）功率因数高，减少了无功损耗，提高了供电设备容量的有效利用率，减少线路的损耗。

学习活动二　勘察施工现场

【学习目标】

识读荧光灯照明电路图、施工图，了解勘察施工现场的意义。
学习地点：施工现场
学习课时：4课时

【学习过程】

一、勘察施工现场

在学生初步了解了荧光灯照明电路后，有条件的学校要带学生到"XX机关办公室"勘察施工现场，为完成一盏荧光灯的安装任务做好铺垫。没有条件的学校，也要组织学生到情况类似的环境去，进行施工现场勘察。（教师要描绘施工现场平面草图、原有照明线路草图）

引导问题1：据"勘察施工现场记录表"中相关内容进行实际勘察，见表3-4。

勘察时间：

_____

_____

勘察地点：

_____

_____

表 3-4　　　　　　　　　　　　　勘察施工现场记录表

房间面积	房间形状	房间高度	原有照明情况	原有开关位置	原照明电路控制关系	供电电源情况

引导问题 2：在勘察现场试着画出所勘察的现场平面草图，标明原有照明电路灯及开关的位置及控制关系。

二、讨论加装荧光灯的初步方案并用画图的方法描绘出来

引导问题 1：你画的草图与老师给出的施工现场平面图及照明线路图一样吗？

引导问题 2：你能看懂施工现场平面图及照明线路图吗？

引导问题 3：请你画出正确的施工现场平面图及照明线路图，并标明相应尺寸。

引导问题 4：据勘察的施工现场平面图，在你认为合适的位置标出加装的荧光灯及开关。

三、展示与评价

各小组可以通过不同的形式展示本组勘察施工现场所画的施工现场平面图、原有房间照明灯及开关的位置、控制关系及加装荧光灯的初步方案，见表 3-5。

表 3-5　　　　　　　　　　　　　　　评价表

组别	参展人	评价内容		综合表象排队
		平面图质量	语言表述情况	

四、教师点评

（1）找出各组的优点进行点评。

（2）展示过程中各组需要改进的地方。

（3）整个任务完成中出现的亮点和不足。

原有图和加装图见图 3-6。

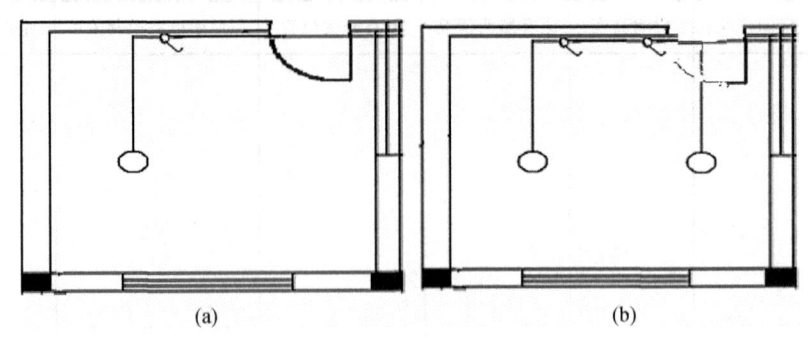

图 3-6 原有图和加装图
(a) 原有（勘察）图；(b) 加装图（确定的方案）

学习活动三　制订工作计划

【学习目标】

能根据施工现场的勘察，制订工作计划，列出所需工具和材料清单，准备工具，领取材料。

学习地点：施工现场

学习课时：4 课时

【学习过程】

引导问题 1：

在以后的实际工作中，你若接到"办公室荧光灯安装"工作任务，首先应该想到什么？怎样进行工作？

_____

_____

引导问题 2：

加装荧光灯能选用下列护套导线布线吗？你知道还能选用什么方式进行布线吗？见图 3-7。

图 3-7 护套导线布线

_____

_____

引导问题3：
请你说说安装荧光灯，线色的链接规定有哪些？你知道如何固定护套线吗？
_____
_____

引导问题4：请你说说照明电路中，开关的安装应注意什么？
_____
_____

引导问题5：你知道荧光灯安装有几种方式吗？
_____
_____

引导问题6：请列出完成荧光灯安装任务所需的工具及材料清单，见表3-6。

表3-6　　　　　　　　　　　工具及材料清单

名称	型号及规格	数量	备注

用部门_____　领料时间_____　领料人_____

引导问题7：你认为完成这项任务需要几个人？
_____

引导问题8：要在一天内完成这项任务，你怎样安排施工进度？
_____

小组汇报：（各组可以不同形式汇报8个引导问题）

一、学习拓展

布线及敷设方式应根据建筑的性质、要求、用电设备的分布及环境特征等因素确定。应避免因外部热源、灰尘聚集及腐蚀或污染物存在对布线系统带来的影响。并应防止在敷设及使用过程中因受冲击、振动和建筑物伸缩、沉降等各种外界应力作用而带来的损害。

敷设方式可分为：明敷——导线直接或者在线管、线槽等保护体内，敷设于墙壁、顶棚的表面及桁架、支架等处；暗敷——导线在线管、线槽等保护体内，敷设于墙壁、顶棚、地坪及楼板等内部，或者在混凝土板孔内敷线等。

直敷布线可用于正常环境的屋内场所，并应符合下列要求：

(1) 直敷布线应采用护套绝缘导线，其截面不宜大于6mm^2；布线的固定点间距，不应大于300mm。

(2) 绝缘导线至地面的最小距离应符合表3-7的规定。

(3) 当导线垂直敷设至地面低于1.8m时，应穿管保护。

表 3-7　绝缘导线至地面的最小距离表

布线方式		最小距离/m
导线水平敷设	屋内	2.5
	屋外	2.7
导线垂直敷设	屋内	1.8
	屋外	2.7

1. 槽板配线

槽板配线是将导线敷设在线槽内，上面封盖。常用的槽板有木槽板和塑料槽板，一般适用于比较干燥的场所，且检修方便。

2. 线管配线

线管配线是将导线穿在线管内，常用的线管有水煤气管（适用于潮湿和有腐蚀性气体的场所内明设或暗设）、塑料管（适用于潮湿、化工腐蚀性或高频场所）、金属软管（俗称蛇皮管，主要用于拐弯处）、瓷管（主要用于导线与导线的交叉处或导线和建筑物之间距离较短的场所）。因线管配线检修困难，要求管内导线不准有接头，否则应设置接线盒以便维修。

3. 直敷配线

直敷配线是用铝卡片或线卡将塑料护套线直接固定在墙面、楼板、顶棚上。

二、教师点评

（1）找出各组的优点。

（2）展示过程中各组还需改进的地方。

（3）整个任务完成中出现的亮点和不足。

学习活动四　施工前准备

【学习目标】

能正确使用万用表，识别荧光灯各部件并能正确拆装。

学习地点：实训教室

学习课时：6课时

【学习过程】

引导问题：

（1）装完荧光灯后，你怎样才能知道装好了没有？

（2）你知道电工最常用的检测仪表是什么吗？

(3) 看看下面的图 3-8，说明各部位的名称。

图 3-8 万用表

(4) 你会使用这种仪表吗？

一、万用表使用练习

教师示范讲解，学生分组练习，练习内容可包括：电阻、交流电压、直流电压的测量，导线、电源线以及教学活动一中练习过的荧光灯线路的测量等，见表 3-8。

表 3-8　　　　　　　　　　　　　测量记录表

学生姓名_____

	实际值	万用表测量值	误差
交流电压			
直流电压			
电阻			

注意：测较高的交流电压时，要在教师的监护下进行，注意安全。

小知识

通过前面的学习，我们知道了电流、电压、电阻、功率和电能等常用的物理量，那么这些物理量的数值是怎么测量出来的呢？为了方便使用，将电压、电流、电阻的测量功能集成为一个仪表，称为万用表，目前常见的万用表有指针式和数字式两种，使用上各有优缺点。

二、指针式万用表

下面以普及率比较高的 MF-47 型指针万用表为例介绍其使用方法。MF-47 型万用表的外形如图 3-9 所示。

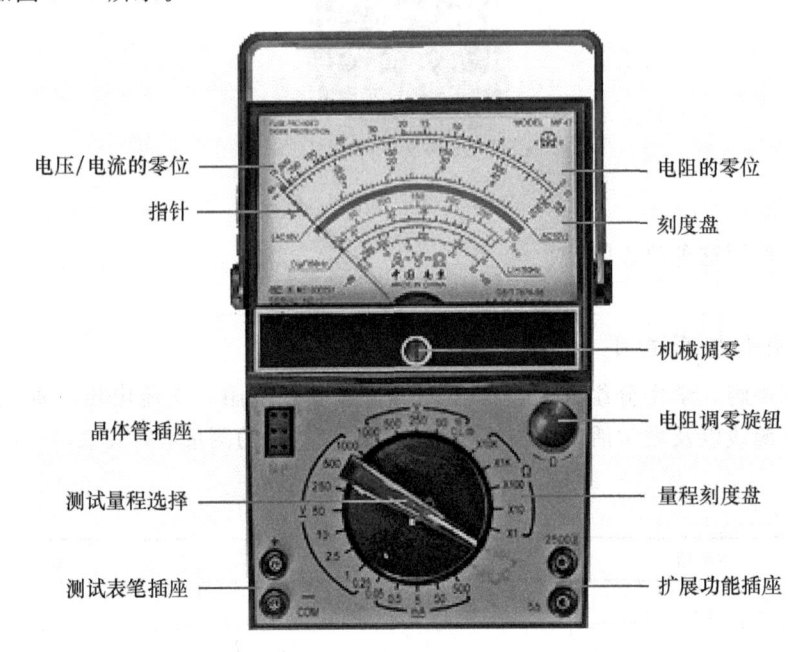

图 3-9 万用表的外形

1. 使用说明

（1）安装电池。万用表在使用前，需要安装电池，否则无法使用其中的电阻档位（但仍能测量电压和电流），翻转万用表的背面，可以看见电池盖，用起子拆下电池盖，把两种不同的电池安装上去，其中 9V 高压电池用于 10kΩ 档测量高阻值，如果不装 9V 电池仅是 10kΩ 档不能使用，其中 1.5V 电池必须安装，然后盖上盖子，拧紧螺钉，如图 3-10 所示。

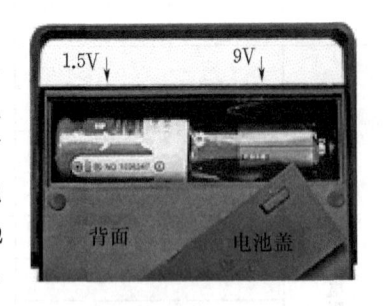

图 3-10 安装电池

（2）机械调零。万用表在出厂时一般已经完成了机械调零，即在待用状态下万用表的指针刚好指着最左边的"0"刻度位置。但是在运输、携带、撞击等情况下，指针有可能偏移了"0"的位置，发现这种情况就要进行"调零"，把指针调回到最左边的"0"刻度位置，称作机械调零，方法是：在万用表刻度盘的正下方有一个小螺钉状旋钮，用螺钉旋具旋转这个调零旋钮即可使指针回零。

（3）安装测试表笔。万用表有两根测试表笔，一根红色，一根黑色，分别插到万用表的相应插孔中，红色表笔插在"+"端插孔，黑色表笔插在"COM"端或者标有"－"的插孔，不能插错，如图3-11所示。

（4）项目和量程。MF-47型万用表的项目和量程选择开关如图3-12所示。

图3-11　安装测试表笔　　图3-12　项目和量程选择开关

图3-11中可见，测量项目总共有5个，即能测量5种不同的电量。

1）测量交流电压：在面板上用"$\underset{\sim}{V}$"表示（大约12点钟的位置），总共有10V、50V、250V、500V和1000V这5个量程，意味着最大能测量交流电压1000V，如果需要测量1000~2500V的高压，可以将红色表笔插到万用表的"2500V"插孔。这种型号万用表严禁直接测量2500V以上电压。此外，交流10V档兼做测量分贝值的档位。

2）测量直流电压。在面板上用"$\underset{=}{V}$"表示（约9点钟的位置），总共有0.25V、1V、2.5V、10V、50V、250V、500V和1000V这8个量程，意味着最大能测量直流电压1000V，如果需要测量1000~2500V的高压，可以将红色表笔插到万用表的"2500V"插孔。

3）测量电阻。在面板上用"Ω"表示（约3点钟位置），总共有×1、×10、×100、×1kΩ和×10kΩ这5个量程，考虑到读数刻度盘的精度，一般只能测试2MΩ以下电阻，如果需要测量更高阻值，需要使用绝缘电阻表。

4）测量直流电流。在面板上用"$\underset{=}{mA}$"表示（约6点钟的位置），总共有0.05mA、0.5mA、5mA、50mA和500mA这5个量程，意味着最大能测量直流电流500mA，如果需要测量500mA~5A的大电流，可以将红色表笔插到万用表的"5A"插孔。图中型号万用表严禁直接测量5A以上电流。

5）测量晶体管放大性能。在面板上用一个晶体管的符号表示（约4点钟的位置），总共有h_{FE}和A_{DJ}这两个量程。

（5）读数基本方法。

MF-47型万用表的读数刻度盘如图3-13所示，其中分贝值的测量因为不常用而不做介绍。

1) 阻值的读数。电阻值的刻度位于刻度盘的最上层，用"Ω"表示，测量电阻值时只需要看最上层刻度即可，在待测状态，指针停在最左边，此时读数为无穷大，用符号"∞"表示，实际测量电阻时，指针会往右发生偏转，偏转的摆幅越大说明电阻值越小，若摆到最右边指着"0"位置，表示电阻值 $R=0$，即短路（直接连通）状态。

2) 电压或电流的读数。电压或电流的刻度位于刻度盘的第二层，平均分成5个等份，在待测状态，指针停在最左边，此时读数为"0"，表示没有检测到电压或者电流，实际测量时，指针会往右发生偏转，偏转的摆幅越大说明电压（电流）的数值越大。

值得留意的是：

①电阻刻度是不均匀的，电压（电流）刻度是均匀的，且两个刻度数值方向相反。

②不管是测量电压、电流还是电阻，在测量时均要避免让手接触到被测电路。

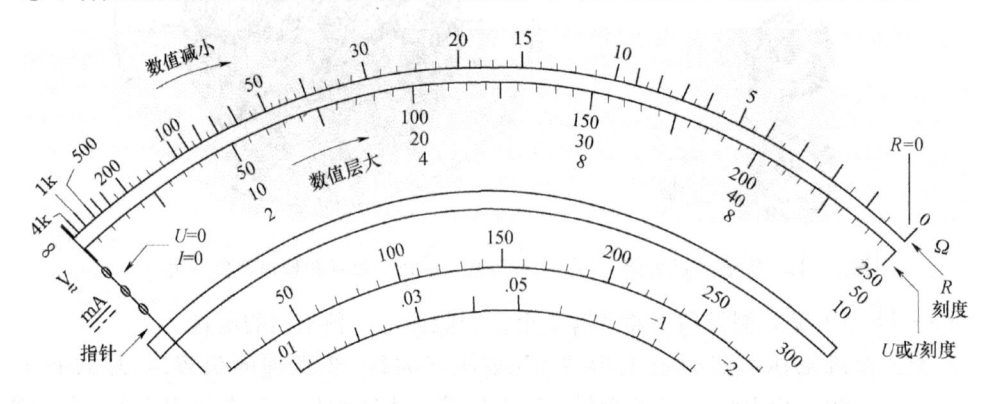

图 3-13 读数刻度盘

2. 基本电量测量

(1) 测直流电压。

请先确定待测的电压是直流而不是交流，电池、电子电路上的测量多数为直流电压，市电网的电压、变压器输出的电压为交流电压。确定是直流电压后，按以下步骤测量。

1) 确定量程：估算待测电压的数值，选择比估算值大一个级别的量程，例如：测量一个普通干电池的电压：我们应先知道干电池一般电压为1.5V（充电电池多为1.2V），则应该选择2.5V量程，不能选择1V的量程，后者容易损坏万用表，但也不宜选择过大量程，例如用10V档测量干电池，摆幅太小（约1/10），增加了读数的误差。

如果我们无法确定待测电压的数值范围，则从万用表的最高量程开始测试，然后逐步降低量程至合适档位，合适档位一般使指针摆幅落在1/2～2/3的满刻度之间。

2) 操作方法：直流电压是有极性之分的，测量时，红表笔必须接在高电位，黑表笔接低电位，这时万用表与被测电路属并联关系。例如测量干电池，红表笔连接电池正极，黑表笔连接电池负极，一旦接反，指针将由"0"位往左偏转，严重时会损坏万用表。若无法确定待测试两点之间电位的高低，则将万用表调到较大量程（1000V 或 250V 档）再测试，若发现表笔左偏说明接法错误，调转表笔并选择合适量程重新测量即可。

3) 读数方法：仔细观察电压（电流）的刻度，会发现共有三行数据标识，这三行的满刻度分别为10、50、250。若选择的量程为1V、10V、1000V可以从满刻度为10的数据行中快速得出电压值,这时每小格的间距为 0.2;若选择的量程为 50V、500V 可以从满刻度为 50 的数据行中快速得出电压值,这时每小格的间距为 1;若选择的量程为 0.25V、2.5V、250V 可以从满刻度为 250 的数据行中快速得出电压值,这时每小格的间距为 5。还是以测量干电池为例,选择 2.5V 档量程,指针停 150 处。

读数方法是:因为选择 2.5V 档,所以看满刻度为 250 的行,指针指在 150 处,由于实际的满刻度是 2.5V 而不是 250V(缩小为 1/100),所以读数也就由表面的 150V 变成实际电压值 1.5V(缩小为 1/100)。

(2) 测交流电压:

如果确定待测的电压是交流而不是直流,则在交流电压档位中选择合适的量程,具体方法与直流电压的测量相似,不同的是交流电压的测量不分方向,两支表笔可以任意连接两个测试点。

测量电压时,将万用表本身电阻看作无穷大,因此万用表并联到电路上对电路的影响很小,一般忽略不计(将万用表看作开路线)。

(3) 电流的测量:

实际应用中,用万用表测量电流的情况并不经常发生,原因是测量电流时万用表必须与电路串联,即需要切断原来的待测电路将万用表串联进去,这在很多时候会损害了电路,正因为测量电流时仪表与电路串联,所以测量电流时万用表的内阻必须很小,一般也忽略不计(将万用表看作短路线)。

具体测量方法与直流电压的测量类似,也是先估算实际电流数值,然后选择稍大的量程,同样要注意红表笔接高电位,让待测电流从红表笔流入万用表、再从黑表笔流出。

(4) 电阻的测量:

电阻的测量与电压测量主要存在以下区别。

1) 测量电阻时,表笔不用区分颜色,因为电阻无方向性(用电阻档测量半导体器件时例外)。

2) 每次测量电阻前要进行电阻调零,方法是将两支表笔短接在一起,如图 3-14 所示,这时的短路电阻应该为零,即指针要摆到最右边指着"0"位。否则调节刻度盘右下角的"电阻调零旋钮"使之为零,这个步骤在每次测量电阻时都要进行。

3) 电阻的量程上标注的不是"满刻度值",而是倍乘率,例如"×10"档,表示实际电阻值=指针所指数值×10。

图 3-14 两支表笔短接

三、数字式万用表

数字式万用表与指针式万用表并没有很大的区别,只是用液晶显示屏代替了指针式万用表的刻度盘,使得读数更直观准确了。但两种万用表的使用方法还是存在一些区别。

(1) 数字万用表没有机械调零,也没有电阻调零旋钮,在测量电阻值时,不用进行调零操作。但在每次测量电阻值之前同样要求先将表笔短接,验证一下短路电阻值,一般短接表笔时屏幕显示的电阻值应该小于 0.03Ω，否则测量数据将有较大偏差。

（2）指针式万用表测量电阻时，表内电池的电流是从黑表笔流出万用表，数字式万用表测量电阻时，表内电池的电流是从红表笔流出万用表，在电子技术模块中，我们会学习用万用表测量半导体器件，这时电流从哪根表笔流出是一个很关键的引导问题。

（3）数字万用表一般会有些特殊的测试档位，例如：增加了粗略判断电路"通断"的档位，用符号"·))"表示，使用这个档位时，测试者一般不用看屏幕显示的数值，只要听到万用表发出蜂鸣声即可大致判断为电路是"通的"，没有声响即为"断开的"；还有专用于测量半导体器件的档位，用二极管的符号"—▷|—"表示；还有的数字万用表能测量电容器的容量等。

（4）数字万用表的测量精度比较高，例如：用 20V 档测量一个约为 5V 的直流电压，可能显示为 4.98V、4.99V、5.01V，精确度达到 0.01V，指针式万用表是无法达到这个精确度的。用数字式万用表的 100mV 档可以测量到一个 mV 级的电压值，可见精度很高。

小知识

数字万用表的红表笔接内部电源的正极，数字万用表的黑表笔接内部电源的负极。

四、学习拓展

常用光源的优、缺点及适用场所见表 3-9。

表 3-9　　　　　　　　　常用光源的优缺点及适用场所

光源名称	优点	缺点	适用场所
白炽灯	结构简单、使用方便、价格便宜	效率低、寿命较短	适用于照度要求较低，开关次数频繁的室内外照明
碘钨灯	效率高于白炽灯、光色好、寿命较长	灯座温度高、安装要求高、偏角不得大于 4°、价钱贵	适用于照度要求较高，悬挂高度较高的室内外照明
荧光灯	效率高、寿命长、发光表面的温度低	功率因数低、需镇流器、启辉器等附件；现有新品种，无上述缺点，但寿命较短	适用于照度要求较高，需辨别色彩的室内照明
高压水银灯（镇流器式）	寿命长、耐震动	功率因数低、需要镇流器、启动时间长	适用于悬挂高度较高、面积大的室内外照明
高压水银灯（自镇流式）	效率高、功率因数高、安装简单、光色好	寿命短、价钱贵	适用于悬挂高度较高的大面积室内外照明
氙灯	功率大、光色好、亮度大	价钱贵、需要镇流器和触发器	适用于广场、建筑工地、体育场馆照明

五、总结与评价

以比赛的形式展示各组同学完成工作任务的过程和成果。必要时各组可以配备讲解人员，演示的同时讲解万用表操作和使用注意事项。在展示的过程中，以组为单位进行评价，见表 3-10。

表 3-10　　　　　　　　　　评价表

组别	参赛人	评 价 内 容		综合表象排队
		操作规范程度	语言表述情况	

参评人_____

六、教师点评

(1) 找出各组的优点进行点评。
(2) 展示过程中各组的缺点进行点评，改进方法。
(3) 整个活动完成中出现的亮点和不足。

学习活动五　现场施工

【学习目标】

能按照作业规程应用必要的标识和隔离措施，准备现场工作环境，能按图样、工艺要求、安装规程要求，进行护套线布线施工。

学习地点：施工现场
学习课时：6 课时

【学习过程】

引导问题 1：准备现场工作环境应注意什么？
_____
_____

引导问题 2：采用护套线布线有何优点？
_____
_____

引导问题 3：简述荧光灯的安装步骤。
_____
_____

引导问题 4：接通电源，荧光灯启动发光，然后将启动器取下，这时荧光灯是否仍然发光？这说明启动器只在什么时候才起作用，什么时候失去作用？

_____

引导问题5：荧光灯的安装过程中应注意的工艺要求和技术要求有哪些？

_____

引导问题6：荧光灯装好以后，灯不亮，如何检修？

_____

1. 电工安全操作规程

（1）未经安全培训和安全考试不合格的严禁上岗。

（2）电工人员必须持电气作业许可证上岗。

（3）不准酒后上班，更不可上班中饮酒。

（4）上岗前必须穿戴好劳动保护用品，否则不准许上岗。

（5）检修电气设备时，须参照其他有关技术规程，如不了解该设备规范注意事项，不允许私自操作。

（6）无焊工证的电工严禁使用电气焊。

（7）严禁在电线上搭晒衣服和各种物品。

（8）高空作业时，必须系好安全带。

（9）正确使用电工工具，所有绝缘工具，应妥善保管，严禁他用，并应定期检查、校验。

（10）当有高于人体安全电压存在时严禁带电作业进行维修。

（11）电气检修、维修作业及危险工作严禁单独作业。

（12）电气设备检修前，必须由检修项目负责人召开检修前安全会议。

（13）在未确定电线是否带电的情况下，严禁用老虎钳或其他工具同时切断两根及以上电线。

（14）严禁带电移动高于人体安全电压的设备。

（15）严禁手持高于人体安全电压的照明设备。

（16）手持电动工具必须使用漏电保护器，且使用前需按保护器试验按钮来检查是否正常可用。

（17）潮湿环境或金属箱体内照明必须用行灯变压器，且不准高于人体安全电压。

（18）每个电工必须熟练掌握触电急救方法，有人触电应立即切断电源按触电急救方案实施抢救。

（19）配电室除电气人员外，其他人严禁入内，配电室值班人员有权责令其他人离开现场，以防止发生事故。

（20）电工在进行事故巡视检查时，应始终认为该线路处在带电状态，即使该线路确已停电，也应认为该线路随时有送电可能。

（21）工作中所有拆除的电线要处理好，不立即使用的裸露线头包好，以防发生触电。

（22）在巡视检查时如发现有威胁人身安全的缺陷，应采取全部停电、部分停电或其他临时性安全措施。

（23）在巡视检查时如发现有故障或隐患，应立即通知生产然后采取全部停电或部分停电及其他临时性安全措施进行处理，避免事故扩大。

（24）电流互感器禁止二次侧开路，电压互感器禁止二次侧短路和以升压方式运行。

（25）在有电容器设备停电工作时，必须放出电容余电后，方可进行工作。

（26）电气操作顺序：停电时应先断开空气断路器，后断开隔离开关，送电时与上述操作顺序相反。

（27）严禁带电拉合隔离开关，闭合隔离开关前先验电，且应迅速果断到位。操作后应检查三相接触是否良好（或三相是否断开）。

（28）严禁拆开电器设备的外壳进行带电操作。

（29）现场施工用高低压设备以及线路应按施工设计及有关电器安全技术规定安装和架设。

（30）每个电工工必须熟练牢记锌锅备用电源倒切的全过程。

（31）正确使用消防器材，电器着火应立即将有关电源切断，然后视装置、设备及着火性质使用干粉、1211、二氧化碳等灭火器或干沙灭火，严禁使用泡沫灭火器。

（32）闭合大容量断路器时，先关好柜门，严禁带电手动闭合断路器。

（33）万用表用完后，打到电压最高档再关闭电源，养成习惯，预防烧坏万用表。

（34）严禁在配电柜、电缆沟放无关杂物。

（35）光纤不允许打硬弯，防止折断。

（36）生产中任何人不准拉拽数据线，防止造成停车事故。

（37）换数据线接头应停电装置及PLC电源，如有特殊情况，带电换，必须小心，不能连电。

（38）生产中换柜内接触时，必须谨慎，检查好电源来路是否可关断，严禁带电更换，防止发生危险。

（39）生产中不能因维修气阀而将压辊压下，防止带跑偏或挤断。

（40）不允许带电焊有电压敏感元件的线路板，应待烙铁烧热后拔下电源插头或烙铁头做好接地再进行焊接

（41）拆装电子板前，必须先放出人体静电。

（42）使用电焊机时，不允许用生产线机架作为地线，防止烧坏PLC，发现有违章者立即阻止。

（43）使用电焊机，需带好绝缘手套，且不允许一手拿焊靶，一手拿地线，防止发生意外触电。

（44）焊接带轴承、轴套设备时，严禁使焊机电流经过轴承、轴套，造成损坏。

（45）在变电室内进行动火作业时，要履行动火申请手续，未办手续，严禁动火。

（46）生产中不要紧固操作台的按钮或指示灯，如需急用必须谨慎，不能把螺钉施具与外皮连电造成停车。

（47）生产中如需换按钮，应检查电源侧是否是跨接的，拆卸后是否会造成停车或急

停等各种现象，没把握时，可先临时控制线改到备用按钮上，待有机会时恢复。

（48）换编码器，需将电源关断（整流及 24V）或将电源线挑开，拆编码器线做好标记，装编码时，严禁用力敲打，拆风机外壳时要小心防止将编码器线坠断，在装风机后必须检查风机罩内编码器线是否缠在风机扇叶上。

（49）电气设备烧毁时，需检查好原因再更换，防止再次发生事故。

（50）换接触器时，额定线圈电压必须一至，如电流无同型号的可选稍大一些。

（51）变频器等装置保险严禁带电插拔且要停电 5 分钟以上进行操作。

（52）严禁带电插拔变频器等电子板，防止烧毁。

（53）换变频器或内部板子时必须停整流电源 5 分钟以上进行操作，接完线必须仔细检查无误后方可上电，且防止线号标记错误烧设备。

（54）经电动机维修部新维修回的电动机，必须检查电动机是否良好并将电动机出线紧固再用。

（55）接用电设备电源时，先看好用电设备的额定电压，选好合适的断路器，确认断路器处于关断状态，检查旁边是否有触电危险再进行操作。

（56）手动操作气阀或油阀时，必须检查好是否会对人或设备造成伤害，防止出事故。

（57）更换 MCC 抽屉时，必须检查好抽屉是否一样，防止换错，烧坏 PLC。

（58）安装或更换电器设备必须符合规定标准。

（59）严禁用手触摸转动的电动机轴。

（60）严禁用手摆动带电大功率电缆。

（61）烧毁电动机要拆开确认查明原因，防止再次发生。

（62）热继电器跳闸，应查明原因并处理再进行复位。

（63）在检修工作时，必须先停电验电，留人看守或挂警告牌，在有可能触及的带电部分加装临时遮拦或防护罩，然后验电、放电、封地。验电时必须保证验电设备的良好。

（64）检修结束后，应认真清理现场，检查携带工具有无缺少;;检查封地线是否拆除，短接线，临时线是否拆除，拆除遮拦等，通知工作人员撤离现场，取下警告牌，按送电顺序送电。

（65）工作完成后，必须收好工具，清理工作场地，做好卫生。

小知识

电工安全操作规程是电工必须遵守的准则。

一、学习拓展：了解室内各种布线方式与步骤

1. 塑料护套线布线

塑料护套线布线是利用铝片卡或塑料线钉将具有双层保护层的绝缘导线直接敷设在墙上、楼板及建筑物上，具有良好的防潮、耐酸和防腐性能，线路美观、费用少。

敷设塑料护套线时应注意尽量避免中间接头，如遇到接头可把接头改在灯座盒、插头或开关盒内，并且应把导线的护套层引入盒内。导线固定的铝卡之间距离应小于 0.3m，导线的终端、转弯和接入电器处要增加线卡，距离小于 0.1m。导线暗敷在墙内或地坪下，需用钢管或塑料管保护。转角时，护套线的弯曲半径应大于护套线宽度的 6 倍。护套线穿

过楼板内时，不得损伤导线保护层，不得有接头。护套线线心允许的最小截面，对于不带保护接地的照明线，铜心为 $1mm^2$、铝心为 $1.5mm^2$。对带保护接地的线，如单相三孔插座，铜心为 $1.5mm^2$、铝心为 $2.5mm^2$。

2. 荧光灯的安装

安装荧光灯，首先是对照电路图连接线路，组装、固定灯具，并与室内的主线接通。

注意事项：安装前应检查灯管、镇流器、辉光启动器等有无损坏，是否互相配套。

安装步骤：

(1) 准备灯架。

(2) 固定灯架。

固定灯架的方式有吸顶式和悬吊式两种。安装前先在设计的固定点打孔预埋合适的紧固件，然后将灯架固定在紧固件上。

最后把辉光启动器旋入底座，把荧光灯管装入灯座，开关、熔断器等按白炽灯的安装方法进行接线。检查无误后，即可进行通电试用。

小知识

(1) 安装荧光灯时必须注意，各个零件的规格一定要配合好，灯管的功率和镇流器的功率相同，否则，灯管不能发光或是使灯管和镇流器损坏。

(2) 灯架是金属材料，应注意绝缘，以免短路或漏电，发生危险。

(3) 要了解辉光启动器内双金属片的构造，可以取下启动器外壳来观察。用废荧光灯管解剖了解灯丝的构造时，因灯管内的水银蒸气有毒，应注意通风。

(4) 荧光灯电源线（火线与零线之间）并接电容器，是为了提高功率因数，对荧光灯的启动并没有作用。

(5) 装电容器时，可将其并联在电源两端。

3. 操作工艺要求

(1) 技术关键

1) 在灯具安装过程中，首先应检验各零部件和紧固件的质量，以减少无效劳动。

2) 吊式荧光灯灯具内一般不设电源开关，引出电源线时留心作好记号，以保证相线断开关。

3) 灯管至零线输出的这根电源零线最长，不必急于剪断，在实际施工过程中，估计它的总长，可减少一个不必要的接头。

(2) 典型错误

1) 将护套线代替安装软线。

2) 相线没进开关。

3) 由于接线错误，烧毁灯丝。

4) 灯座支架过于宽松，灯管跌落敲碎。灯座支架间距过于狭小，装管困难。

5) 灯座内螺钉松动，没及时更换，造成导线接触不良；灯座内导线裸露部分过长，线与线或线与弹簧之间发生短路。这两种现象都不易发现，应及时纠正。

在接线基本正确的情况下，按"典型故障"分析的方法来检修，速度快，效率高。荧光灯电路不能正常工作的"典型故障"常见有三种。

1）电源"无电"。

判断电源是否有电，最简便的方法是用测电笔判断相线和零线。但当交流电压低于180V时，荧光灯较难启动。判断电源是否有电，首先用测电笔判断相线和零线，详细方法在第一章中已作介绍，这里不再赘述。

在没有任何测电工具时，可将灯具移至背光处，接通电源，快速切换灯具的电源开关数次。有可能在电路断开的瞬间，镇流器产生的高压使灯管瞬间击穿，灯管两端一闪，闪光时间很短，要留心观察。

2）导体接触不良。

导体与导体的连接有"点"接触、"线"接触和"面"接触三种方式，点接触是最不可靠的一种方式。由于灯脚与灯座之间多为"点"接触，是造成接触不良的最主要的原因之一。其次，灯座接线柱处的导线连接质量如果不佳，轻者日久松动，似通非通，将大大缩短灯管的使用寿命，重者灯管不亮。这种原因引起的故障现象一般在短时间内不易发现。再次，辉光启动器座内铜脚失去弹性，也是引起接触不良的重要原因之一，其直接后果是使启辉器丧失功能。

判断接触是否良好，首先用肉眼观察，再次用手试拉导线连接处，不提倡首先使用万用表。

3）零部件质量引导问题。

镇流器内电感线圈若有局部短路，电感量将大为减少，如此时强行启动灯管，由于电流过大而将灯丝烧断，应立即将此镇流器清除。建议在检出同时，把镇流器的引出线齐根剪断，以免别人再次使用。镇流器冷态直流电阻见表3-11。

表3-11　　　　　　　　　　镇流器冷态直流电阻

镇流器规格/W	6～8	15～20	30～40
冷态直流电阻/Ω	80～100	28～32	24～28

灯管灯丝通断的判断，除了用万用表直接检测外，建议学生学会用测电笔间接检测的方法。具体方法是，安上灯管，拿走辉光启动器，检查电路无误后接通电源，用测电笔检测辉光启动器座内近相线端的铜皮，氖泡亮则灯丝通，氖泡不亮则灯丝断。然后调换一下灯管两端，检测另一端灯管的灯丝。

有经验的电工判断灯丝通断的方法是用手直接摇晃灯管，灯丝断单边时，单边灯丝有时会碰击管壁发出声音来，摇晃灯管的断丝端，仿佛有"弹簧"的感觉；若灯丝齐根断裂，颠倒灯管，能感觉出灯管内有异物。

评价点：

（1）学生安装完之后，检查是否符合工艺要求。

（2）学生安装完之后，检查是否符合技术要求。

4. 荧光类的常见故障处理

荧光灯常见故障与处理方法见表3-12。

表3-12　　　　　　　　　　　常见故障与处理方法

故障现象	造成原因	处理方法
不能发光或启动困难	电源电压太低或线路压降太大	调整电源电压，更换线路导线
	辉光启动器损坏或内部电容击穿	更换辉光启动器
	新装的灯接线有错误	检查接线，改正错误
	灯丝断丝或灯管漏气	检查后更换灯管
	灯座与灯脚接触不良	检查接触点，加以紧固
	镇流器选配不当或内部断路	检查修理或更换镇流器
	气温过低	加热灯管
灯管两头发光及灯光抖动	新装的灯接线有错误	检查线路改正错误
	辉光启动器内部触点合并或电容击穿	更换辉光启动器
	镇流器选配不当或内部接线松动	检查修理或更换镇流器
	电源电压太低或线路压降太大	调整电源电压，更换线路导线
	灯座与灯脚接触不良	检查接触点，加以紧固
	灯管老化，灯丝不能起放电作用	更换灯管
	气温过低	加热灯
灯管两头发黑或生黑斑	灯管老化，荧光粉烧坏	更换灯管
	辉光启动器损坏	更换辉光启动器
	镇流器选配不当，电流过大	更换镇流器
	电源电压太高	调整电源电压
	因接触不良而长期闪烁	紧固接线
	灯管内水银蒸气凝结，细灯管较易产生	灯管亮后自行蒸发或将灯管扭转180°
	灯管老化，发光效率降低	更换灯管
灯管亮度降低	气温过低或冷风直接吹在灯管上	加防护罩或回避冷风
	电源电压太低或线路压降太大	调整电源电压或更换线路导线
	灯管上污垢太多	清除污垢
灯光闪烁	新灯管的暂时现象	使用几次后即可消除
	线路接线不牢	检查线路，紧固接线
	辉光启动器损坏或接触不良	更换辉光启动器或紧固接线
	镇流器选配不当或内部接线松动	检查或修理镇流器
产生杂音或电磁声	镇流器质量不佳，铁心未夹紧	检查修理或更换镇流器
	电源电压太高引起镇流器发声	调整电源电压
	辉光启动器不良引起辉光杂音	更换辉光启动器
	镇流器过载或内部短路引起过热	更换镇流器
产生电磁干扰	同一线路上产生干扰	电路上加装电容或滤波器
	无线电设备距灯管太近	增大距离
	镇流器质量不佳，产生电磁辐射	更换镇流器
	辉光启动器不良引起干扰	更换辉光启动器

一、评价表

装灯管时要注意轻拿轻放,切莫用力过猛。各个小组可以通过整个施工过程的展示,以组为单位进行评价;其他组对展示小组的过程及结果进行相应的评价,评价内容为下面的"小组评价"内容;课余时间本人完成"自我评价",教师完成"教师评价"内容,见表 3-13。

表 3-13　　　　　　　　　　评价表

序号	项目	自我评价			小组评价			教师评价		
		10~8	7~6	5~1	10~8	7~6	5~1	10~8	7~6	5~1
1	学习兴趣									
2	遵守纪律									
3	现场环境准备情况									
4	所用工具的正确使用与维护保养									
5	协作精神									
6	查阅资料的能力									
7	工作效率与工作质量									
	总评									

二、教师点评

(1) 找出各组的优点进行点评。
(2) 施工过程中各组的缺点进行点评,改进方法。
(3) 整个活动完成中出现的亮点和不足。

学习活动六　施工项目验收

【学习目标】

正确填写任务单的验收项目,学习验收方法,能按电工作业规程完成施工后的场地清理工作。

学习地点:施工现场
学习课时:2 课时

【学习过程】

(1) 请拿出教学活动一的"维修工作联系单"试回答下列问题:
1)"维修工作联系单"中涉及验收的内容有哪些?

2）你知道应该找谁验收吗？

3）你认为验收前，应该做些什么？

4）你认为验收意见应该由谁填写？填写什么内容？

（2）由教师模拟验收人员，对照图样进行验收，在"维修工作联系单"上填写验收意见并签字。

（3）引导问题：

1）验收合格后，"维修工作联系单"应交哪个部门？这样做有何意义？

2）想一想验收完毕后还要做些什么工作？

（4）总结与评价：

1）随机找几名学生复述验收过程及验收后工作。

2）教师进行讲评。

评价点：

（1）验收步骤是否正确。

（2）"维修工作联系单"验收项填写是否正确。

（3）与人沟通，完成验收任务情况。

一、注意事项

1. 安装注意事项

（1）镇流器必须和电源电压、灯管功率相配合，不可混用。由于镇流器重，又是发热体，宜将镇流器反装在灯架中间。

（2）辉光启动器规格需根据灯管的功率大小来决定，辉光启动器宜装在灯架上便于检修的位置。

（3）应注意防止因灯脚松动而使灯管跌落，可以采用弹簧灯座，或者把灯管与灯架扎牢。

（4）如果灯架与平顶紧贴，要保证镇流器应有适当的通风。

（5）工厂、工场由于工作需要，必须放低照明时，可采用弹簧灯座的荧光灯，灯管至少离地 2.4m，吊灯线加套绝缘套管（应套至离地 2.4m），荧光灯架上面加装盖板。

2. 使用中要注意的问题

（1）灯管两端的电极一定要和插座接触严密，防止灯管跳跃。

（2）镇流器在使用中因为有电流流过要发热，所以散热必须良好。

（3）尽量减少灯管的启动次数，因为启动次数越多，灯管内所涂物质的消耗就越多。

（4）在使用中，如灯管不发光或只是两头发光时，要检查一下是不是辉光启动器损坏或气温、电压过低。

（5）如果灯管两端发黑，或者是光亮头号弱，这可能是灯管已老化，或电源电压太低等原因造成的,要认真检查一下。如果自己找不出毛病,一定请电工师傅检查修理,以防止把灯管、镇流器、辉光启动器弄坏,也防止触电造成意外。

小知识

验收内容要按照安装规范来验收

评价点:

(1) 验收内容是否掌握。

(2) 验收单是否正确填写。

(3) 是否掌握荧光灯在安装和使用中应注意的引导问题。

小知识

与客户建立良好的人际关系是完成任务的基础

二、评价表(见表3-14)

表3-14 评价表

序号	项目	自我评价			小组评价			教师评价		
		10~8	7~6	5~1	10~8	7~6	5~1	10~8	7~6	5~1
1	学习兴趣									
2	遵守纪律									
3	验收单的填写									
4	施工后的清点工作									
5	工程垃圾的清除									
6	安全隔离措施的拆除规范									
7	协作精神									
8	查阅资料的能力									
9	工作效率与工作质量									
	总评									

三、教师点评

(1) 找出各组的优点进行点评。

(2) 展示过程中各组的缺点进行点评,改进方法。

(3) 整个活动完成中出现的亮点和不足。

学习活动七　工作总结与评价

【学习目标】

通过对学习过程的回顾、总结，让学生学会客观评价自己，体会到自己的长处与不足。为下一个教学活动奠定较好的基础。

学习地点：教室

学习课时：4 课时

【学习过程】

1. 总结与汇报

(1) 学生可围绕下列引导问题，采用丰富多彩的方式和方法进行本教学活动的总结汇报。（提前布置，课余时间准备）

(2) 引导问题：在办公室荧光灯安装教学活动中你学会了什么？

1) 你能看懂荧光灯电路图了吗？

2) 你会照图接线了吗？你的接线工艺怎么样？

3) 你会使用万用表检查线路了吗？

4) 你知道荧光灯有几种安装方法吗？

5) 控制荧光灯通、断的开关应怎样接线？安装高度如何？

6) 你知道加装照明的布线方式有几种？护套线布线应注意什么？

7) 今后工作了，接到安装或维修任务，你知道该怎样做吗？

(3) 总结汇报会。（小组推荐 1~2 名学生）

表 3-15　　　　　　　　　　评价表

序号	汇报人	评价内容						总评
		总结汇报内容的质量			语言表述情况			
		100~90	89~75	74~60	100~90	89~75	74~60	

参评人_____

2. 自评、互评

总结评价表见表 3-16。

表 3-16　　　　　　　　　　　　总结评价表　　　　　　学生姓名_____

项目	加分	自我评价			小组评价			教师评价		
		100～90 A	89～75 B	74～60 C	100～90 A	89～75 B	74～60 C	100～90 A	89～75 B	74～60 C
总结										
学习活动一										
学习活动二										
学习活动三										
学习活动四										
学习活动五										
学习活动六										
学习活动七										
总评										

说明：

1、此表是对办公室荧光灯安装工作任务的总体评价，考核分 A、B、C+、C-四个等级，C-视为不及格。

2、评价成绩以各学习活动的总结评价为依据，各学习活动中表现突出的学生可加 5～10 分。

任务四
楼梯双控灯的安装

【学习目标】

（1）能独立阅读"楼梯双控灯的安装"工作任务单，明确工时、工艺要求和人员分工，叙述个人任务要求。

（2）能熟悉单刀双掷开关的特点，识别单刀双掷开关的图形符号，能读懂电路原理图、施工图，描述施工现场特征，制订工作计划。

（3）能根据任务要求和施工图样，列举所需工具和材料清单，准备工具，领取材料。

（4）按照作业规程应用必要的标识和隔离措施，准备现场工作环境。

（5）按图样、工艺要求、安全规程要求施工，会使用冲击钻。

（6）施工后，能按施工任务书的要求利用万用表进行检测。

（7）按电工作业规程，作业完毕后能清点工具、人员，收集剩余材料，清理工程垃圾，拆除防护措施。

（8）能正确填写任务单的验收项目，并交付验收。

（9）工作总结和评价。

建议课时：20课时

【工作情境描述】

主管领导要求在楼梯安装照明灯，控制方式为两个单刀双掷开关控制一个灯，敷设电路的施工方式采用护套线明敷设方式。工时为3个小时，要求按照电工安全操作规程进行安装，并符合国家电工安装工艺标准。

【工作流程与内容】

学习活动一	明确工作任务	（2课时）
学习活动二	勘察施工现场	（2课时）
学习活动三	制订工作计划	（2课时）
学习活动四	施工前准备	（2课时）
学习活动五	现场施工	（6课时）
学习活动六	施工项目验收	（2课时）
学习活动七	工作总结与评价	（4课时）

学习活动一 明确工作任务

【学习目标】

能根据"楼梯双控灯的安装"工作任务单，明确工时、工作内容、工艺要求，并在教师指导下进行人员分组。

学习地点：教室

学习课时：2课时

【学习过程】

请阅读施工任务单，用自己的语言描述具体的工作内容，见表4-1。

表4-1　　　　　　　　金蓝领物业管理责任有限公司工作任务单

201×年×月×日　　　　　　　　　　　　　　　　　　　　　　　　　　　　　　No.0009

报修项目	楼房号	3号楼	报修人	×××	联系电话	××××××××
	报修事项：振兴快递公司3号楼的楼梯长期无照明灯，夜间存在较严重的安全隐患，现要求用塑料护套线明敷方式在楼梯装设照明灯，控制方式为两个单刀双掷开关控制一个灯，要求3个小时内完成。					
	报修时间	10：00	要求完成时间	17：00	派单人	××
维修项目	接单人	×××	维修开始时间	13：00	维修完成时间	15：35
	所需材料：单刀双掷开关2个（型号自定），螺口白炽灯1只（220V，100W），螺口灯座1只，接线盒2只，圆木1只，塑料护套线，膨胀螺钉，绝缘胶带，常用工具及量具，施工图、工作任务单、安全操作规程等。					
	维修部位	3号楼楼梯灯	维修人员签字	×××		
	维修结果	可以使用	班组长签字	××		
验收项目	维修人员工作态度是否端正：是□ 否□ 本次维修是否已解决问题：是□ 否□ 是否按时完成：是□ 否□ 客户评价：非常满意□ 基本满意□ 不满意□ 客户意见或建议：					
	客户签字						

填写工作任务单，见表4-2。

表 4-2　　　　　　　　金蓝领物业管理责任有限公司工作任务单

2010年11月8日　　　　　　　　　　　　　　　　　　　　　　　　　　　　No.0009

报修项目	楼房号	3号楼	报修人	×××	联系电话	××××××××
	报修事项：振兴快递公司3号楼的楼梯长期无照明灯，夜间存在较严重的安全隐患，现要求用塑料护套线明敷方式在楼梯装设照明灯，控制方式为两个单刀双掷开关控制一个灯，要求3个小时内完成					
	报修时间	10：00	要求完成时间	17：00	派单人	××

维修项目	接单人		维修开始时间		维修完成时间	
	所需材料：					
	维修部位	3号楼楼梯灯		维修人员签字		
	维修结果			班组长签字		

验收项目	维修人员工作态度是否端正：是□ 否□ 本次维修是否已解决问题：是□ 否□ 是否按时完成：是□ 否□ 客户评价：非常满意□ 基本满意□ 不满意□ 客户意见或建议：
	客户签字

一、学习拓展

请每组查阅资料，收集3张不同的工作任务单（或工程任务单），仔细研读，分析从不同的工作任务单中可以获得怎样的工作任务信息。然后根据"楼梯双控灯的安装"工作任务单，明确报修项目、维修项目，验收项目先空缺，待工作结束时再填写。

工作任务单是上级部门安排电工班组执行任务的书面指令。工作任务单主要包括：工作内容、定额工时、完成期限、所需材料、安全措施和技术质量等内容，同时，在施工过程中由班组按时填写实际完成进度、实际用工数、实际材料消耗等。任务完成后，填写相关内容，交由验收人员验收并加以评价。

在设计这个工作任务单的过程中，同学们可以上网收集材料，也可以到图书馆借阅书籍，或者去访问单位的维修电工，从多种途径获得有用资料，然后消化，最后综合运用设计成自己小组的工作任务单。在填写工作任务单时，小组长必须模拟工作场景将组员进行分工，分配各自的工作任务。

二、评价表（见表 4-3）

表 4-3　　　　　　　　　　评价表

评分项目	评价指标	标准分	评分
报修项目	填写是否正确、规范	20	
维修项目	填写是否正确、规范	20	
验收项目	验收项目设计是否全面	20	
语言表达	语言表达是否规范	20	
查阅资料	是否能够查阅资料	10	
团结协作	小组成员是否团结协作	10	

学习活动二　勘察施工现场

【学习目标】

能读懂电路原理图，绘制施工图，描述施工现场特征。
学习地点：施工现场
学习课时：2 课时

【学习过程】

阅读电路原理图，勘察施工现场，描述现场的特征，并绘制出施工图，见图 4-1。

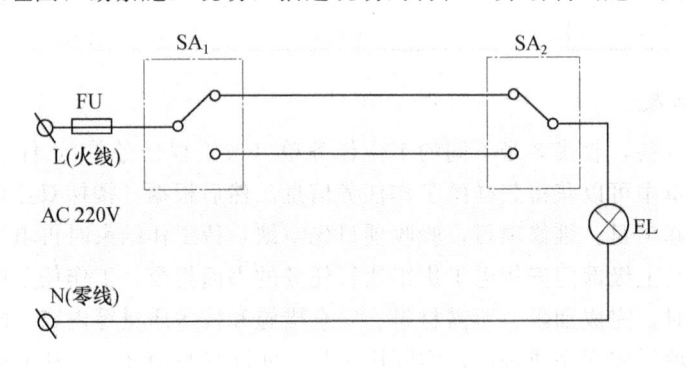

图 4-1　电气原理图

引导问题 1：电气原理图中的两个开关有何特点？

引导问题 2：
根据电气原理图，请你分析图示位置的两个开关控制灯泡，当接通电源时，该灯泡处于发光状态还是熄灭状态？

___

引导问题3：在电气原理图中，当开关处于不同的位置时，灯泡的亮、灭情况怎么样变化？

___

引导问题4：你家中哪个灯的控制方式与图4-1中的相似？

___

引导问题5：还有什么地方的灯也可以采取这种控制方式？

___

引导问题6：与前面学过的一控一灯控制方式相对应，这种控制方式可以称为什么？请具体描述。

___

引导问题7：请你描述施工现场有何特征？

___

引导问题8：你应该用哪些工具对施工部位进行测量？

___

引导问题9：请你查阅电气装置安装工程国家标准，吸顶灯应怎样安装？

___

引导问题10：请你查阅电气装置安装工程国家标准，开关离地高度应为多少？应怎样安装？

___

引导问题11：请你根据施工现场的环境和特点，绘制出现场施工图。

一、学习拓展

施工图：

施工时工人所依据的图样，这通常比设计图样要更详细，包括了图与说明。以下是模拟楼梯双控灯的木板布线施工图，图4-2中标注了走线的尺寸，所用电气元件的文字、图形符号及导线种类。

施工图应用单线图来绘制。

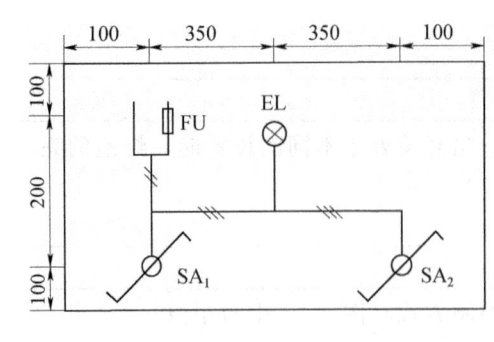

图 4-2 施工图

单线图:

就是用一根线段来表示多根导线,将电气元件用文字及图形符号来表示的示意图。从图中可以看出:

(1) 导线:有一处需用到两根导线,两处需用到 3 根导线,用塑料护套线配线。

(2) 开关:用"╱"来表示单刀双掷开关,需要两个。

(3) 灯泡:1 只。

(4) 熔断器:1 只。

《电气照明装置施工及验收规范》的有关规定:

1. 灯具

(1) 对装有白炽灯泡的吸顶灯具,灯泡不应紧贴灯罩;当灯泡与绝缘台之间的距离小于 5mm 时,灯泡与绝缘台之间应采取隔热措施。

(2) 吊链灯具的灯线不应受拉力,灯线应与吊链编叉在一起。

(3) 灯具固定应牢固可靠。每个灯具固定用的螺钉或螺栓不应少于 2 个;当绝缘台直径为 75mm 及以下时,可采用 1 个螺钉或螺栓固定。

(4) 当吊灯灯具重量大于 3kg 时,应采用预埋吊钩或螺栓固定;当软线吊灯灯具重量大于 1kg 时,应增设吊链。

(5) 开关至灯具的导线应使用额定电压不低于 500V 的铜心多股绝缘导线。

2. 开关

(1) 安装在同一建筑物、构筑物内的开关,宜采用同一系列的产品,开关的通断位置应一致,且操作灵活、接触可靠。

(2) 开关安装的位置应便于操作,开关边缘距门框的距离宜为 0.15~0.2m;开关距地面高度宜为 1.3m;拉线开关距地面高度宜为 2~3m,且拉线出口应垂直向下。

(3) 并列安装的相同型号开关距地面高度应一致,高度差不应大于 1mm;同一室内安装的开关高度差不应大于 5mm;并列安装的拉线开关的相邻间距不宜小于 20mm。

(4) 相线应经开关控制;民用住宅严禁装设床头开关。

在设计施工图之前,同学们应当认真勘察现场,查阅《电气照明装置施工及验收规范》,明确开关及灯具离地的实际距离及安装规定,并做好记录。

二、评价表（见表 4-4）

表 4-4　　　　　　　　　　　　　评价表

评分项目	评价指标	标准分	评分
原理图	能否根据原理图分析电路的功能	20	
查阅资料	能否查阅照明装置施工及验收规范	20	
现场测绘	能否勘察现场，做好测绘紧急记录	20	
施工图	能否正确绘制、标注施工图	20	
团结协作	小组成员是否团结协作	20	

学习活动三　制订工作计划

【学习目标】

能根据任务要求和施工图样，制订工作计划，列举所需工具和材料清单。
学习地点：教室
学习课时：2课时

【学习过程】

请阅读现场施工图，用自己的语言描述具体的工作内容，制定工作计划；列出所需要的工具和材料清单。

引导问题1：根据任务要求和施工图样，制订你的小组工作计划，并对小组成员进行分工。

引导问题2：请你列举所要用的工具清单。

引导问题3：冲击钻、梯子属于工具吗？

引导问题4：请你列举所要用的材料清单。

引导问题5：请你查阅《电工手册》，简要描述塑料护套线的型号。

一、学习拓展

一种由导线、内层护套和外层护套构成的塑料护套线，其特征在于外层护套包裹内层护套时留有适当的间隙，是带有护套层的单心或多心电线。

护套线型号：

常用的铜护套线一般有：BVV、BVVB、RVV、RVVB，还有铝护套线 BLVV、BLVVB。

护套线可分为硬护套线（BVV、BVVB、BLVV、BLVVB）和软护套线（RVV、RVVB）两种。按其应用环境和形状也可分为圆护套线和扁护套线，圆护套线一般的是多心，扁的一般是单心。

在以上护套线中表示如下所述。

L：铝心。

V：聚氯乙烯绝缘。

V：聚氯乙烯护套。

R：软。

最常用的4种护套线规格。

BVV：铜心聚氯乙烯绝缘聚氯乙烯护套圆形电缆（电线）。

BLVV：铝心聚氯乙烯绝缘聚氯乙烯护套圆形电缆（电线）。

BVVB：铜心聚氯乙烯绝缘聚氯乙烯护套平形电缆（电线）。

BLVVB：铝心聚氯乙烯绝缘聚氯乙烯护套平形电缆（电线）。

1. 塑料护套线的敷设方法

一种是明敷，另一种是走管或走线槽敷。

2. 塑料护套线的规格

铜心的符号是BVV，铝心的符号是BLVV，其规格表示线芯的截面积，如BVV2.5。

3. 塑料护套线的选择

导线的横截面积单位是平方毫米，简称为平方，1平方就是表示导线的横截面积是$1mm^2$。如BVV2.5就是截面积为$2.5mm^2$铜心塑料绝缘塑料护套分布电线。导线的选择一般按设计要求选。在没有设计值的时候按经验公式选。经验公式很多，要熟悉一两种，就很方便了。经验不多的时候，在选好线径后要让有经验的师傅核实，或者查表核实，积累经验。下面有一个是室内装修用的经验公式，比较保守，在电流量不大的时候是比较安全的。

导线的选择以铜心导线为例，其经验公式为：

$$导线截面（单位为 mm^2）\approx I/4(A) \tag{4-1}$$

I——导线要流过的电流量

$1mm^2$截面的铜心导线的额定载流量$\approx 4A$。

例：家用单相电能表的电流为$I=40A$，选择导线（铜心导线截面规格有$1mm^2$、$1.5mm^2$、$2.5mm^2$、$6mm^2$、$10mm^2$、$16mm^2$、$25mm^2$、$35mm^2$）为$I/4\approx 40/4=10$，即选择$10mm^2$的铜心导线。

4. 国家电力安全网规定

塑料护套线敷设明敷的最小截面：铜心为 1.0mm²；铝心为 2.5mm²。

5. 塑料护套线配线注意事项

塑料护套线不应直接敷设在抹灰层、吊顶、护墙板、灰幔角落内。室外受阳光直射的场合，不应明配塑料护套线。

塑料护套线与接地体或不发热管道等的紧贴交叉处，应加套绝缘保护管，敷设在易受机械损伤场合的塑料护套线，应增设钢管保护。

塑料护套线的弯曲半径应小于外径的 3 倍，弯曲处护套和线心的绝缘层不应有损伤。

塑料护套线进入接线盒（箱）内或与设备、器具进行连接时，护套层应引入接线盒（箱）内或设备、器具内。

沿建筑物表面明配的塑料护套线应满足以下要求：

（1）应平直，并应不松弛、扭绞和曲折。

（2）应采用线卡固定，固定点间距应均匀，其间距为 150～200mm。

（3）在终端、转弯和进入接线盒（箱）或设备、器具处，均应装设线卡固定导线，线卡距终端、转弯、盒（箱）、设备或器具边缘的距离宜为 50～100mm。

（4）接头应设在接线盒（箱）或器具内，在多尘和潮湿场合应采用密封式盒（箱），盒（箱）的配件应齐全，并固定可靠。

二、评价表（见表 4-5）

表 4-5　　　　　　　　　　　　评价表

评分项目	评价指标	标准分	评分
条理性	工作计划制定是否有条理	10	
完善性	工作计划是否全面、完善	10	
人员分工	工作计划中人员分工是否合理	10	
任务要求	工作计划中任务要求是否明确	20	
工具清单	是否完整	20	
材料清单	是否完整	20	
团结协作	小组成员是否团结协作	10	

学习活动四　施工前准备

【学习目标】

能熟悉单刀双掷开关的特点，识别单刀双掷开关的图形符号；能使用冲击钻；能领取工具和材料。

学习地点：实训教室

学习课时：2 课时

【学习过程】

请根据施工图（见图 4-2）了解单刀双掷开关的特点，查阅《电工手册》识别单刀双掷开关的图形符号；学习使用冲击钻；领取材料和工具。

引导问题 1：以上施工图中有几个开关，你认为图中的开关与我们前面用过的开关一致吗？

引导问题 2：根据施工图分析，哪里开灯、哪里关灯？

引导问题 3：请查阅《电工手册》，说明单刀双掷开关的作用。绘制其文字及图形符号。

引导问题 4：请查阅资料，说明冲击钻的作用是什么？你所了解的冲击钻有哪些品牌？怎样使用？

引导问题 5：你在领取材料时应以什么为依据进行核对？

引导问题 6：如果你所领取的材料有质量问题，你应当怎样协调解决？

引导问题 7：对于领取的元器件你应该使用什么仪表来识别，检验其好坏？

引导问题 8：单刀单掷开关（单联开关）能否应用在本工作任务中？为什么？

引导问题 9：单刀双掷开关（双联开关）能否应用在书房一控一灯安装的工作任务中？为什么？试画图说明。

一、画图说明

1. 单刀双掷开关

（1）单刀双掷开关（双联开关）简介。

"刀"和"掷"的概念一般用在闸刀上。刀，就是活动的触头，而"掷"则表示对这一刀片有几个定触头，也就是说一个刀片可以和几个定触头分别接触。单刀双掷表示一个刀片可以分别与两个定触头闭合（书房一控一灯的安装中用到的开关是单刀单掷开关，就是只有一个刀片，只能和一个定触头闭合）。双联开关有一个动触片和两个静触点，就是单刀双掷开关。图4-3是单刀双掷开关的外形图及结构示意图。

（2）单刀双掷开关（双联开关）检测，见图4-4。

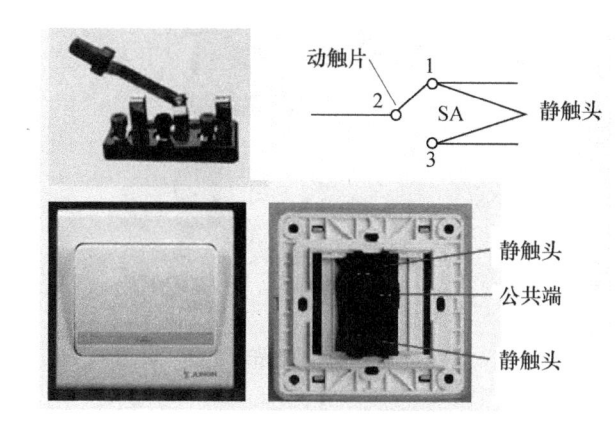

图4-3 单刀双掷开关的外形图及结构示意图

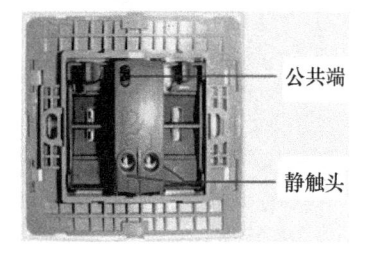

图4-4 单刀双掷开关（双联开关）检测

共3个接线桩，上面一个为动触点"刀"（公共触点），下面两个为"掷"（静触点）。用万用表可检测其好坏的方法：

将万用表的档位达到电阻×1档，首先进行机械调零，将其中一支表棒接在公共触点上，将另一支表棒分别与下面的两个静触点连接，按动开关，观察开关的通断情况。如果公共触点与两个静触点之间总是处于一通一断的状态，则开关正常；如果公共触点与两个静触点之间总是处于全通或全断的状态，则开关失灵。

2. 冲击钻

冲击钻是一种既能转动又带冲击的电动工具，见图4-5。它带有可调机构，当调节环在转动的无冲击位置时，装上麻花钻头在金属上进行钻孔。当调节环在转动和带冲击位置上，安上带硬质合金的钻头，可在砖面、混凝土墙、屋面、墙面进行钻孔。

从原理上讲，冲击钻工作时在钻头夹头处有调节旋钮，可调普通手电钻和冲击钻两种方式。但是冲击钻是利用内轴上的齿轮相互跳动来实现冲击效果，但是冲击力远远不及电锤。它不适合钻钢筋混凝土，而电锤就不一样，它是利用底部电动机带动两套齿轮结构，一套实现钻孔，而另一套则带动活塞，犹如发动机液压冲程，产生强大的冲击力。

一般电钻只具备旋转方式，特别适合于在需要很小力的材料上钻孔，见图4-6。例如软木、金属、砖、瓷砖等。冲击钻依靠旋转和冲击来工作。单一的冲击是非常轻微的，但每分钟40 000多次的冲击频率可产生连续的力。冲击钻可用于天然的石头或混凝土。它们是通用的，因为它们既可以用"单钻"模式，也可以用"冲击钻"模式，所以对专业人员和自己动手者，它都是值得选择的基本电动工具。电锤依靠旋转和捶打来工作。单个捶打力非常高,并具有每分钟 1 000 到 3 000 的捶打频率,可产生显著的力。与冲击钻相比,电锤需要最小的压力来钻入硬材料,例如石头和混凝土;特别是相对较硬的混凝土。

另外,可以从一些厂商的定义来区分,电钻一般称为 Drill,冲击钻是 Impact Drill,而电锤则是 Hammer。

锤钻见图 4-7,钻头见图 4-8。

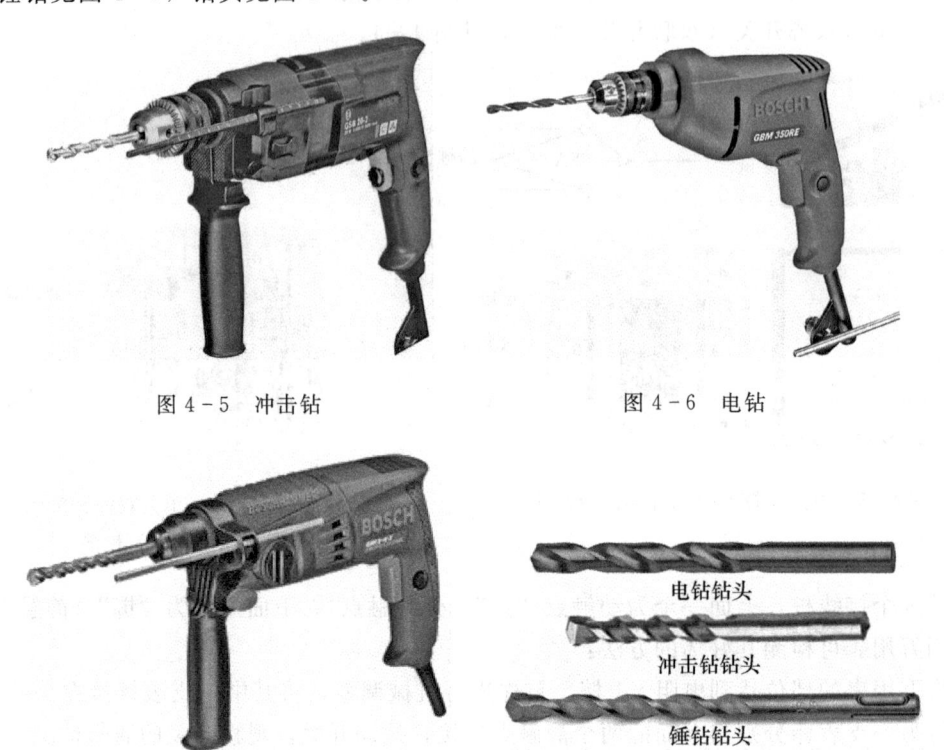

图 4-5 冲击钻　　　　图 4-6 电钻

图 4-7 锤钻　　　　图 4-8 钻头

冲击钻一般情况下不能用作电钻使用:
(1) 因为冲击钻在使用时方向不易把握,容易出现误操作,开孔偏大。
(2) 因为钻头不锋利,使所开的孔不工整,出现毛刺或裂纹。
(3) 即使上面有转换开关,也尽量不用来钻孔,除非你使用专用的钻木的钻头,但是由于电钻的转速很快,很容易使开孔处发黑并使钻头发热,从而影响钻头的使用寿命。

二、评价表(见表 4-6)

表 4-6　　　　　　　　　　评价表

评分项目	评价指标	标准分	评分
双联开关识别	能否正确识别双联开关	20	
专用工具领取	能否正确领取冲击钻、梯子	20	
材料领取	能否正确领取材料	20	
冲击钻使用	能否正确使用冲击钻	20	
团结协作	小组成员是否团结协作	20	

学习活动五　现场施工

【学习目标】

能查阅资料设置工作现场必要的标识和隔离措施；能按图样、工艺要求、安全规程要求施工；能在施工后按施工任务书的要求利用万用表进行检测；能按电工作业规程，在作业完毕后清点工具、人员，收集剩余材料，清理工程垃圾，拆除防护措施。

学习地点：施工现场

学习课时：6课时

【学习过程】

请阅读图样及作业规程，用自己的语言描述具体的工作内容。

引导问题1：施工前应该通知哪些部门和人员？

引导问题2：施工前是否应做好断电措施？

引导问题3：查阅作业规程，施工前应悬挂何种标识，如何设置？

引导问题4：查阅作业规程，施工前应作何种隔离措施，如何设置？

引导问题5：你作为施工人员，自身应做好哪些防护准备？

引导问题6：应当怎样进行划线定位？

引导问题7：接线盒应怎样埋设？

引导问题8：护套线应如何敷设？

引导问题 9：灯座与开关离地的距离一致吗？

引导问题 10：对于需要登高的场合，应使用什么工具？

引导问题 11：施工完毕，怎样用万用表进行自检？详述检测过程。

引导问题 12：如果调试不成功，应当怎样检查、修改？

引导问题 13：工程完毕后，应清点哪些工具？

引导问题 14：工程完毕后，应清点哪些人员？

引导问题 15：工程完毕后，应收集哪些剩余材料？

引导问题 16：工程完毕后，应清理哪些工程垃圾？

引导问题 17：工程完毕后，应拆除哪些防护措施？

一、学习拓展

如果灯座固定在顶棚上，应该采用什么工具，配合什么辅助材料来完成该项工作？请查阅资料完成。

1. 梯子的使用

登高电工作业用的梯子，分靠梯和人字梯两种。使用中应注意：

（1）为避免梯子翻倒，使用靠梯时梯脚与墙壁之间的距离不得小于梯长的 1/4。

（2）使用人字梯时为避免滑落，其梯脚间距不得大于梯长的 1/2，为限制开脚度，其两侧之间应加拉链或拉绳。

（3）为了防滑，在光滑坚硬的地面上使用梯子进行登高作业时，应在梯脚上加橡胶套或胶垫；在泥土地面上使用梯子时，梯脚上应加铁尖。

（4）一架梯子上不能同时站立两名工作人员，工作人员不得站在梯子上移动梯子。

（5）严禁站在梯子的最高处或最上面一、二级横档上工作；不得将梯子架在不稳固的支持物（如箱、桶、平板车等）上进行登高作业。

（6）当靠杆使用梯子时，应将梯子上端绑牢固定，或有专人扶梯子，见图4-9。

2. 膨胀螺钉的使用

膨胀螺钉一般说的是金属膨胀螺钉，膨胀螺钉的固定是利用楔形斜度来促使膨胀产生摩擦握裹力，达到固定效果．螺钉一头是螺纹，一头有锥度。外面包一铁皮（有的是钢管），铁皮圆筒（钢管）一半有若干切口，把它们一起塞进墙上打好的洞里，然后锁螺母，螺母把螺钉往外拉，将锥度拉入铁皮圆筒，铁皮圆筒被涨开，于是紧紧固定在墙上，一般用于防护栏、雨篷、空调等在水泥、砖等材料上的紧固。但它的固定并不十分可靠，如果载荷有较大震动，可能发生松脱，因此不推荐用于安装吊扇等。

图4-9 梯子

二、评价表（见表4-7）

表4-7　　　　　　　　　　评价表

评分项目	评价指标	标准分	评分
安全施工	是否做到了安全施工	10	
画线、定位	是否准确地画线、定位	5	
工具使用	工具使用是否正确	5	
接线工艺	接线是否符合工艺，布线是否合理	10	
万用表自检	能否用万用表进行正确的检查	10	
接线正确性	调试是否成功	40	
现场清理	是否能清理现场	10	
团结协作	小组成员是否团结协作	10	

学习活动六　施工项目验收

【学习目标】

能正确填写任务单的验收项目，并交付验收。

学习地点：施工现场

学习课时：2课时

【学习过程】

请根据工作任务单中的验收项目，用自己的语言描述验收工作的内容，见表4-8。

表 4-8	工作任务单验收项目		
验收项目	维修人员工作态度是否端正：是■ 否□ 本次维修是否已解决问题：是■ 否□ 是否按时完成：是■ 否□ 客户评价：非常满意□ 基本满意■ 不满意□ 客户意见或建议：		
	客户签字	李小明	

引导问题1：工作任务完成后，你应该与谁进行沟通？

引导问题2：请简要描述任务完成情况。

引导问题3：作为维修人员，你认为自己的服务是否到位？

引导问题4：本次维修是为了解决什么问题，是否已解决？

引导问题5：你认为客户对你的工作态度是否满意？

引导问题6：如果客户提出了一些意见或建议，你应该怎样对待？

引导问题7：如果客户不肯签字，你应怎样处理？

引导问题8：你认为验收事项重要吗？为什么？

一、学习拓展

以情景模拟的形式，教师安排学生扮演角色，归还工具、电业安全操作规程、电工手册、电气安装施工规范等资料。我们可按照工作任务单中验收的条件自行设计符合学习活动实际情况的验收项目。

任务验收

指在某个项目中,已按设计图样规定的工作或任务完成,能满足生产要求或具备使用条件,由维修班组复核后签字,再经客户确认签字即可。

设计工作任务的验收项目时,应根据施工过程的实际情况进行替换。

二、评价表(见表 4-9)

表 4-9　　　　　　　　　　评价表

评分项目	评价指标	标准分	评分
验收项目设计	验收项目设计是否合理	25	
验收项目填写	验收项目填写是否正确	25	
沟通能力	是否与客户进行有效沟通	25	
团结协作	小组成员是否团结协作	25	

学习活动七　工作总结与评价

【学习目标】

能按小组进行工作总结与评价。

学习地点:教室

学习课时:4 课时

【学习过程】

请根据工程完工情况,用自己的语言描述具体的工作内容。

引导问题 1:明确工作任务时遇到了什么问题?怎样解决的?

_____

_____

引导问题 2:勘察施工现场时遇到了什么问题?怎样解决的?

_____

_____

引导问题 3:制订工作计划,列举工具和材料清单时遇到了什么问题?怎样解决的?

_____

_____

引导问题 4:工作准备与元器件的学习时遇到了什么问题?怎样解决的?

_____

_____

引导问题 5：现场施工时遇到了什么问题？怎样解决的？
_____
_____

引导问题 6：施工项目验收时遇到了什么问题？怎样解决的？
_____
_____

一、学习拓展

工作总结：

就是把一个时间段的工作进行一次全面系统的总检查、总评价、总分析、总研究，分析成绩、不足、经验等。总结是应用写作的一种，是对已经做过的工作进行理性的思考。总结与计划是相辅相成的，要以工作计划为依据，订计划总是在总结经验的基础上进行的。其间有一条规律：计划——实践——总结——再计划——再实践——再总结。

小知识

评价的步骤：

(1) 确立评价标准。
(2) 决定评价情境。
(3) 设计评价手段。
(4) 利用评价结果。

以小组形式分别进行汇报、展示，通过演示文稿、现场操作、展板、海报、录像等形式，向全班展示、汇报学习成果。

二、评价表（见表 4-10）

表 4-10　　　　　　　　　　评价表

评分项目	评价指标	标准分	评分
自评	自评是否客观	20	
互评	互评是否公正	20	
演示方法	演示方法是否多样化	20	
语言表达	语言表达是否流畅	20	
团结协作	小组成员是否团结协作	20	

任务五
教室照明线路的安装与检修

【学习目标】

(1) 能根据"教室照明线路的安装与检修"工作任务单，明确工时、工艺要求，进行人员分工。

(2) 能根据施工图样，勘察施工现场，制订工作计划。

(3) 能根据任务要求和施工图样，列举所需工具和材料清单，准备工具，领取材料。

(4) 能按照作业规程应用必要的标识和隔离措施，准备现场工作环境。

(5) 能正确识别与安装空气开关、插座等元器件，选择线色，进行导线与接线桩、接线帽的连接。

(6) 能按图样、工艺要求、安全规程要求，使用手锯进行槽板布线施工。

(7) 施工后，能按施工任务书的要求利用万用表进行检测；同时拓展照明线路常见故障现象分析、检测，培养维修技能。

(8) 按电工作业规程，作业完毕后能清点工具、人员，收集剩余材料，清理工程垃圾，拆除防护措施。

(9) 能正确填写任务单的验收项目（承诺保修一年），并交付验收。

(10) 工作总结与评价。

建议课时：30课时

【工作情境描述】

我院××教室由于照明线路老化，根据教学需要，总务处要求我维修电工组在2天内根据教室的照明线路重新安装方案，完成施工，并负责该照明线路维保一年。

【工作流程与内容】

学习活动一	明确工作任务	（2课时）
学习活动二	勘察施工现场	（2课时）
学习活动三	制订工作计划	（2课时）
学习活动四	现场准备与元器件的学习	（4课时）
学习活动五	现场施工	（12课时）
学习活动六	施工项目验收	（2课时）
学习活动七	工作总结与评价	（6课时）

学习活动一　明确工作任务

【学习目标】

能根据"教室照明线路的安装与检修"工作任务单，明确工时、工作内容、工艺要求，并在教师指导下进行人员分组。

学习地点：教室

学习课时：2课时

【学习过程】

(1) 请认真阅读工作情景描述及相关资料，用自己的语言填写维修工作联系单，见表5-1。

表5-1　　　　　　　　　　维修工作联系单（总务处）　　　　编号：

维修地点					
维修项目				保修周期	
维修原因					
报修部门		承办人		报修时间	2010年　月　日
		联系电话			
维修单位		责任人		承接时间	2010年　月　日
		联系电话			
维修人员				完工时间	2010年　月　日
验收意见				验收人	
处室负责人签字			维修处室负责人签字		

注：① 请各处室以后对所需维修项目用此维修单报总务处维修。（一式三联）；
② 一般维修一个工作日内完成。如无维修材料，报批采购后予以维修；
③ 人为损坏，需查实缴费后予以维修。

(2) 看到此项目描述后你想到应如何组织计划实施完成？
_____
_____

(3) 你认为工程项目现场环境、管理应如何才能有序地保质保量地完成任务？
_____

(4) 为了今后工作、学习方便、高效，在咨询教师前提下，你与班里同学协商，合理分成学习小组（组长自选、小组名自定，例如：清华组）。

分组名单见表5-2。

表 5-2　　　　　　　　　　　分　组　名　单

小组名	组长	组员

根据工作任务、项目情景描述及工作要求，在指导老师帮助下完成此任务。

你们如何分组（本组人员填写在任务单、维修人员一览表）。

一、学习拓展

企事业单位为保证各项工作有序运行，根据行业不同特点，建立系列管理制度。工作票制度是普遍采用的通用制度，如《电气维修工单的工作制度》《操作票制度》制度名称有所不同，实质都是为了操作、维修过程及时、可控、可查，保证人与设备的安全性、可靠性。当然，如果承担一个较大的安装工程，必须有一定资质的公司并签订承包合同或施工协议。

1. 电气施工图的特点及组成

电气施工图所涉及的内容往往根据建筑物不同的功能而有所不同，主要有建筑供配电、动力与照明、防雷与接地、建筑弱电等方面，用以表达不同的电气设计内容。

（1）图样目录与设计说明。

图样目录与设计说明包括图样内容、数量、工程概况、设计依据以及图中未能表达清楚的各有关事项。如供电电源的来源、供电方式、电压等级、线路敷设方式、防雷接地、设备安装高度及安装方式、工程主要技术数据、施工注意事项等。

（2）主要材料设备表。

主要材料设备表包括工程中所使用的各种设备和材料的名称、型号、规格、数量等，它是编制购置设备、材料计划的重要依据之一。

（3）系统图。

如变配电工程的供配电系统图、照明工程的照明系统图、电缆电视系统图等都属于系统图。系统图反映了系统的基本组成、主要电气设备、元器件之间的连接情况以及它们的规格、型号、参数等。

（4）平面布置图。

平面布置图是电气施工图中的重要图样之一，如变、配电所电气设备安装平面图、照明平面图、防雷接地平面图等，用来表示电气设备的编号、名称、型号及安装位置、线路的起始点、敷设部位、敷设方式及所用导线型号、规格、根数、管径大小等。通过阅读系统图，了解系统基本组成之后，就可以依据平面图编制工程预算和施工方案，然后组织施工。

（5）控制原理图。

控制原理图包括系统中各所用电气设备的电气控制原理，用以指导电气设备的安装和控制系统的调试运行工作。

（6）安装接线图。

安装接线图包括电气设备的布置与接线，应与控制原理图对照阅读，进行系统的配线和调校。

（7）安装大样图（详图）。

安装大样图是详细表示电气设备安装方法的图样，对安装部件的各部位注有具体图形和详细尺寸，是进行安装施工和编制工程材料计划时的重要参考。

2. 电气施工图的阅读方法

（1）熟悉电气图例符号，弄清图例、符号所代表的内容。常用的电气工程图例及文字符号可参见国家颁布的《电气图形符号标准》。

（2）针对一套电气施工图，一般应先按以下顺序阅读，然后再对某部分内容进行重点识读。

1）看标题栏及图样目录了解工程名称、项目内容、设计日期及图样内容、数量等。

2）看设计说明了解工程概况、设计依据等，了解图样中未能表达清楚的各有关事项。

3）看设备材料表了解工程中所使用的设备、材料的型号、规格和数量。

4）看系统图了解系统基本组成，主要电气设备、元器件之间的连接关系以及它们的规格、型号、参数等，掌握该系统的组成概况。

5）看平面布置图如照明平面图、防雷接地平面图等。了解电气设备的规格、型号、数量及线路的起始点、敷设部位、敷设方式和导线根数等。平面图的阅读可按照以下顺序进行：电源进线-总配电箱-干线-支线-分配电箱-电气设备。

6）看控制原理图了解系统中电气设备的电气自动控制原理，以指导设备安装调试工作。

7）看安装接线图了解电气设备的布置与接线。

8）看安装大样图了解电气设备的具体安装方法、安装部件的具体尺寸等。

（3）抓住电气施工图要点进行识读。

1）明确各配电回路的相序、路径、管线敷设部位、敷设方式以及导线的型号和根数；

2）明确电气设备、器件的平面安装位置。

（4）结合土建施工图进行阅读

电气施工与土建施工结合得非常紧密，施工中常常涉及各工种之间的配合问题。电气施工平面图只反映了电气设备的平面布置情况，结合土建施工图的阅读还可以了解电气设备的立体布设情况。

（5）熟悉施工顺序，便于阅读电气施工图。如识读配电系统图、照明与插座平面图时，就应首先了解室内配线的施工顺序。

1）根据电气施工图确定设备安装位置、导线敷设方式、敷设路径及导线穿墙或楼板的位置。

2）结合土建施工进行各种预埋件、线管、接线盒、保护管的预埋。

3）装设绝缘支持物、线夹等，敷设导线。

4）安装灯具、开关、插座及电气设备。

5) 进行导线绝缘测试、检查及通电试验。

6) 工程验收。

(6) 识读时，施工图中各图样应协调配合阅读。

对于具体工程来说，为说明配电关系时需要有配电系统图；为说明电气设备、器件的具体安装位置时需要有平面布置图；为说明设备工作原理时需要有控制原理图；为表示元件连接关系时需要有安装接线图；为说明设备、材料的特性、参数时需要有设备材料表等。这些图样各自的用途不同，但相互之间是有联系并协调一致的。在识读时应根据需要，将各图样结合起来识读，以达到对整个工程或分部项目全面了解的目的。

照明工程图主要由施工说明、主要设备材料表、照明系统图和照明平面图组成。

附：施工图（教室电气、照明模拟平面图，见图 5-1）

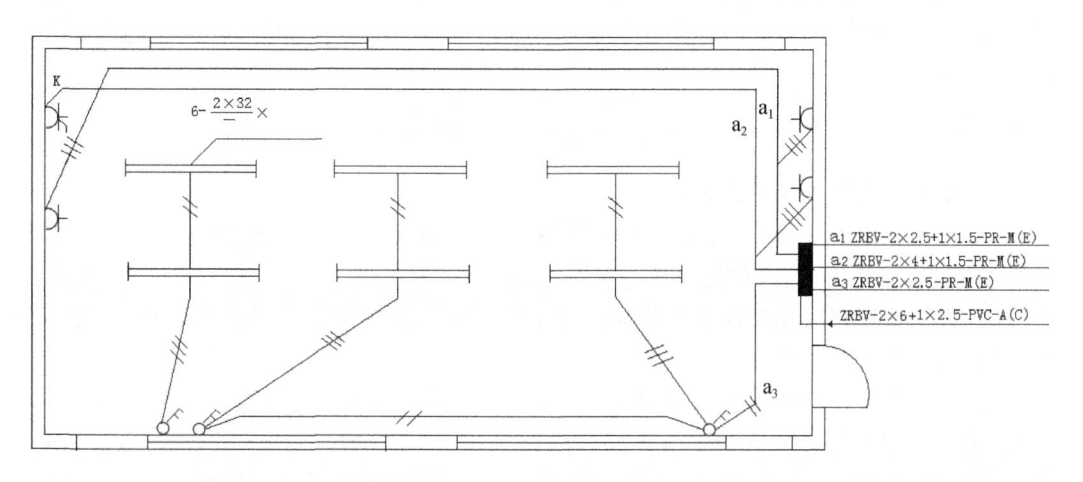

开关均为250V×10A 普通插座10A K为空调插座15A

图 5-1 教室照明平面图

附：系统图（见图 5-2）

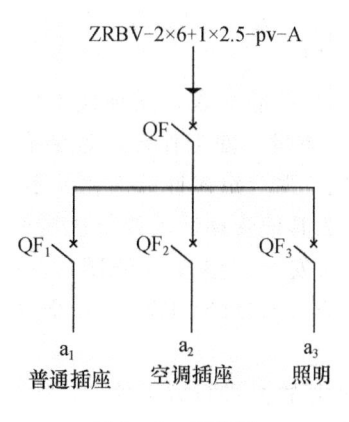

图 5-2 系统图

附：教室电气、照明原理图（见图 5-3）

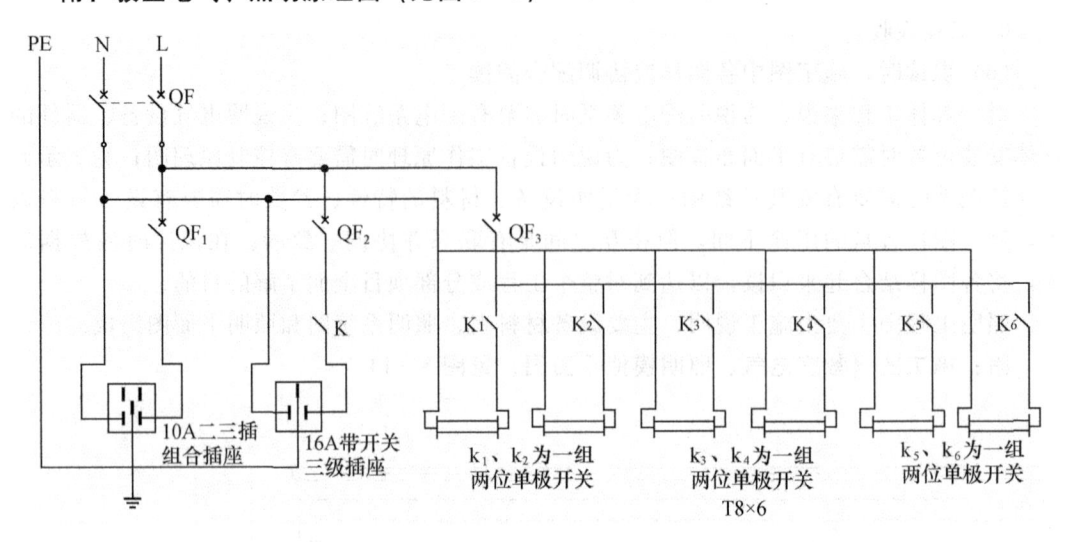

图 5-3 教室电气、照明原理图

教室电气、照明施工方案说明：

（1）××教室由于线路老化，用电器件已过寿命期，需重新安装改造，建筑面积 60m²。供电线路不考虑。（供电电源 三线 ～220V/60A）

（2）方案依据现行主要标准及法规《民用建筑电气设计规范 JGJ16－2008》《建筑照明设计标准 GB50034－2004》

（3）照明系统及线路：光源采用 T8 荧光灯；照明、插座分别用不同支路供电（单相三线，树干式与放射式相结合供电方式）线路采用 ZRBV－2×2.5－PR－M（E）铜线（分支可采用 ZRBV－2×2.5+1×1.5－PR－M（E）），沿塑料线槽明敷设。

（4）照明与插座：荧光灯，吊装下沿距地不小于 2.4m，开关采用跷板型开关明装，开关面板底边距地均为 1.3m，开关面板边缘距门框距离宜为 150～200mm；插座采用单相两极、三极组合保护型插座面板，底边距地 0.3m。

（5）照明配电箱墙上明装，电源开关箱底边距地 1.6m，尺寸按需确定。

安全生产及现场环境管理培训

"6S 管理"：由日本企业的 5S 扩展而来，是现代工厂行之有效的现场管理理念和方法，其作用是：提高效率，保证质量，使工作环境整洁有序，预防为主，保证安全。6S 的本质是一种执行力的企业文化，强调纪律性的文化，不怕困难，想到做到，做到做好，作为基础性的 6S 工作落实，能为其他管理活动提供优质的管理平台。"6S 管理"即指整理、整顿、清扫、清洁、素养和安全。整理（SEIRI）、整顿（SEITON）、清扫（SEISO）、清洁（SEIKETSU）、素养（SHITSUKE）、安全（SECURITY）6 个项目，因均以"S"开头，简称为 6S。

（1）整理：首先，对工作现场物品进行分类处理，区分为必要物品和非必要物品、常用物品和非常用物品、一般物品和贵重物品等。

（2）整顿：对非必要物品果断丢弃，对必要物品要妥善保存，使工作现场秩序昂然、井井有条；并能经常保持良好状态。这样才能做到想要什么，即刻便能拿到，有效地消除寻找物品的时间浪费和手忙脚乱。

（3）清扫：对各自岗位周围、办公设施进行彻底清扫、清洗，保持无垃圾、无脏污。

（4）清洁：维护清扫后的整洁状态。

（5）素养：将上述四项内容切实执行、持之以恒，从而养成习惯。

（6）安全：上述一切活动，始终贯彻一个宗旨，那就是安全第一。

二、评价与分析

评价结论以"很满意、比较满意、还要加把劲"等这种质性评价为好，因为它能更有效地帮助和促进学生的发展。小组成员互评，在你认为合适的地方打√。

组长评价、教师评价考核采用 A、B、C，见表 5-3。

表 5-3 评价表

项目	评价内容	自我评价		
		很满意	比较满意	还要加把劲
职业素养考核项目	安全意识、责任意识强；工作严谨、敏捷			
	学习态度主动；积极参加教学安排的活动			
	团队合作意识强；注重沟通，相互协作			
	劳动保护穿戴整齐；干净、整洁			
	仪容仪表符合活动要求；朴实、大方			
专业能力考核项目	按时按要求独立完成工作页；质量高			
	相关专业知识查找准确及时；知识掌握扎实			
	技能操作符合规范要求；操作熟练、灵巧			
	注重工作效率与工作质量；操作成功率高			
小组评价意见		综合等级	组长签名：	
老师评价意见		综合等级	教师签名：	

注：本活动考核采用的是过程化考核方式作为学生项目结束的总评依据，请同学们认真对待妥善保管留档

学习活动二 勘察施工现场

【学习目标】

熟悉导线、开关、灯等电工材料型号和参数，识读电路原理图；学习查阅相关工程图纸，进行现场勘察并列举勘察项目和描述作业流程；提高勘察项目实施过程中沟通交流的能力。

学习地点：模拟教室

学习课时：2课时

【学习过程】

阅读教室电气、照明模拟平面图，教室电气、照明接线原理图，教室电气、照明施工方案说明；结合现场实际，描述以下问题：

(1) 请画出所用照明灯具、插座、开关等电器符号及型号规格。

_____

_____

(2) 有几组照明灯具，安装方式有何安全技术要求？

_____

(3) 有几个插座、开关，安装使用时有何安全技术要求？

_____

(4) 照明配电箱有何安全技术要求？

_____

(5) 采用何种敷设材料及敷设方式？

_____

(6) ZRBV－2×2.5＋1×1.5—PR—M 含义是什么？

_____

(7) $6-\dfrac{2\times 36}{-}X$ 指的是什么？

_____

(8) 如施工现场原有线路、器件需拆卸用哪些施工工具？

_____

(9) 勘查施工现场后你对施工方案有何修改建议，为什么？

_____

(10) 该方案黑板前未设置局部照明是否合理？另外该方案未给出塑料线槽安装大样图（当然，这正是你小组需要研究解决的问题）。

附：模拟样例供参考（见图 5-4）。

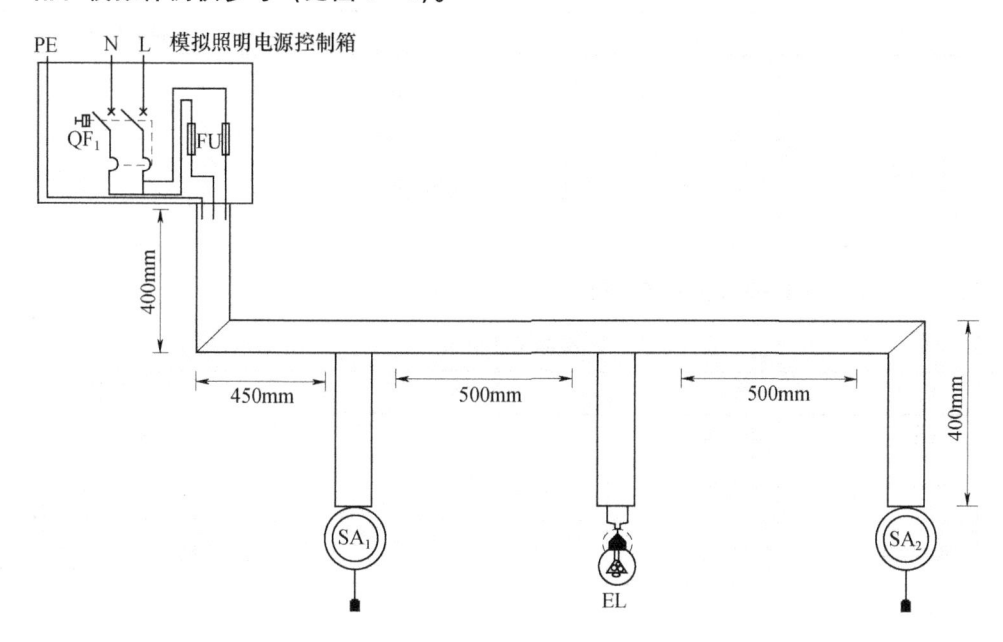

图 5-4　模拟标例

能否自己画出教室黑板照明的简单示意图？

（1）电气图例材料表（见表 5-4）

表 5-4　　　　　　　　　　电气图例材料

序号	图例	名称	型号规格	数量	做法及说明
1		照明配电箱	PZ-30	1	明装、距地 1.4m
2		三根线	ZRBV-2×2.5+1×1.5-PR--M		槽板明敷设
3		单相三极带开关插座	220V、16A	1	明装、距地 0.3m
4		双极开关	220V、10A	3	明装、距地 1.3m
5		n 根线导线			
6		单相二极、三极组合插座	220V、10A	3	明装、距地 0.3m
7		单管荧光灯			
8		双管控照组合灯具 T8	$6-\dfrac{2\times 36}{-}X$	6	吊装、距地＞2.4m

续表

序号	图例	名称	型号规格	数量	做法及说明
9		空气断路器	DZ系列2P	1	
10		空气断路器	DZ系列1P	3	

附：实际工程材料表（见表5-5）。

表5-5　　　　　　　　　　　　实际工程材料

序号	图例	名称	型号规格	数量	做法及说明
1		配电箱	PZ-30	1台	距地1.4m
2		单管荧光灯	YG2-1 $\frac{1\times40}{}$ D	1盏	嵌入或吸顶安装
3		双管荧光灯	YG9-2 $\frac{1\times40}{}$ D	16盏	嵌入或吸顶安装
4		花吊灯	现场定	2盏	
5		矩形吸顶灯	D304-2 $\frac{2\times40}{}$ D	2盏	吸顶安装
6		方形吸顶灯	D304-1 $\frac{1\times60}{}$ D	2盏	吸顶安装
7		一位单控灯开关	86K11-6	3只	距地1.3m
8		二位单控灯开关	86K12-10	1只	距地1.3m
9		四位双控灯开关	146K21-10	1只	距地1.3m
10		一位双控灯开关	86K21-6	2只	距地1.3m
11		单相二、三极五孔插座	AP86Z223-10	16只	距地0.3m
12		单相三极带熔丝插座	86Z13R-10	2只	距地2.6m
13		三相四极插座	AP86Z14-16	3只	距地0.3m
14		墙上灯座		1只	距地2.4m
15		单相两线照明线路	BVR (2×2.5) PV15-a		标注者除外
16		单相三线空调线路	BVR (3×2.5) PV15-A		标注者除外
17		三相四线空调线路	BVR (3×4+1×2.5) G20-A		标注者除外

（2）塑料线槽为白色，多用于房屋构建装饰，一般为明装，给人以便利、美观的感觉。常见产品规格有：10mm×15mm；20mm×16mm；32mm×12.5mm；32mm×

16mm；40mm×12.5mm；40mm×16mm；40mm×20mm；60mm×12.5mm，见图 5-5 和图 5-6。

图 5-5 PVC 线槽

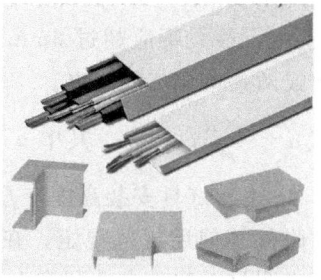

图 5-6 PVC 线槽配件

线槽认证标准符号说明见表 5-6。

表 5-6 线槽认证标准符号

符 号	说 明
UL	美国电气认证
CSA	加拿大标准认证
CE	欧洲低电压设备认证
DVE	德国电气电子资讯检验认证
ROHS	国际环保认证

（3）布线的敷设方式分为明敷及暗敷两种。两者是以线路在敷设以后，能否为人们用肉眼直接观察到而区分。布线方式的确定，主要取决于建筑物的环境特征。当几种布线方式同时能满足环境特征要求时，则应根据建筑物的性质、要求及用电设备的分布等因素综合考虑，决定合理的布线及敷设方式。

1）导线明敷设。

导线直接（或者在管子、线槽等保护体内）敷设于墙壁、顶棚、地坪及楼板等内部，或者在混凝土板孔内敷线称为明敷设。一些老式的建筑物明敷设是采用瓷夹板、瓷瓶配线等。明敷设一般看得见、摸得着，容易检修。

2）导线暗敷设。

敷设在墙内、地板内或建筑物顶棚内的布线称为暗敷。暗敷通常是先预埋管子，以后再向管内穿线。在不能进人的吊顶内穿管敷设属于隐蔽工程，但是套施工定额时是按明敷设，因为材料使用及安装做法是明敷设做法。

（4）照明支线。

支线供电范围单相支线长度不超过20～30米，三相支线长度不超过60～80米，每相的电流以不超过15～20A为宜。每一单相支线所装设的灯具和插座不应超过20个。在照明线路中插座的故障率最高，如安装数量较多时，应专设支线供电，以提高照明线路供电的可靠性。

室内照明支线的线路较长转弯和分支很多，因此从敷设施工考虑，支线截面不宜过大，通常应在1.0～4.0mm² 范围内，最大不应超过6mm²。如单相支线电流大于15A或截面大于6mm² 时，可采用三相或两条单相支线供电。

$6-\dfrac{2\times 36}{-}X$ 的含义用代数式 $a-\dfrac{c\times d}{e}f$ 表示。其中 a 表示灯具数量，c 表示每盏灯具的组合数，d 表示每盏灯具功率，e 表示灯具安装高度，f 表示安装方式。

布线用塑料管、塑料线槽及附件等使用规范规定，在工程中必须采用氧指数为27％以上的难燃型制品。氧指数越高表明材料的难燃性和耐火性能越好。可燃性材料和难燃材料的氧指数的临界值为26％。目前国内生产的硬质塑料管、塑料线槽及塑料波纹管等的氧指数一般均在30％以上。

有些地区大量采用高压聚乙烯半硬塑料管作电气布线管材，因其氧指数在26％以下，属可燃性材料，能延燃，例如VG和RVG（俗称为流体管）在工程中禁止使用。

电工符号的名称、代号及安装方式见表5－7。

表5－7　　　　　　　　电工符号的名称、代号及安装方式表

	名称	旧代号	新代号		名称	旧代号	新代号
线路敷设方式	明敷	M	E	线路敷设部位	沿墙面	QM（Q）	WE
	暗敷	A	C		暗敷设在墙内	QA	WC
	塑料阻燃管		PVC		暗敷设在地面或地板内	DA	FC
	阻燃导线		ZR				
	穿电线管	DG	T	灯具安装方式	线吊式	X	CP
	穿硬塑料管	VG	PC		壁式	B	W
	穿塑料槽板		PR		吸顶式	D	S

评价与分析

评价结论以"很满意、比较满意、还要加把劲"等这种质性评价为好，因为它能更有效地帮助和促进学生的发展。小组成员互评，在你认为合适的地方打√。

组长评价、教师评价考核采用A、B、C，见表5－8。

表 5-8 评价表

项目	评价内容	自我评价		
		很满意	比较满意	还要加把劲
职业素养考核项目	安全意识、责任意识强；工作严谨、敏捷			
	学习态度主动；积极参加教学安排的活动			
	团队合作意识强；注重沟通，相互协作			
	劳动保护穿戴整齐；干净、整洁			
	仪容仪表符合活动要求；朴实、大方			
专业能力考核项目	按时按要求独立完成工作页；质量高			
	相关专业知识查找准确及时；知识掌握扎实			
	技能操作符合规范要求；操作熟练、灵巧			
	注重工作效率与工作质量；操作成功率高			
小组评价意见	综合等级	组长签名：		
老师评价意见	综合等级	教师签名：		

注：本活动考核采用的是过程化考核方式作为学生项目结束的总评依据，请同学们认真对待妥善保管留档。

学习活动三 制订工作计划

【学习目标】

能根据施工图样，勘察施工现场，制订工作计划；列举所需工具和材料清单，准备工具，领取材料。

学习地点：教室

学习课时：2课时

【学习过程】

根据施工图样，勘察施工现场后，请你思考并回答以下问题：

(1) 如让你负责，怎样组织完成这项工作？具体应考虑哪些问题？

____

(2) 本次施工你采用哪种施工方法？如何安排施工进度？

____

(3) 为保证施工质量、安全、工期要求你准备采取哪些技术措施？

____

(4) 请你依据现场勘察列出施工需用工具清单，填写表 5-9。

表 5-9　　　　　　　　　　　　施工检修工具计划表

序号	名称	规格	数量	用途
1				
2				
3				
4				

日期_____　领料人_____

（5）依据施工图及勘察结果，请你列出教室电气、照明，器材名称、规格、数量及安装方式（实测数据）教室器材名称、规格、数量及安装方式对应表 5-10。

表 5-10　　　　　　　　　　　　规格、数量及安装方式

名称	规格	数量	安装方式

小知识

（1）在单位工程开工前对单位工程施工应作全面安排，如确定具体的施工组织、施工方法、技术措施、原材料准备等。

施工组织是施工管理工作中一项很重要的工作，也是决定施工任务完成好坏的关键。编制过程中必须采用科学的方法，对较复杂的建设项目，要组织有关人员多次讨论、反复修改、最终达到施工组织设计优化的目的。施工组织设计在编制过程中，为了方便使用，直观、明了，应尽量减少文字叙述，多采用图表。

（2）一般组织施工的形式有依次施工、流水施工、交叉施工这三种形式，具体采用哪种施工组织形式需根据工程和现场实际来选定。

在选择施工方法时，应当注意：方法可行、条件允许，可以满足施工工艺和工期要求；符合国家颁发的施工验收规范和质量检验评定标准的有关规定。

（3）安排施工进度，做到协调、均衡、连续施工，为施工计划的编制提供可靠的依据。施工进度计划是在确定了施工技术方案的基础上，对工程的施工顺序，各个工序的延续时间及工序之间的搭接关系，工程的开工时间，竣工时间及总工期等做出安排。制订施工进度计划同时也是编制劳动力计划、材料供应计划、加工件计划、机械使用计划的依据。因此，施工进度计划是施工组织设计中一项非常重要的内容。

（4）工艺标准等技术交底：施工员（经考核合格人员）根据分项工程的施工方案，及时做好技术交底工作，经常对施工及操作人员进行质量、安全、工期要求方面的交底工作，使他们人人做到心中有数，避免因质量、安全等问题造成停工返工而影响工期。技术方案的交底必须符合相关施工验收规范、技术规程、工艺标准等相关要求

实际工程技术交底记录（有删减，见表 5-11～表 5-17）。

表 5-11　　　　　　　　　　　　　　　　技术交底记录

工程名称	节能大厦	分部工程	建筑电气工程
分项工程名称	塑料线槽配线安装	施工单位	××集团

交底内容：
1. 依据标准：《建筑工程施工质量验收统一标准》GB 50300－2001
　　　　　　《建筑电气工程施工质量验收规范》GB 50303－2002
2. 施工准备：
　2.1 材料要求：
　　2.1.1 塑料线槽：由槽底、槽盖及附件组成，它是由难燃型硬聚氯乙烯工程塑料挤压成型，严禁使用非难燃型材料加工。选用塑料线槽时，应根据设计要求选择型号、规格相应的定型产品。其敷设场所的环境温度不得低于－15℃，其氧指数不应低于27%。以上线槽内外应光滑无棱刺，不应有扭曲、翘边等变形现象。并有产品合格证。
　　2.1.2 绝缘导线：导线的型号、规格必须符合设计要求，线槽内敷设导线的线心最小允许截面：铜导线为 1.5mm^2；铝导线为 2.5mm^2。
　　2.1.3 螺旋接线钮：应根据导线截面和导线根数，选择相应型号的加强型绝缘钢壳螺旋接线钮。
　　2.1.4 接线端子（接线鼻子）：选用时应根据导线的根数和总截面，选用相应规格的接线端子。
　　2.1.5 塑料胀管：选用时，其规格应与被紧固的电气器具荷重相对应，并选择相同型号的圆头机螺钉与垫圈配合使用。
　　2.1.6 镀锌材料：选择金属材料时，应选用经过镀锌处理的圆钢、扁钢、角钢、螺钉、螺栓、螺母、垫圈、弹簧垫圈等。非镀锌金属材料需进行除锈和防腐处理。

交底单位		接收单位	
交 底 人		接 收 人	

表 5-12　　　　　　　　　　　　　　　　技术交底记录

工程名称	节能大厦	分部工程	建筑电气工程
分项工程名称	塑料线槽配线安装	施工单位	××集团

交底内容：
2.2 主要机具：
2.2.1 铅笔、卷尺、线坠、粉线袋、电工常用工具、活动扳手、手锤、錾子。
2.2.2 钢锯、钢锯条、喷灯、锡锅、锡勺、焊锡、焊剂。
2.2.3 手电钻、电锤、万用表、绝缘电阻表、工具袋、工具箱、高凳等。
2.3 作业条件：
2.3.1 配合土建结构施工预埋保护管、木砖及预留孔洞。
2.3.2 屋顶、墙面及地面、油漆、浆活全部完成。
3. 操作工艺
3.1 工艺流程：
弹线定位——线槽固定——线槽连接——槽内放线——导线连接——线路检查、绝缘摇测。
3.2 弹线定位：
3.2.1 弹线定位应符合以下规定：
3.2.1.1 线槽配线在穿过楼板或墙壁时，应用保护管，而且穿楼板处必须用钢管保护，其保护高度距地面不应低于 1.8m；装设开关的地方可引至开关的位置。
3.2.1.2 过变形缝时应做补偿处理。
3.2.2 弹线定位方法。
按设计图确定进户线、盒、箱等电气器具固定点的位置，从始端至终端（先干线后支线）找好水平或垂直线，用粉线袋在线路中心弹线，分均档，用笔画出加档位置后，再细查木砖是否齐全，位置是否正确，否则应及时补齐。然后在固定点位置进行钻孔，埋入塑料胀管或伞形螺栓。弹线时不应弄脏建筑物表面。
3.3 线槽固定：

交底单位		接收单位	
交 底 人		接 收 人	

148

表 5-13　　　　　　　　　　　　　　技术交底记录

工程名称	节能大厦	分部工程	建筑电气工程
分项工程名称	塑料线槽配线安装	施工单位	××集团

交底内容：

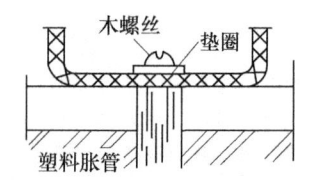

图 1　线槽安装用塑料胀管固定

3.3.1 塑料胀管固定线槽：

混凝土墙、砖墙可采用塑料胀管固定塑料线槽。根据胀管直径和长度选择钻头，在标出的固定点位置上钻孔，不应歪斜、豁口，应垂直钻好孔后，将孔内残存的杂物清净，用木锤把塑料胀管垂直敲入孔中，并与建筑物表面平齐为准，再用石膏将缝隙填实抹平。用半圆头木螺丝加垫圈将线槽底板固定在塑料胀管上，紧贴建筑物表面。应先固定两端，再固定中间，同时找正线槽底板，要横平竖直，并沿建筑物形状表面进行敷设。木螺钉规格尺寸见表1，线槽安装用塑料胀管固定见图1所示。

表 1　　　　　　　　　　木螺钉规格尺寸（mm）

标号	公称直径 d	螺杆直径 d	螺杆长度 1
7	4	3.81	12～70
8	4	4.7	12～70
9	4.5	4.52	16～85
10	5	4.88	18～100
12	5	5.59	18～100
14	6	6.30	250～100
16	6	7.01	25～100
18	8	7.72	40～100
20	8	8.43	40～100
24	10	9.86	70～120

交底单位		接收单位	
交底人		接收人	

表 5-14　　　　　　　　　　　　　　　技术交底记录

工程名称	节能大厦	分部工程	建筑电气工程
分项工程名称	塑料线槽配线安装	施工单位	××集团

交底内容:
　　3.3.2 伞形螺栓固定线槽:
　　在石膏板墙或其他护板墙上,可用伞形螺栓固定塑料线槽,根据弹线定位的标记,找出固定点位置,把线槽的底板横平竖直地紧贴建筑物的表面,钻好孔后将伞形螺栓的两伞叶揩合拢插入孔中,待合拢伞叶自行张开后,再用螺母紧固即可,露出线槽内的部分应加套塑料管。固定线槽时,应先固定两端再固定中间。伞形螺栓安装做法见图2,伞形螺栓构造见图3所示。

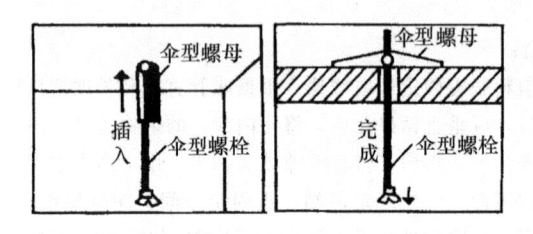

图 2　伞形螺栓安装做法

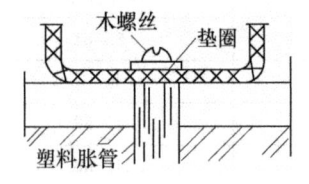

图 3　伞形螺栓构造

　　3.4 线槽连接:
　　3.4.1 线槽及附件连接处应严密平整,不留缝隙,紧贴建筑物固定点最大间距见表2。
　　3.4.2 线槽分支接头,线槽附件,如直能、三能转角、接头、插口、盒和箱应采用相同材质的定型产品。槽底、槽盖与各种附件相对接时,接缝处应严实平整,固定牢固见图4。

交底单位		接收单位	
交底人		接收人	

表 5-15　　　　　　　　　　　　　技术交底记录

工程名称	节能大厦	分部工程	建筑电气工程
分项工程名称	塑料线槽配线安装	施工单位	××集团

交底内容

表 2　　　　　　　槽体固定点最大间距尺寸

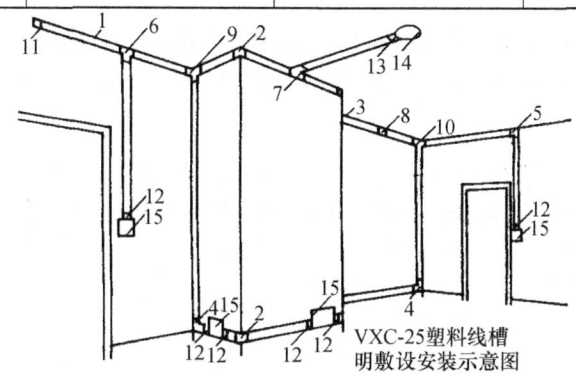

固定点形式	槽板宽度/mm		
	20～40	60	80～120
	固定点最大间距/mm		
中心单列	80	—	—
双列	—	1000	—
双列	—	—	800

图 4　塑料线槽安装示意图

1—塑料线槽；2—阳角；3—阴角；4—直转角；5—平转角；6—平三通；
7—顶三通；8—连接头；9—右三通；10—左三通；11—终端头；12—接线盒插口；
13—灯头盒插口；14—灯头盒；15—接线盒

3.4.3 线槽各种附件安装要求：
3.4.3.1 盒子均应两点固定，各种附件角、转角，三通等固定点不应少于两点（卡装式除外）。
3.4.3.2 接线盒，灯头盒应采用相应插口连接。
3.4.3.3 线槽的终端应采用终端头封堵。
3.4.3.4 在线路分支接头处应采用相应接线箱。
3.4.3.5 安装铝盒合金装饰板时，应牢固平整严实。

交底单位		接收单位	
交底人		接收人	

表 5-16　　　　　　　　　　　　　　　　技术交底记录

工程名称	节能大厦	分部工程	建筑电气工程
分项工程名称	塑料线槽配线安装	施工单位	××集团

交底内容：

3.5 槽内放线：

3.5.1 清扫线槽。放线时，先用布清除槽内的污物，使线槽内外清洁。

3.5.2 放线。先将导线放开抻直，将顺后盘成大圈，置于放线架上，从始端到终端（先干线后支线）边放边整理，导线应顺直，不得有挤压、背扣、扭线和受损等现象。绑扎导线时应采用尼龙绑扎带，不允许采用金属丝进行绑扎。在接线盒处的导线预留长度不应超过 150mm。线槽内不允许出现接头，导线接头应放在接线盒内；从室外引进室内的导线在进行入墙内一段用橡胶绝缘导线。同时穿墙保护管的外侧应有防水措施。

3.6 导线连接

导线连接应使连接处的接触电阻值最小，机械强度不降低，并恢复其原有的绝缘强度。连接时，应正确区分相线、中性线、保护地线。可采用绝缘导线的颜色区分，或使用仪表测试对号，检查正确方可连接。

3.7 检查线路绝缘情况。

4. 质量标准

4.1 主控项目：

4.1.1 槽板内电线无接头，电线连接设在器具处；槽板与各种器具连接时，电线应留有余量，器具底座应压住槽板端部。

4.1.2 槽板敷设应紧贴建筑物表面，且横平竖直、固定可靠，严禁用木楔固定；木槽板应经阻燃处理，塑料槽板表面应有阻燃标识。

4.2 一般项目：

4.2.1 木槽板无劈裂，塑料槽板无扭曲变形。槽板底板固定点间距应小于 500mm，槽板盖板固定点间距应小于 300mm，底板距终端 50mm 和盖板距终端 30mm 处应固定。

交底单位		接收单位	
交 底 人		接 收 人	

表 5-17　　　　　　　　　　　　　　技术交底记录

工程名称	节能大厦	分部工程	建筑电气工程
分项工程名称	塑料线槽配线安装	施工单位	××集团

交底内容：
　　4.2.2 槽板的底板接口与盖板接口应错开 20mm，盖板在直线段和 90°转角处应成 45°斜口对接，T 形分支处应成三角叉接，盖板应无翘角，接口应严密整齐。
　　4.2.3 槽板穿过梁、墙和楼板处应有保护套管，跨越建筑物变形缝处槽板应设补偿装置，且与槽板结合严密。
5. 成品保护：
　　5.1 安装塑料线槽配线时，应注意保持墙面整洁。
　　5.2 接、焊、包完成后，盒盖、槽盖应全部盖严实平整，不允许有导线外露现象。
　　5.3 塑料线槽配线完成后，不得再次喷浆、刷油，以防止导线和电气器具被污染。
6. 应注意的质量问题。
　　6.1 线槽内有灰尘和杂物，配线前应先将线槽内的灰尘和杂物清净。
　　6.2 线槽底板松动和有翘边现象，胀管或木砖固定不牢、螺钉未拧紧；槽板本身的质量有问题。固定底板时，应先将木砖或胀管固定牢，再将固定螺丝拧紧。线槽应选用合格产品。
　　6.3 线槽盖板接口不严，缝隙过大并有错台。操作时应仔细地将盖板接口对好，避免有错台。
　　6.4 线槽内的导线放置杂乱，配线时，应将导线理顺，绑扎成束。
　　6.5 不同电压等级的电路放置在同一线槽内。操作时应按照图纸及规范要求将不同电压等级的线路分开敷设。同一电压等级的导线可放在同一线槽内。
　　6.6 线槽内导线截面和根数超出线槽的允许规定。应按要求配线。
　　6.7 接、焊、包不符合要求。应按要求及时改正。
7. 质量记录：
　　7.1 绝缘导线与塑料线槽产品出厂合格证。
　　7.2 塑料线槽配线工程安装预检、自检、互检记录。
　　7.3 设计变更洽商记录，竣工图。
　　7.4 塑料线槽配线分项工程质量检验评定记录。（借用槽板配线表）
　　7.5 电气绝缘电阻记录。

交底单位		接收单位	
交底人		接收人	

附：有关房间器材名称、规格、数量及安装方式对应表（见表 5-18）。

表 5-18　　　　　　　　　　　　　　对应表

名称	规格	数量	备注
暗装单相三孔插座	250 V, 10 A/16A	10 个	
白炽灯，吸顶安装	220 V, 60 W	4 个	
单极暗装墙壁开关	250 V, 10 A/16A	6 个	
双极暗装墙壁开关	250 V, 10 A	1 个	
单管荧光灯吸顶安装	220 V, 20 W/40W	4 个	
单相吊扇	220 V	1 个	
调速开关，明装	220 V，配吊扇	1 个	
暗装照明配电箱		1 个	

材料的控制：材料的控制主要是严格检查验收，正确合理地使用。对每批进入施工现场的材料都要进行相关检验。材料的购入要按照当月的用料计划进行分批采购，进入现场的材料必须要有相关厂家的合格证、材质证明、出厂合格证等相关报告。

电气元件的品牌选择要根据客户要求、工艺要求、工程预算来选择。

评价与分析

评价结论以"很满意、比较满意、还要加把劲"等这种质性评价为好，因为它能更有效地帮助和促进学生的发展。小组成员互评，在你认为合适的地方打√。

组长评价、教师评价考核采用 A、B、C，见表 5-19。

表 5-19　　　　　　　　　　　　　　评价表

项目	评价内容	自我评价		
		很满意	比较满意	还要加把劲
职业素养考核项目	安全意识、责任意识强；工作严谨、敏捷			
	学习态度主动；积极参加教学安排的活动			
	团队合作意识强；注重沟通，相互协作			
	劳动保护穿戴整齐；干净、整洁			
	仪容仪表符合活动要求；朴实、大方			
专业能力考核项目	按时按要求独立完成工作页；质量高			
	相关专业知识查找准确及时；知识掌握扎实			
	技能操作符合规范要求；操作熟练、灵巧			
	注重工作效率与工作质量；操作成功率高			
小组评价意见	综合等级	组长签名：		
老师评价意见	综合等级	教师签名：		

注：本活动考核采用的是过程化考核方式作为学生项目结束的总评依据，请同学们认真对待妥善保管留档

学习活动四　现场准备与元器件的学习

【学习目标】

能够查找资料，熟悉断路器、插座等元器件型号、规格、特点；了解导线线色的选用。

学习地点：实训教室

学习课时：4课时

【学习过程】

引导问题：

通过前面学习过程，同学们已熟悉了部分电气元件型号、规格，应用特点，本课任务用到了断路器、插座等元器件，请你查找资料回答以下问题：

(1) 你见过断路器吗？其在控制回路里有何作用？

_____

(2) 常用的断路器型号、规格有哪些？如何分类？

_____

_____

(3) 简述常见插座的功能作用。安装使用中的主要注意事项是什么？

_____

_____

(4) 简单说明暗装插座与明装插座的区别。

_____

_____

(5) 请你阐明照明配电箱用途及构成。

_____

_____

(6) 查找资料了解常用导线型号、规格并记录。

_____

_____

(7) 用千分尺测量 BV 导线线径并记录；查找该规格导线安全载流量并记录（见表 5-20）。

表 5-20　　　　　　　　　　　　　记录表

序号	常用导线名称	文字符号	规格	安全载流量	实测线径
1	铜心塑料线	BV	1mm²		
2			1.5mm²		
3			2.5mm²		
4			4 mm²		
5			6mm²		
6			10mm²		
7			16mm²		

(8) 选择线管直径的依据主要是根据导线的截面积和根数，一般要求穿管导线的总截面（包括绝缘层）不超过线管内径截面的（　　）。

(A) 30%；(B) 40%；(C) 50%；(D) 60%。

(9) 依据施工图要求，你小组准备如何选择线色，填写出来：

1) ZRBV－2×2.5+1×1.5－PR 如何选择线色？

_____

_____

2) ZRBV－2×4+1×1.5－PR 如何选择线色？

_____

_____

3) ZRBV－2×2.5－PR 如何选择线色？

_____

_____

(10) 对于导线线色问题你们还有何考虑，简单表述出来：

_____

_____

(11) 请你小组同学，根据教室的特点和工艺要求，试绘制塑料槽板施工布置模拟草图：

(12) 进入现场前还有哪些工作需要做？

_____

_____

1. 断路器

断路器又称为空气开关，也称为自动开关、低压断路器。原理是：当工作电流超过额定电流、短路、失电压等情况下，自动切断电路。

DZ 系列的断路器，常见的有以下型号/规格：C16、C25、C32、C40、C60、C80、C100、C120、D25、D32、D40、D60、D80、D100、D120 等规格，其中 C 表示脱扣电流，即起跳电流，例如 C32 表示起跳电流为 32 安。D 表示（脱扣特性）为电动机类用。按极数可分为：单极、两极和三极（俗称为 1P、2P、3P）。

附：常见断路器实物图（见图 5-7）。

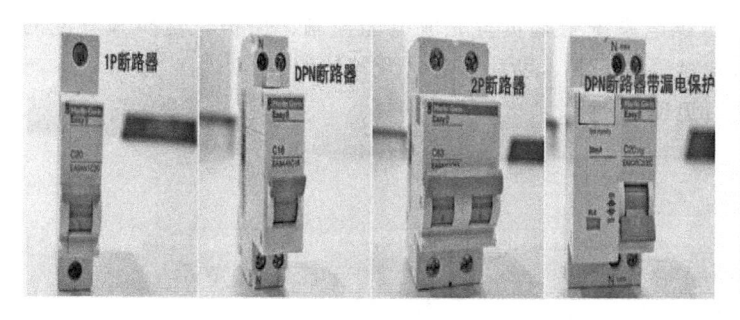

图 5-7　断路器实物

DPN 漏电保护断路器，为预拼装式漏电保护断路器（断路器＋漏电附件），可同时提供过载、短路、漏电保护功能。当发生漏电保护装置动作时，装置的正面有红色的机械指示可区别漏电故障与其他保障。

1P 就是火线进断路器，零线不进，DPN 是火线和零线同时进断路器，切断时火线和零线同时切断，对用户来说安全性更高。

2P 断路器也为双进双出，即火线和零线都进断路器，但 2P 断路器的宽度比 1P 和 DPN 断路器宽一倍。

3P 断路器为三进三出，即三相电源进断路器零线不进，但 3P 断路器的宽度更宽。

断路器在额定负载时平均操作使用寿命 20000 次。在了解了断路器的原理、功能的情况下，一般选配配电箱的过程中，选择断路器应本着照明小、插座中、空调大的选配原则，可根据用户的要求和个性的差异性，结合实际情况进行灵活的配电方案。

2. 插座的作用

插座的作用是为移动式照明电器、家用电器和其他用电设备提供电源。根据安装方式的不同可分为明装和暗装两种；按其结构可分为单相双孔、单相三孔和单相二、三孔和三相四孔插座等，并且孔又有扁孔和圆孔之分，现在规定使用扁孔插座。

注意事项如下：

火线与零线不能接反。面板朝安装者，左边接零线，右边接火线，上面接 PE 线，即"左零右火上 PE"。

常见插座实物见图 5-8。

明装插座　　　　暗装插座

图 5-8　常见插座实物

3. 照明配电箱

照明配电箱设备是在低压供电系统末端负责完成电能控制、保护、转换和分配的设备。主要由电线、元器件（包括隔离开关、断路器等）及箱体组成。

附：照明配电箱实物图（见图5-9）

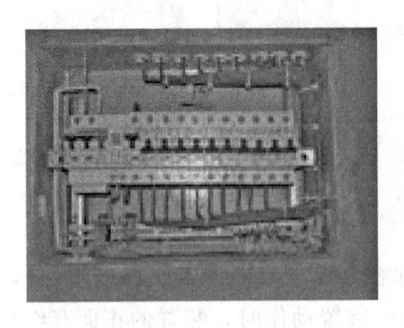

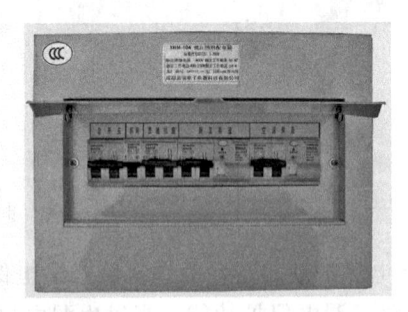

图5-9 照明配电箱实物图

4. 导线有哪些种类

电气装备用绝缘线的心线多由铜、铝制成，可采用单股或多股。它的绝缘层可采用橡胶、塑料、棉纱、纤维等。绝缘导线分塑料和橡皮绝缘线两种。

塑料铜线按心线根数可分成塑料硬线（B系列）和塑料软线（R系列）塑料硬线有单心和多心之分，单心规格一般为 $1\sim6mm^2$，多心规格一般为 $10\sim185mm^2$，如图5-10所示。塑料硬线见图5-11。塑料软线为多心，其规格一般为 $0.1\sim95mm^2$，如图5-12所示。这类电线柔软，可多次弯曲，外径小而质量轻，它在家用电器和照明中应用极为广泛，在各种交直流的移动式电器、电工仪表及自动装置中也适用。塑料铜线的绝缘电压一般为500V。塑料铝线全为硬线，亦有单心和多心之分，其规格一般为 $1.5\sim185mm^2$，绝缘电压为500V。

BV 铜芯聚氯乙烯绝缘电线

图5-10 导线

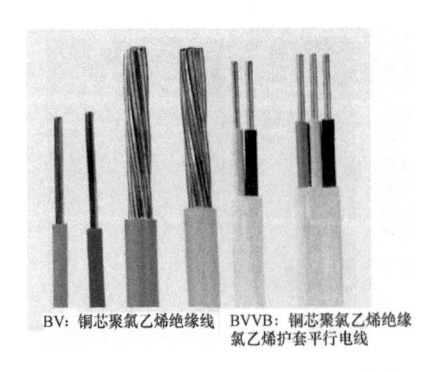

图5-11 塑料硬线 　　　图5-12 塑料软线

常用的绝缘导线符号有：BV——铜心塑料硬线，RBV——铜心塑料软线，BLV——铝心塑料线，BX——铜心橡皮线，BLX——铝心橡皮线，见图5-13。

绝缘导线常用截面积有：$0.5mm^2$、$1mm^2$、$1.5mm^2$、$2.5mm^2$、$4mm^2$、$6mm^2$、$10mm^2$、$16mm^2$、$25mm^2$、$35mm^2$、$50mm^2$、$70mm^2$、$95mm^2$、$120mm^2$、$150mm^2$、$185mm^2$、$240mm^2$、$300mm^2$、$400mm^2$。

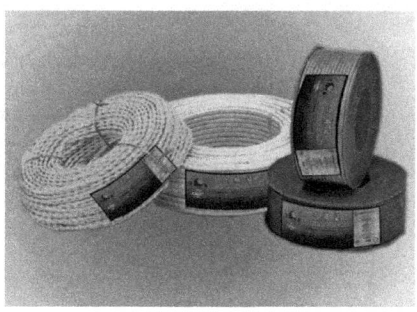

图5-13 常用导线实物图

5. 导线色别

当配线采用多相导线时，其相线的颜色应易于区分，相线与零线的颜色应不同，同一建筑物、构筑物内的导线，其颜色应统一；保护地线（PE线）应采用黄绿颜色相间的绝缘导线；零线（N线）宜采用淡蓝色绝缘导线。

6. 图5-14为模拟电气、照明控制图

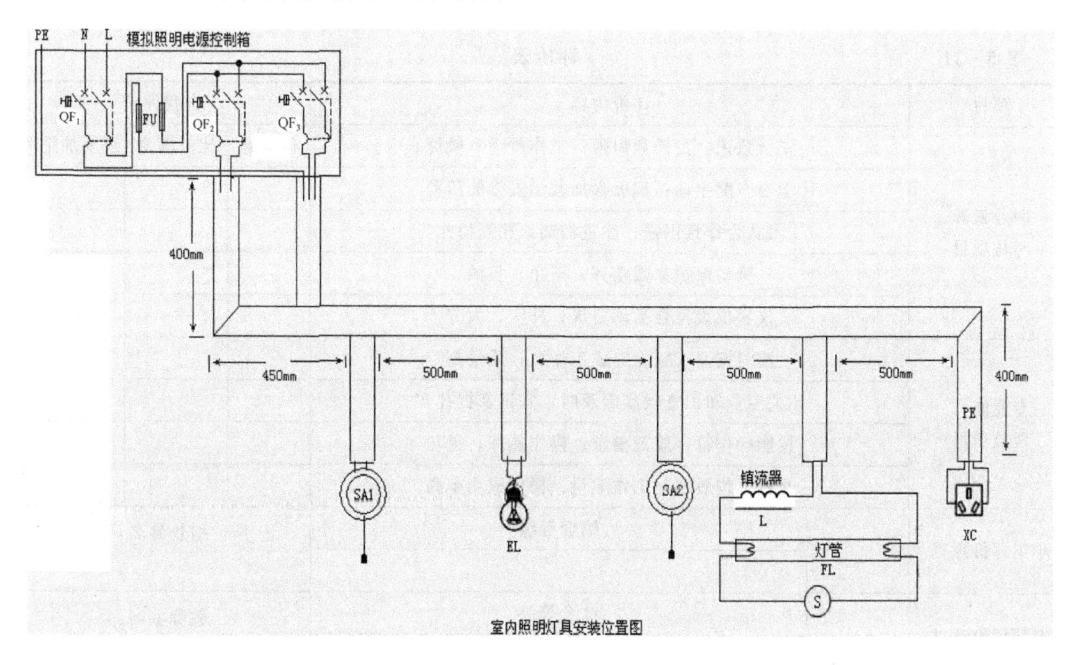

图5-14 模拟电气、照明控制图

7. 常见安全标识牌实物如图 5-15 所示

注：禁止类安全标识牌实物

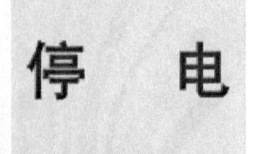

注：警示类安全标识牌实物

图 5-15 常见安全标识牌实物

评价与分析

评价结论以"很满意、比较满意、还要加把劲"等这种质性评价为好，因为它能更有效地帮助和促进学生的发展。小组成员互评，在你认为合适的地方打√。

组长评价、教师评价考核采用 A、B、C，见表 5-21。

表 5-21　　　　　　　　　　　　评价表

项目	评价内容	自我评价		
		很满意	比较满意	还要加把劲
职业素养考核项目	安全意识、责任意识强；工作严谨、敏捷			
	学习态度主动；积极参加教学安排的活动			
	团队合作意识强；注重沟通，相互协作			
	劳动保护穿戴整齐；干净、整洁			
	仪容仪表符合活动要求；朴实、大方			
专业能力考核项目	按时按要求独立完成工作页；质量高			
	相关专业知识查找准确及时；知识掌握扎实			
	技能操作符合规范要求；操作熟练、灵巧			
	注重工作效率与工作质量；操作成功率高			
小组评价意见	综合等级	组长签名：		
老师评价意见	综合等级	教师签名：		

注：本活动考核采用的是过程化考核方式作为学生项目结束的总评依据，请同学们认真对待妥善保管留档。

学习活动五　现场施工

【学习目标】

通过学习查阅资料，熟悉应用必要的标识和隔离措施，准备现场工作环境；能够按照槽板布线工艺要求分步文明施工，按时完成任务。初步学会手锯的正确使用，规范导线与接线桩、接线帽的连接方法与技巧；熟悉施工后自检项目及方法；能够根据照明线路常见故障现象，初步建立检测思路，熟悉维修方法。

学习地点：施工现场

学习课时：12 课时

【学习过程】

引导问题：

1. 通过前面教学活动，同学们已熟悉教室电气、照明施工图，明确了工艺要求，进行了任务分工，现进入现场施工。请你思考回答以下问题

(1) 根据现场特点，应采取哪些安全、文明作业措施？

_____

_____

(2) 选择哪些标识牌？悬挂在哪些醒目位置上？并说明原因。

_____

_____

(3) 施工现场临时用电怎么办？

_____

_____

(4) 安装工具使用中注意哪些问题？

_____

_____

2. 按照电工安全操作规程，依据施工图进行敷设施工

注：分组进行，在教师巡回指导下答疑（没有模拟教室条件可在模拟板上进行）

(1) 根据任务要求写出 PVC 槽板敷设安装流程。

_____

_____

(2) 弹线定位有何工艺要求？

_____

_____

(3) 线槽固定有何工艺要求？

(4) 线槽连接有何工艺要求？

(5) 槽内放线有何工艺要求？

参考技术交底记录，回答上述问题，同时在施工中严格按照工艺要求进行操作。
(6) 切割线槽要用到手锯，使用中要注意哪些问题？

(7) 开关、插座的安装有哪些工艺要求？

(8) 插座的安装有哪些安全要求？

(9) 常见电器元件接线桩（柱）有几种？如何可靠连接？

(10) 思考并回答以下问题。
1) 软布线与硬布线必须进同一接线桩时如何可靠连接？

2) 不同截面积导线必须进同一接线桩时如何可靠连接？

(11) 你知道什么是安全接线帽吗？有何用途、种类？（查找资料回答）

3. 教室电气、照明施工后自检项目及方法

(1) 分组，依据技术交底记录，检查施工质量记入表 5-22。

表 5-22　　　　　　　　　　　　记录表

项目	灯具	插座	开关	照明控制箱
各部位置、尺寸				
接线端子可靠性				
维修预留长度				
导线绝缘的损坏				
牢固程度				
接线的正确性				
线槽工艺性				
美观协调性				

(2) 利用绝缘电阻表检测线路绝缘强度，并记录于表 5-23。

表 5-23　　　　　　　　　　　　记录表

项目	阻值	备注
荧光灯支路的电阻		
插座支路的电阻		
空调插座支路的电阻		

(3) 整改记录，将改进的问题及补救措施进行记录：
_____
_____

(4) 分支路通电试运行，运行结果做记录：
荧光灯支路 _____
插座支路 _____
空调插座支路 _____

4. 常见电气、照明电路故障检修（建议指导教师在实际工作中多引导训练）

(1) 分组探讨你生活中所见到的电气照明电路故障有哪些？并做记录：
_____
_____

(2) 经过专业学习，请你举一个具体照明故障例子，试分析其原因：
_____
_____

(3) 教室六组荧光灯，其中一组灯不亮，请你分析故障原因并简述检修过程：
_____
_____

（4）分组探讨，常见的短路原因有哪几种？记录下来：

_____

_____

_____

（5）请你小组同学总结归纳几种，插座常见故障现象与处理方法，填入表5-24。

表 5-24　　　　　　　　　　　　记录表

故障现象	造成原因	处理方法

5. 现场施工安全规范

（1）应有安全、文明作业组织措施：工作人员合理分工，建立安全员制度，监护人制度，文明作业巡视员制度。

（2）应采用必要的安全技术措施：如安全隔离措施，即：切断外电线路电源并验电。

（3）在停电的电气线路、设备上工作，应挂警示类或禁止类标识牌；严禁约时停送电，装接地线等以防意外事故的发生。

（4）在断开的开关或拉闸断电锁好的开关箱操作把手上悬挂"禁止合闸，有人工作！"的标识牌，防止误合闸造成人身或设备事故发生。

6. 现场临时用电要求

（1）现场临时用电要有相关的审批手续并留有记录"临时用电线路固定做"严禁私搭乱接。

（2）施工现场的临时照明配电宜与动力配电分别设置，就近配置保护装置，实行"一机一闸"制。

（3）向安装、维修临时用电工作的电工和现场的施工人员分别进行技术交底。安装和拆除临时用电工作，必须由现场电工完成。

（4）负责保护所用的开关箱、负载线和保护零线，发现问题及时报告解决。

7. 手持电动工具安全要求

（1）手持电动工具应采用双重绝缘或加强绝缘结构的Ⅱ、Ⅲ类工具，电缆软线及插头等完好无损，开关动作正常，保护接零连接正确牢固可靠。

（2）非金属壳体的电动机、电器，存放和使用时不应受压、受潮，不得接触汽油等溶剂。

（3）手持电动工具所用电源必须装有漏电保护器。

电气施工的每一个环节都要有规范的安全条例、电力施工中的各种事故，绝大多数不是由于施工者的技能水平低造成的、在员工中进行安全宣传，提高员工的自我防护意识、加强电气安全用具的管理工作严格按《电业安全工作规程》的有关规定、强化电气技术措施及要点等。

国标GB3887《手持式电动工具的管理、使用、检查和维修安全技术规程》将手持式电动工具分为三类。

Ⅰ类工具：在防止触电的保护方面除了依靠基本绝缘外，还采用接零保护。

Ⅱ类工具：工具本身具有双重绝缘或加强绝缘，不采取保护接地等措施。

Ⅲ类工具：由安全特低电压电源供电，工具内部不产生比安全特低电压高的电压。

由于手持式电动工具在使用过程中需要经常移动，工作人员经常与之接触，而且多在紧握的情况下使用，所以危险性比较大，使用中应特别注意以下事项：

（1）一般场所选用Ⅱ类工具。如果使用Ⅰ类工具，必须采用漏电保护器和安全隔离变压器。否则使用者必须戴绝缘手套、穿绝缘靴或站在绝缘台（垫）上。

（2）在潮湿场所或在金属构架上进行作业，应选用Ⅱ类或Ⅲ类工具。如果使用Ⅰ类工具，必须装设额定漏电动作电流不大于 30mA、动作时间不超过 0.1s 的漏电保护器。

（3）在狭窄场所（如锅炉、金属容器、金属管道内等）应选用Ⅲ类工具。如果使用Ⅱ类工具，必须装设额定漏电电流不大于 15mA、动作时间不超过 0.1s 的漏电保护器。

（4）特殊环境、如湿热地点、室外（雨雪天），以及有危险性或腐蚀性气体的场所，使用的电工工具应符合相应防护等级的安全技术要求。

（5）Ⅰ类工具的电源线必须采用三心（单相工具）或四心（三相工具）多股铜心橡皮护套线，其中黄绿双色线在任何情况下都只能用作保护接地或接零线。

（6）Ⅲ类工具的安全隔离变压器，Ⅱ类工具的漏电保护器，以及Ⅱ、Ⅲ类工具的控制箱和电源转接器等应放在外面，并设专人在外监护。

（7）使用前应检查工具外壳、手柄有无断裂和破损，接零（地）是否正确，导线和插头是否完好，开关工作是否正常灵活，电气保护装置和机械防护装置是否完好，工具转动部分是否灵活。

（8）使用电动工具时不许用手提着导线或工具的转动部分，使用过程中要防止导线被绞住、受潮、受热或碰损。

（9）严禁将导线线心直接插入插座或挂在开关上使用。

8. 手锯使用的注意事项

手锯（见图 5-16）锯条多用碳素工具钢和合金工具钢制成，并经热处理淬硬。手锯在使用中，锯条折断是造成伤害的主要原因。

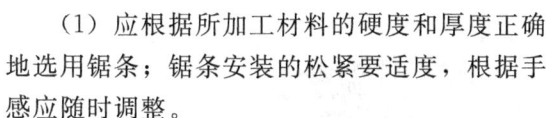

图 5-16 手锯

（1）应根据所加工材料的硬度和厚度正确地选用锯条；锯条安装的松紧要适度，根据手感应随时调整。

（2）被锯割的工件要夹紧，锯割中不能有位移和振动；锯割线离工件支承点要近。

（3）锯割时要扶正锯弓，防止歪斜，起锯要平稳，起锯角不应过大，角度过大时，锯齿易被工件卡夹。

（4）锯割时，向前推锯时双手要适当加力；向后退锯时，应将手锯略微抬起，不要施加压力。用力的大小应根据被割工件的硬度而确定，硬度大的可加力大些，硬度小的可加小些。

（5）安装或调换新锯条时，必须注意保证锯条的齿尖方向要朝前；锯割中途调换新条后，应调头锯割，不宜继续沿原锯口锯割。

9. 开关、插座一般要求

(1) 同一场所的开关切断位置应一致，且操作灵活，接点接触可靠；电器、灯具的相线应经开关控制。安装开关、插座时不得碰坏墙面，要保持墙面的清洁。

(2) 用自攻锁紧螺钉或自切螺钉安装的，螺钉与软塑固定件旋合长度不小于8mm；固定面板的螺钉（有一字和十字螺钉）。为了美观，应选用统一的螺钉。

软塑固定件在经受10次拧紧退出试验后，无松动或掉渣，螺钉及螺纹无损坏现象。

(3) 接地（PE）或接零（PEN）支线必须单独与接地（PE）或接零（PEN）干线相连接，不得串联连接。

(4) 开关、插座箱内拱头接线，应改为鸡爪接导线总头，再分支导线接各开头或插座端头。或者采用安全型接线帽压接总头后，再分支进行导线连接。

开关安装位置要求：

(1) 扳把开关距地面的高度为1.4m，距门口为150~200mm；开关不得置于单扇门后。

(2) 开关位置应与灯位相对应，同一室内开关方向应一致。

(3) 成排安装的开关高度应一致，高低差不大于2mm。

插座安装位置要求：

(1) 同一室内安装的插座高低差不应大于5mm；成排安装的插座高低差不应大于2mm。

(2) 当不采用安全型插座时，托儿所、幼儿园及小学等儿童活动场所安装高度不小于1.8m。

(3) 车间及试（实）验室的插座安装高度距地面不小于0.3m；特殊场所安装的插座不小于0.15m。

(4) 三孔或四孔插座的接地孔必须在顶部位置，不准倒装或横装。

10. 插座连线

(1) 单相三孔插座接线示意图（见图5-17）。

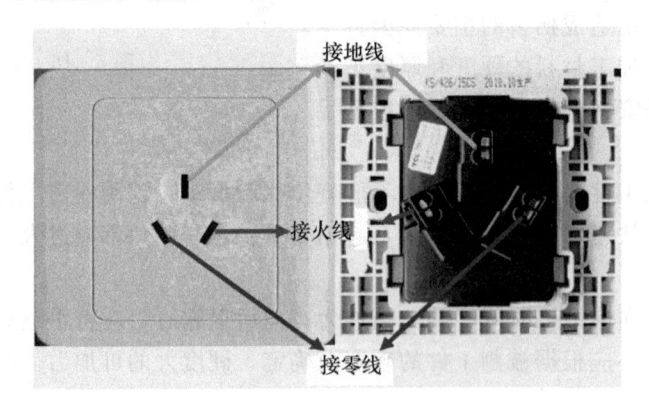

图5-17 单相三孔插座接线示意图

(2) 三相四线插座接线示意图，如图5-18所示。保护接地线注意应接在上方。

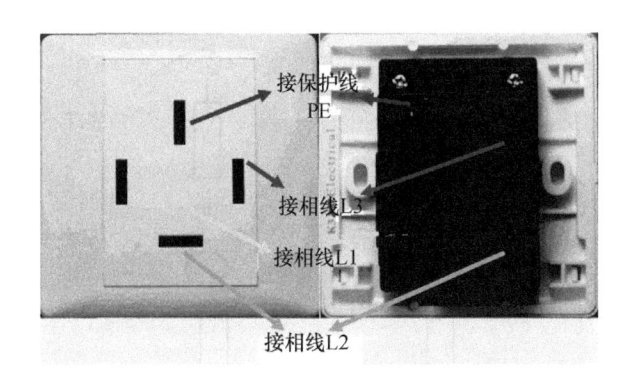

图 5-18 三相四线插座接线示意图

11. 明装开关、插座操作要领

明配线，塑料台上的引线槽应先顺对导线方向，再用螺钉固定牢固。塑料台固定后，将甩出的线由电器孔中穿出，先将盒内甩出的导线留出维修长度，削出线心，注意不要碰伤线心。将导线按顺时针方向盘绕在开关，插座对应的接线桩（柱）上，然后旋紧压头。如果是针式接线桩，也可将线心直接插入接线孔内，再用顶丝将其压紧。注意线心不得外露。然后将开关或插座贴于塑料台上，对中找正，用木螺钉固定牢。最后再把开关、插座的盖板上好。

常见电器元件接线桩（柱）一般有三种：

（1）针孔式接线桩，见图 5-19（含连接方法）。

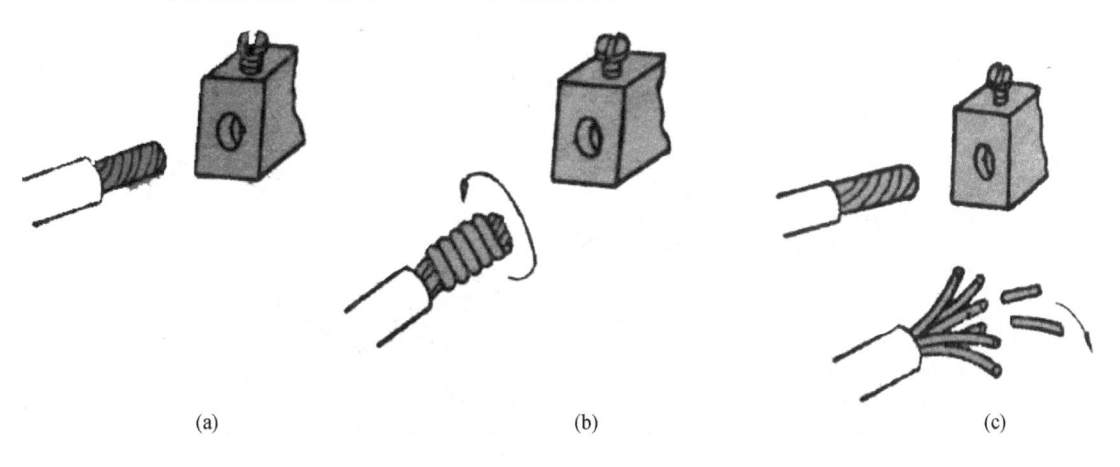

图 5-19 多股导线与针孔式接线桩的连接

（2）螺钉平压式接线桩，见图 5-20。
（3）瓦形接线桩，见图 5-21（含连接方法）。

建议：特殊导线与接线桩的连接的方法及技巧，应在指导教师下做演示强化训练。

为了提高导线与接线桩连接的可靠性，常用到接线耳（又称为线鼻子、别线端子）根据使用导线截面选择接线耳，剥去适当长度绝缘层，将线心插入接线耳柄的内孔，用压接钳压出两道压痕。连接方法如图 5-22 所示。

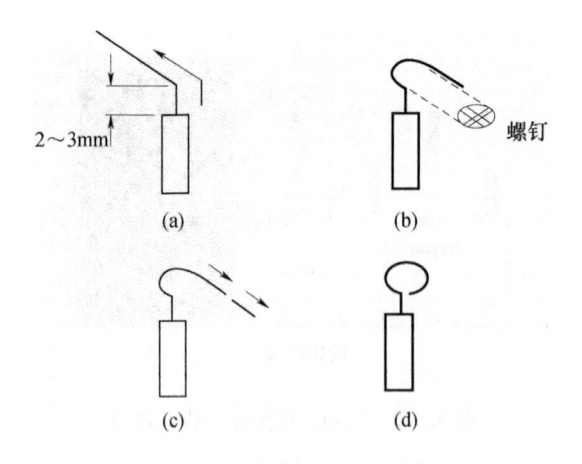

图 5-20 单股导线连接圈与螺栓接法

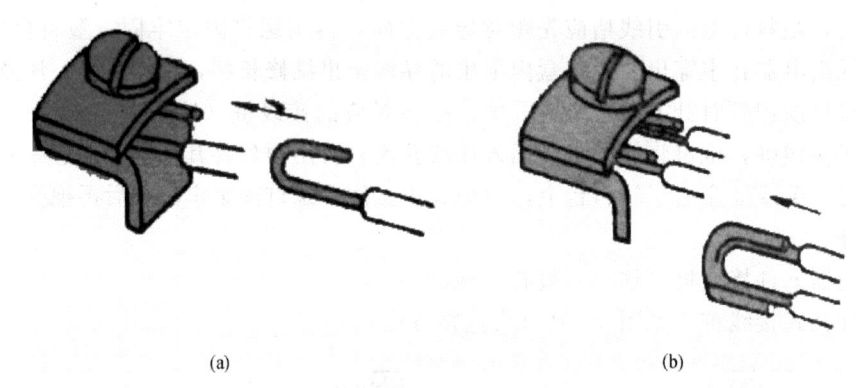

图 5-21 单股导线与瓦形接线桩的接线方法

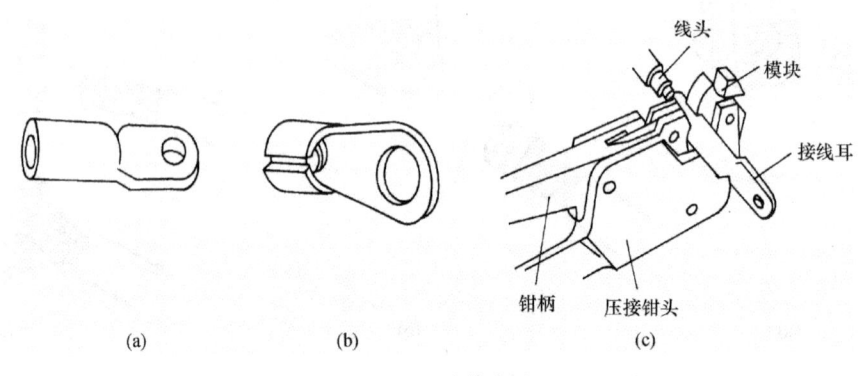

图 5-22 连接方法

常见接线耳实物图见图 5-23。

钩形端头　　叉形端头　　圆形端头　　针形端头

图 5-23 常见接线耳实物图

12. 安全接线帽作用

安全接线帽是为了解决常用小截面导线连接时操作复杂、连接不可靠且不稳定问题，近几年，发展起来的一种导线连接用的接头装置及接线方法。

安全接线帽成本低廉、安全可靠，还可以重复使用，节约了资源；其接线方法快速简洁、操作方便且可靠。

安全接线帽种类繁多，有自锁型、螺纹旋紧型、尼龙压接型、弹簧夹持型等，使用中，应根据导线截面和导线的根数选择相应型号/规格的接线帽。注意，必须选用阻燃型。

螺纹旋紧型导线连接器（接线帽）（见表5-25）。

表5-25　　　　　　　　　　螺纹旋紧型导线连接器

结构	型号	长度/mm	直径/mm	导线截面/mm²	特点说明
	451	15～64 6	11/32 9	11/16 18	5/16 8	1～1/64 26	1.64～9.93	助力设计六角柱外型，可与标准套筒配合，通过UL及CSA认证300V/600V可重复使用聚丙烯外壳额定温度105℃ 92（绿）型特为接地设计
	452	21/64 8.5	15/32 12	15/16 24	5/16 8	1～15/64 31.5	4.16～16.55	
	454	7/16 11	5/8 16	1～3/16 30	13/32 10.	1～15/32 37.5	9.93～29.9	
	92接地端子	21/64 8.5	13/32 10.5	29/32 23	9/32 10	1～5/32 30	4.16～12.01	

13. 用万用表测量支路电阻

将万用表置于电阻档，（确保QF、QF_1、QF_2、QF_3在断开状态并插座无负载）测试室内照明控制箱QF_1、QF_2的下口位置，可判断两插座支路是否正常；测试QF_3下口位置（确保照明支路灯开关全断开、分别闭合）可判断荧光灯支路是否正常。

14. 综合同学们讨论常见一般故障

(1) 短路故障．表现形式，跳闸（空气开关、漏电保护器）或烧断熔丝（普通负荷开关）。

(2) 插座故障：表现形式，带上负载没电或忽有忽无，带上负载跳闸。

(3) 灯具故障：表现形式，接通电源后，灯具不亮或忽明忽暗（如白炽灯也可能出现暗红火或特亮；荧光灯光闪动或只有两头发光、光在灯管内滚动或灯光闪烁）开灯跳闸等。

15. 在照明线路中断路的原因

在照明线路中，产生断路的原因主要有灯丝烧断、熔丝熔断、开关没有接通、线头松脱、接头腐蚀（特别是铝线接头和铜铝接头）以及断线。

16. 故障检测

如果在一间房里有好几盏灯具，其中只有一盏灯不亮，这时首先应按（或拉）两下控制这盏灯的开关，检查开关是否在闭合位置。然后，检查灯管是否有问题，若灯管没问题，则应拆开开关检查（对于新手，则应拉开总闸；对于熟手，则可带电检查），检查开关接触是否良好，若开关良好，则可检查灯头及各接头处是否接触良好。

如果整个房间的灯都不亮，应检查总闸是否接通或总熔断器是否熔断，其次检查是否已停电。再次，检查电源主支路，若是线路的问题，则可用下述方法进行检查。

断路故障检查方法：

（1）停电检查法。

该方法是在线路的某一位置（一般在线路的中间位置）用万用表的电阻档，测量相线与零线之间的电阻。若所测电阻为无穷大，则此位置至灯具这段线路有断路；若所测电阻约等于灯具应有的电阻，则此位置至电源这段线路有断路，此时，可再在有断路的线路上选另一位置，用同样的方法检查，直至查到故障点为止。

（2）带电检查法。

该方法是在上述位置用试电笔测量相线和零线，若两根线都有电，则电源侧的零线有断路；若两根线均无电，则电源侧的相线有断路；若一根有电，另一根没电，则灯泡侧的零线或相线有断路。在故障线路上，再用上述方法检查，直到找到故障点为止。

若将上述停电和带电检查的方法结合在一起检查，则很快就可找到故障点。当然，如果用万用表电压档检查更快。

17. 在照明线路中，造成短路的原因很多，大致有以下几种

（1）电气设备接线不符合规范，以致在接头处碰在一起或碰到金属外壳。

（2）插座或开关进水或有金属异物造成内部短路。

（3）导线绝缘外皮损坏或老化，使相线和零线相碰或相线与金属外壳相碰造成短路。

（4）用电负载本身损坏造成短路。

18. 电气、照明线路基本检修思路及步骤

基本检修思路：

常见电气、照明线路发生故障后，通过问、看、听、摸来了解故障发生后出现的异常现象，根据故障现象初步判断故障发生的部位，用逻辑分析法确定并缩小故障范围，对故障范围进行外观检查，用试验法进一步缩小故障范围，用测量法确定故障点；正确排除故障。

检修步骤如下所述。

（1）检修前的故障调查。

在检修前，通过问、看、听、摸来了解故障前后的情况和故障发生后出现的异常现象，以便根据故障现象判断出故障发生的部位，进而准确地排除故障。

（2）用逻辑分析法确定并缩小故障范围。

结合故障现象和线路工作原理，进行认真的分析排查，既可迅速判定故障发生的可能

范围。当故障的可疑范围较大时，不必按部就班地逐级进行检查，这时可在故障范围的中间环节进行检查，来判断故障究竟是发生在哪一部分，从而缩小故障范围，提高检修速度。

(3) 对故障范围进行外观检查。

在确定了故障发生的可能范围后，可对范围内的电气元件及连接导线进行外观检查，例如：熔断器的熔体熔断；导线接头松动或脱落；电气开关的动作机构受阻失灵等，都能明显地表明故障点所在。

(4) 用试验法进一步缩小故障范围。

经外观检查未发现故障点时，可根据故障现象，结合电路原理分析故障原因，在不扩大故障范围、进行直接通电实验，或除去负载通电试验，以分清故障可能的电气部分。在通电试验时，必须注意人身和设备的安全，要遵守安全操作规程，不得随意触动带电部分。

(5) 用测量法确定故障点。

测量法是用来准确确定故障点的一种行之有效的检查方法。常用的测试工具和仪表有测电笔、万用表等，主要通过对电路进行带电或断电时的有关参数如电压、电阻、电流等的测量，来判断电气元件的好坏、线路的绝缘情况以及线路的通断情况。常用的测量方法有：

1) 电压分段测量法；2) 电阻分段测量法；3) 短接法。以上所述检查分析电气设备故障的一般顺序和方法，应根据故障的性质和具体情况灵活选用，断电检查多采用电阻法，通电检查多采用电压法或电流法。各种方法可交叉使用，以便迅速有效地找出故障点。

(6) 修复及注意事项。

当找出电气设备的故障点后，就要着手进行修复、试运行、记录等，然后交付使用，但必须注意以下事项：

1) 在找出故障点和修复故障时，应注意不能把找出的故障点作为寻找故障的终点，还必须进一步分析查明产生故障的根本原因。

2) 找出故障点后，一定要针对不同故障情况和部位相应采取正确的修复方法。在故障点的修理工作中，一般情况下应尽量做到复原。

3) 每次排除故障后，应及时总结经验，并做好维修记录，作为档案以备日后维修时参考，并通过对历次故障的分析，采取相应的有效措施，防止类似事故的再次发生或对线路本身的设计提出改进意见等。

评价与分析

评价结论以"很满意、比较满意、还要加把劲"等这种质性评价为好，因为它能更有效地帮助和促进学生的发展。小组成员互评，在你认为合适的地方打√

组长评价、教师评价考核采用 A、B、C，见表 5-26。

表 5-26 评价表

项目	评价内容	自我评价		
		很满意	比较满意	还要加把劲
职业素养考核项目	安全意识、责任意识强；工作严谨、敏捷			
	学习态度主动；积极参加教学安排的活动			
	团队合作意识强；注重沟通，相互协作			
	劳动保护穿戴整齐；干净、整洁			
	仪容仪表符合活动要求；朴实、大方			
专业能力考核项目	按时按要求独立完成工作页；质量高			
	相关专业知识查找准确及时；知识掌握扎实			
	技能操作符合规范要求；操作熟练、灵巧			
	注重工作效率与工作质量；操作成功率高			
小组评价意见	综合等级	组长签名：		
老师评价意见	综合等级	教师签名：		

注：本活动考核采用的是过程化考核方式作为学生项目结束的总评依据，请同学们认真对待妥善保管留档

学习活动六　施工项目验收

【学习目标】

能正确标注有关控制功能的铭牌标签；能按电工作业规程完成施工后的清理工作，进行项目验收；能正确填写任务单的验收项目并交付验收。

学习地点：施工现场。

学习课时：2 课时

【学习过程】

引导问题：

（1）请你思考，教室电气、照明安装，通电试运行后，还有哪些工作要做记录：（并实践进行）

1）你对 6S 现场管理了解了吗？

2）你最后的验收施工现场符合 6S 管理吗？

按电工作业规程，作业完毕后要清点工具、人员，收集剩余材料，清理工程垃圾，拆除防护措施正确标注照明控制箱中有关空气开关，控制功能的铭牌标签。

（2）分组在教师的指导下，自行设计制作铭牌标签，并相互展示评价，选择优秀的用于实际工作。

铭牌标签模拟样品见图 5-24。

图 5-24　铭牌标签模拟样品

（3）请你小组的同学通过查找资料，了解施工验收有哪些程序项目？具体内容有什么？并记录：

_____

（4）在参阅相关资料及辅导老师的帮助下制定（简单）验收报告书：

_____

（5）教师组织模拟验收，并记录，见表 5-27。

表 5-27　　　　　　　　　　　验收过程问题记录表　　　　　　　编号：

验收问题记录	整改措施	完成时间	备注

（6）填写教室电气、照明安装施工项目验收报告，见表 5-28。

表 5-28　　　　　××学院教室电气照明安装施工项目验收报告编号

工程名称			
建设单位		联系人	
地址		电话	
施工单位		联系人	
地址		电话	
项目负责人		施工周期	
现存问题		完成时间	
改进措施			

续表

工程名称							
验收结果	主观评价		客观测试		施工质量		材料移交
验收结论							
施工单位				建设单位			
负责人签字				负责人签字			
日期				日期			

根据现行相关法律、法规的要求制定工程竣工验收报告方案。

(1) 介绍本项目有关情况：

1) 已完成施工任务的内容。

2) 施工单位对工程质量进行了检查，存在的问题已整改到位，确认施工质量符合有关法律、法规和工程建设强制性标准，已提出工程竣工报告。

3) 工程质量控制资料齐全。

(2) 竣工验收的组织：

本施工单位负责组织实施该项目的工程竣工验收工作，由校方聘请有关部门实施监督。

竣工验收时间为：201____年____月____日9：00时，地点均为__××施工__现场。

(3) 验收人员：

根据规定，我施工单位组建了竣工验收组，成员包括：施工单位负责人、施工各组组长，方案设计等部门负责人以及相关单位的技术、质量负责人。

验收组组长由×××担任，具体名单另附。

(4) 竣工验收标准：

竣工验收标准为国家工程建设强制性标准、现行施工验收规范及相关标准、经审查通过的设计文件以及有关的法律、法规、规章和规范性文件规定。

(5) 竣工验收程序及内容：

1) 由竣工验收组组长主持竣工验收。

2) 施工单位、方案设计分别书面汇报工程项目建设质量状况、任务履约及执行国家法律、法规和工程建设强制性标准情况。

3) 验收组分为三部分分别进行检查验收。

①检查工程实体质量。

②检查工程建设参建各方提供的竣工资料。

③对建筑工程的使用功能进行抽查、试验。

4) 对竣工验收情况进行汇总讨论，形成单位工程竣工验收综合验收结论，填写《单位（子单位）工程竣工验收记录》，验收组人员分别签字、单位盖章。

5) 当在验收过程中发现严重问题，达不到竣工验收标准时，验收组将责成责任单位立即整改，并宣布本次验收无效，重新确定时间组织单位工程竣工验收。

6）当在竣工验收过程中发现一般需整改的质量问题，验收组可形成初步验收意见，填写《单位（子单位）工程竣工验收记录》，验收组人员分别签字，但各单位不加盖公章。验收组责成有关责任单位整改，并委托施工负责人组织复查，整改完毕符合要求后，加盖各单位公章。

7）当竣工验收组各方不能形成一致竣工验收意见，协商不成时，报行政主管部门或质量监督机构进行协商裁决。

评价与分析

评价结论以"很满意、比较满意、还要加把劲"等这种质性评价为好，因为它能更有效地帮助和促进学生的发展。小组成员互评，在你认为合适的地方打√。

组长评价、教师评价考核采用 A、B、C，见表 5-29。

表 5-29　　　　　　　　　　　评价表

项目	评价内容	自我评价		
		很满意	比较满意	还要加把劲
职业素养考核项目	安全意识、责任意识强；工作严谨、敏捷			
	学习态度主动；积极参加教学安排的活动			
	团队合作意识强；注重沟通，相互协作			
	劳动保护穿戴整齐；干净、整洁			
	仪容仪表符合活动要求；朴实、大方			
专业能力考核项目	按时按要求独立完成工作页；质量高			
	相关专业知识查找准确及时；知识掌握扎实			
	技能操作符合规范要求；操作熟练、灵巧			
	注重工作效率与工作质量；操作成功率高			
小组评价意见	综合等级		组长签名：	
老师评价意见	综合等级		教师签名：	

注：本活动考核采用的是过程化考核方式作为学生项目结束的总评依据，请同学们认真对待妥善保管留档

学习活动七　工作总结与评价

【学习目标】

通过对学习过程的回顾，学会客观评价、总结自己增长了那些能力；通过自评、互

评、教师评价，能够学会沟通，体会到自己长处与不足，建立自信；通过小组交流学习展示自我、展示成果的方法。

学习地点：教室

学习课时：6课时

【学习过程】

引导问题：

(1) 请你回顾在完成"教室照明安装与维修"过程中学到了什么？做一简单阐述：
_____
_____

(2) 在进行"教室照明线路安装"时要考虑哪些非专业因素？为什么？
_____
_____

(3) 小组交流课程学习回顾，研讨你小组如何展示你们的学习成果。记录下来：
_____
_____

(4) 学习过程经典经验记录与交流（组内交流，见表5-30）

表 5-30　　　　　　　　　　　　经验交流表

序号	学习过程描述	经典经验

回顾，要真实客观，是自我学习的过程。想一想，在专业知识、专业技能上学到了什么，在与同学相处中学到什么，在与教师相处中学到什么，在查找资料完成工作业过程中学到什么；每个活动中同学、教师如何评价自己，从中你体会到什么。认真思考是你成长的捷径。

评价与分析

评价结论以"很满意、比较满意、还要加把劲"等这种质性评价为好，因为它能更有效地帮助和促进学生的发展。小组成员互评，在你认为合适的地方打√。

组长评价、教师评价考核采用A、B、C，见表5-31。

表 5-31　　　　　　　　　　　　　评价表

项目	评价内容	自我评价		
		很满意	比较满意	还要加把劲
职业素养考核项目	安全意识、责任意识强；工作严谨、敏捷			
	学习态度主动；积极参加教学安排的活动			
	团队合作意识强；注重沟通，相互协作			
	劳动保护穿戴整齐；干净、整洁			
	仪容仪表符合活动要求；朴实、大方			
专业能力考核项目	按时按要求独立完成工作页；质量高			
	相关专业知识查找准确及时；知识掌握扎实			
	技能操作符合规范要求；操作熟练、灵巧			
	注重工作效率与工作质量；操作成功率高			
小组评价意见		综合等级	组长签名：	
老师评价意见		综合等级	教师签名：	

注：本活动考核采用的是过程化考核方式作为学生项目结束的总评依据，请同学们认真对待妥善保管留档

教室照明安装与检修项目总评价

（参考各活动过程化考核，作为学生项目考核）

（1）非专业活动能力评价具鼓励性质的总体评价（有条件可进行评价）。

项目完成后，教师根据学生自评、互评以及上所述各项指标，做出总体评价："优、良、中、待努力"四个等级，此外，写出针对性评语，指出学生应努力的地方，发现学生的闪光点、因势利导，做到既不伤害学生的自尊，又要能让学生认识到自己的不足，最大限度地促进学生的发展，促进学生潜能、个性、创造性的发挥，使每一个学生具有自信心和持续发展的能力。

综上所述，可对学生整个任务的学习进行总体评价，见表 5-32。

表 5-32　　　　　　　　　　　　　总体评价表

考察项目	学习态度		自学能力	创新意识	总结能力	自我认识		
考察工具	课堂任务		学生分组讨论解决问题	成果展示	实习报告	评价		
	共6次	未完成次数				自评	互评	师评
评价标准	全部完成为A，欠一次降一个等级B、C、D、E		A、B、C三个等级	A+、A、B+、B、C+五个等级	分数转换95分以上为A+，依次递减	很好、一般或A、B级	A、B、C三个等级	A、B、C、D等级
学生姓名	等级	未完成次数	等级	等级	等级	等级	等级	等级

（2）专业活动能力评价，教室电气、照明安装与检修一体化学习过程化考核总评价。总评价成绩为"优秀""良好""合格""不合格"四个等级，作为学生鉴定考核依据，见表 5-33。

表 5-33　　　　　　　　　　　项目一体化学习总评价表

项目	自我评价			小组评价			教师评价		
	A	B	C	A	B	C	A	B	C
出勤时间观念									
学习活动一									
学习活动二									
学习活动三									
学习活动四									
学习活动五									
学习活动六									
学习活动七									
综合评价									
总评建议（指导教师）							总成绩		
备注									

任务六
实训室照明线路的安装

【学习目标】

(1) 能根据"实训室照明线路的安装（暗敷）"工作任务单，明确工时、工艺要求，进行人员分工。

(2) 能根据施工图样勘察施工现场，制订工作计划。

(3) 能根据任务要求和施工图样，列举所需工具和材料清单，准备工具，领取材料。

(4) 能够按照安装工艺进行线管敷设。

(5) 能按照作业规程应用必要的标识和隔离措施，准备现场工作环境。

(6) 能按图样、工艺要求、安全规程要求进行暗敷设配线方式施工。

(7) 施工后，能按施工任务书的要求利用万用表进行检测。

(8) 能正确标注有关控制功能的铭牌标签。

(9) 按电工作业规程，作业完毕后墙面、地面恢复原状、能清点工具、人员，收集剩余材料，清理工程垃圾，拆除防护措施。

(10) 能正确填写任务单的验收项目，并交付验收。

(11) 工作总结与评价。

建议课时：36课时

【工作情境描述】

某学校由于教学需要，将原一间教室改造成为实训室，现需对照明线路进行改造，要求采用暗配线方式布线。维修电工组接到此任务，要求按照设计图样施工，按预定工期完成此项工作。

【工作流程与内容】

学习活动一	明确工作任务	(4课时)
学习活动二	勘察施工现场，制定施工方案	(6课时)
学习活动三	领取材料	(2课时)
学习活动四	准备现场	(4课时)
学习活动五	现场施工，交付验收	(16课时)
学习活动六	工作总结与评价	(4课时)

学习活动一　明确工作任务

【学习目标】

组长管理能力培养，小组团队精神培养。

阅读工作任务单，明确工时、工艺要求、工作内容和人员分组。

学习地点：教室

学习课时：4课时

【学习准备】

(1) 基本电气图形符号。

(2) 电气图纸的识读方法、步骤有哪些？

(3) 电气图纸表达的内容有哪些？

【学习过程】

一、班组长管理能力的培养

1. 班组长岗位职责

(1) 班组长是确保工程质量，安全生产的基础。班组长模范带头遵守安全生产的各项规章制度，领导本组按照工程质量要求，安全生产作业。

(2) 认真执行有关安全生产的各项法律、法规、规章制度及安全操作规程，合理安排班组人员工作，对本班组人员工程施工活动中的安全和健康负责。

(3) 认真落实质量，安全技术交底，不违章指挥，不冒险蛮干。

(4) 严格按照施工图和技术交底资料的要求进行施工，现场与图样不符的，应与技术人员协商解决。

(5) 严格按照工序、质量交接验收制度进行自检和工序、班组间交接验收。

(6) 坚持班前安全活动，经常组织本班组人员学习安全操作规程，监督班组人员正确使用个人劳动保护用品，不断提高自我保护能力。

(7) 教育班组成员合理使用原材料。及时清理工程垃圾，做到工料尽，场地干净，搞好现场文明施工。

(8) 做好本班组施工现场的质量和安全的巡回检查，发现问题及时解决，并报告有关部门或领导。

(9) 遵章守纪，反对违章操作，当发生工伤事故时，要立即上报有关部门，及时抢救伤员，保护现场。

2. 如何做好班组长？

(1) 班组长应有较好的思想素质和过硬的技术本领。

一个班组能否全面完成上级布置的各项目标、任务，其中最最关键的取决于班组长的思想素质、管理能力、技术水平等，因此班组长应是班组这个团队中的全能冠军，各个方面应该是领先者，否则就难以胜任这个角色。所以，班组长要不断学习，时时进取，刻苦钻研岗位业务技术知识，努力提高自己的技术和管理水平，随时总结经验和教训，发扬成绩、改正缺点，不断充实、完善自我，多动脑筋，多想办法，带领班组成员优质、高效、安全、出色地完成各项生产指标和上级布置的一切工作任务。

（2）班组长要坚持原则，秉公办事。

凡事要出于公心，坚持原则，秉公办事，不信口开河，不随心所欲，不以个人感情用事，更不得以公为由泄私愤、图报复；处事不偏袒、不偏护，不营私舞弊，不谋取私利。对班组成员的"功与过""是与非"要做到胸中有数，并记录在案，当奖则奖，该罚则罚，不为亲情、友情所左右，也不对同一类事而处罚不一等。处理日常事务、矛盾，要以规章、制度、法律为依据，公开、公平、公正、合法、合理地去解决，也决不能把矛盾和困难向上推，要勇于挑起担子，尽量减少上一级领导的压力。

（3）要事业为重，敢于负责。

做任何事情都要有事业心、责任感，要认真、踏实，不能敷衍了事。碰到困难，不能怨气冲天，满腹牢骚，有意见要注意场合，按级合理反映，寻求支持。当领导批评时，要虚心接受，认真思考，有则改之，无则加勉；当员工埋怨时，要沉着冷静，耐心解释。要带领全体班组员工集思广益，听取意见，当日事务当日完成，不推不拖。如班组出了事故或员工犯了过失之后，要敢于面对，实事求是，勇挑担子，协助企业领导共同做好工作。

（4）要讲究方法，科学管理。

班组长是基层的一个小领导，要管好自己班组这块"责任田"并非易事，上面多根线，下面一根针，万事都要靠班组长去落实、去执行、去完成。根据班组成员的实际情况，要科学、合理地安排、组织生产，做到管理上要制度化，操作上要标准化，以制度管人，按规程操作。要利用经济手段，定期考核，好孬兑现；要注意工作方法，学会做思想工作，处事不简单粗暴；要以理服人，克服"家长式"的工作作风；要对本班组成员的性格、脾气、爱好和特长心中有数，扬长避短，因人制宜开展每一项工作。

（5）要严于律己，关爱他人。

律人先律己，己不正何以服人。班组长应是班组这个团队中遵纪守法的榜样和典范，对自己要高标准、严要求，正所谓"其身正，不令而行；其身不正，虽令不行"。要以自己优良的言行征服大家。班组长要关心每一个员工的"冷暖安危"，做到工作上耐心指导，生活上关心体贴，政治上热情帮助，用感情的纽带将班组成员紧紧团结在一起，使他们感受到这个小集体的温暖，从而形成一个良好的生产环境。

（6）班组长要有较强的安全意识。

多年来的实践和经验教训表明，很多事故的发生都出在基层班组这一级。因此加强班组安全教育尤为重要。班组长应根据班组的实际情况，经常利用班前班后的时间进行宣传、教育，运用一切形式，对每个员工进行安全教育培训；要加强劳动保护，要严格制止违章操作，要经常检查督促，消除安全隐患，树立"安全第一、预防为主"的思想观念，摆正安全与生产的关系，确保班组安全生产无事故，真正使每位员工高高兴兴上班、平平安安回家。

二、团队精神的重要性

我们每个人生活在这个社会上,不论是在工作还是在生活中,经常都需要得到别人的帮助,那么,我们也应当向别人伸出援助之手。

故事1:

有两个人来到一个十分荒凉的地方,他们的干粮都吃光了,就在这时出现一个神仙,给他们中的一人一串鱼,给另一个人一副钓鱼的工具。得到鱼的人拿到鱼后就自己吃了,得到钓鱼工具的人则开始四处寻找能钓鱼的地方。没过几天,得到鱼的人吃完那一串鱼后不久就饿死了,另外那个去钓鱼的人呢,也因为还没有找到钓鱼的地方就饿死了。

过了很长一段时间后,又有两个人来到这个荒凉的地方,同样在他们的干粮吃完的时候遇到了那个神仙,他们同样是一个人得到一串鱼,另一个人得到一副钓鱼工具。但是这一次这两个人却做出了不同于前面两个人的决定,他们经过商量后决定用这一串鱼来维持两个人的生命,同时一同去寻找能钓到鱼的地方。最后两个人都存活了下来。

故事2:

英国科学家做过一个有趣的实验,他们把一盘点燃的蚊香放进一个蚁巢里。蚊香的火光与烟雾使惊恐的蚂蚁乱作一团,但片刻之后,蚁群开始变得镇定起来了,开始有蚂蚁向火光冲去,并向燃烧的蚊香喷出蚁酸。随即,越来越多的蚂蚁冲向火光,喷出蚁酸。一只小小的蚂蚁喷出的蚁酸是有限的,因此,许多冲锋的"勇士"葬身在了火光中。但更多的蚂蚁踏着死去蚂蚁的尸身冲向了火光。过了不到一分钟的时间,蚊香的火被扑灭了。在这场灾难中存活下来的蚂蚁们立即将献身火海的"战友"的尸体转运到附近的空地摆放好,在上面盖上一层薄土,以示安葬和哀悼。

过了一个月,这位科学家又将一支点燃的蜡烛放进了上次实验的那个蚁巢里。面对更大的火情,蚁群并没有慌乱,而是在以自己的方式迅速传递信息之后,开始有条不紊地调兵遣将。大家协同作战,不到一分钟烛火即被扑灭,而蚂蚁们几乎无一死亡。科学家对弱小的蚂蚁面临灭顶之灾所创造出的奇迹惊叹不已。

其实,蚂蚁的成功就是来自于它们的团队精神。对于蚂蚁这样一个弱小的物种来说,任何一个个体面对类似的灾难都是无能为力的。甚至是一个数量很大的蚂蚁群体,在无组织、无秩序的情况下来应对这样的灾难,其结果也只能是全军覆没。可蚂蚁恰恰是一种组织性、秩序性很强的物种,它们依据自己的规则和方式,组成一个战斗力极强的群体,以应对生存过程中的一切事务。这正是蚂蚁这个弱小的物种之所以能在时时存在着各种天灾人祸的环境中得以存在和繁衍的关键。这种有组织、有秩序的群体就是团队。

当今社会,各种知识、技术推陈出新的速度越来越快,社会分工也越来越细,越来越多样化。这就使得人们在工作生活中面临的情况和环境更为复杂多变。在很多情况下,单靠个人能力很难完全处理各种错综复杂的问题并采取切实高效的行为。所有这些,都需要人们组成团队并要求成员之间相互信赖共同合作,建立起一支合作团队来解决错综复杂的问题,并进行必要的行动协调,开发团队的应变能力和持续创新能力。

1. 团队精神

所谓团队精神,简单来说就是大局意识、协作精神和服务精神的集中体现。团队精神的基础是尊重个人的兴趣和成就。核心是协同合作,最高境界是全体成员的向心力、凝聚力，反映的是个体利益和整体利益的统一，并进而保证组织的高效率运转。团队精神的形成并不要求团队成员牺牲自我，相反，挥洒个性、表现特长保证了成员共同完成任务目标，而明确的协作意愿和协作方式则产生了真正的内心动力。团队精神是组织文化的一部分，良好的管理可以通过合适的组织形态将每个人安排至合适的岗位，充分发挥集体的潜能。如果没有正确的管理文化，没有良好的从业心态和奉献精神，就不会有团队精神。

2. 团队精神的作用

(1) 目标导向功能。

团队精神的培养，使员工齐心协力，拧成一股绳，朝着一个目标努力，对单个员工来说，团队要达到的目标即是自己所努力的方向，团队整体的目标分解成各个小目标，在每个员工身上得到落实。

(2) 凝聚功能。

任何组织群体都需要一种凝聚力，传统的管理方法是通过组织系统自上而下的行政指令，淡化了个人感情和社会心理等方面的需求，而团队精神则通过对群体意识的培养，通过员工在长期的实践中形成的习惯、信仰、动机、兴趣等文化心理，来沟通人们的思想，引导人们产生共同的使命感、归属感和认同感，反过来逐渐强化团队精神，产生一种强大的凝聚力。

(3) 激励功能。

团队精神要靠员工自觉地要求进步，力争与团队中最优秀的员工看齐。通过员工之间正常的竞争可以实现激励功能，而且这种激励不是单纯停留在物质的基础上，还能得到团队的认可，获得团队中其他员工的尊敬。

(4) 控制功能。

员工的个体行为需要控制，群体行为也需要协调。团队精神所产生的控制功能，是通过团队内部所形成的一种观念的力量、氛围的影响，去约束规范，控制员工的个体行为。这种控制不是自上而下的硬性强制力量，而是由硬性控制向软性内化控制；由控制职工行为，转向控制职工的意识；由控制职工的短期行为，转向对其价值观和长期目标的控制。因此，这种控制更为持久有意义，而且容易深入人心。

3. 团队精神建设的重要性

(1) 团队精神能推动团队运作和发展。在团队精神的作用下，团队成员产生了互相关心、互相帮助的交互行为，显示出关心团队的主人翁责任感，并努力自觉地维护团队的集体荣誉，自觉地以团队的整体声誉为重来约束自己的行为，从而使团队精神成为公司自由而全面发展的动力。

(2) 团队精神培养团队成员之间的亲和力。一个具有团队精神的团队，能使每个团队成员显示高涨的士气，有利于激发成员工作的主动性，由此而形成的集体意识，共同的价值观，高涨的士气、团结友爱，团队成员才会自愿地将自己的聪明才智贡献给团队，同时也使自己得到更全面的发展。

(3) 团队精神有利于提高组织整体效能。通过发扬团队精神，加强建设能进一步节省内耗。如果总是把时间花在怎样界定责任，应该找谁处理，让客户、员工团团转，这样就会减略企业成员的亲和力，损伤企业的凝聚力。

三、老师发放工作任务单、相应的图样

请认真阅读工作情境描述及相关资料,用自己的语言填写维修工作联系单,见表6-1。

表6-1　　　　　　　　　　　维修工作联系单(总务处)　　　　　　　　编号:

维修地点	4栋106教室			
维修项目	原有照明线路进行改造,要求采用暗配线方式布线		保修周期	1年
维修原因	由于教学需要,将4栋106教室改造成为实训室			
报修部门	教务科	承办人　王民	报修时间	2010年　月　日
		联系电话　3334452		
维修单位	电工班	责任人	承接时间	2010年　月　日
		联系电话		
维修人员			完工时间	2010年　月　日
验收意见			验收人	
总务处负责人签字		维修电工组负责人签字		

注:1. 请各处室以后对所需维修项目用此维修单报总务处维修。(一式三联)
　　2. 一般维修一个工作日内完成。如无维修材料,报批采购后予以维修;
　　3. 人为损坏,需查实缴费后予以维修。

附:施工图(教室电气照明平面图,见图6-1)

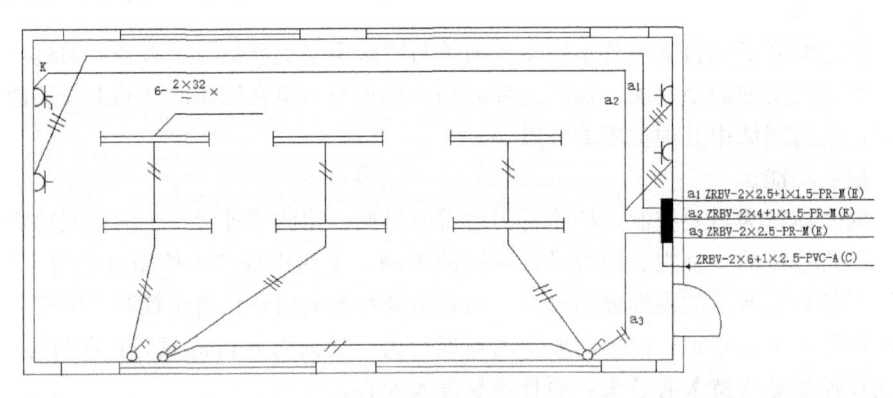

图6-1　施工图

附:系统图(见图6-2)

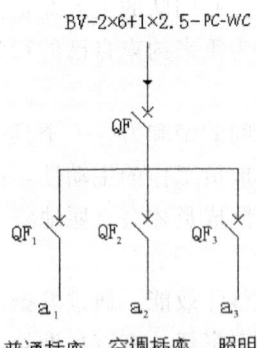

图6-2　系统图

附：教室电气、照明原理图（见图 6-3）

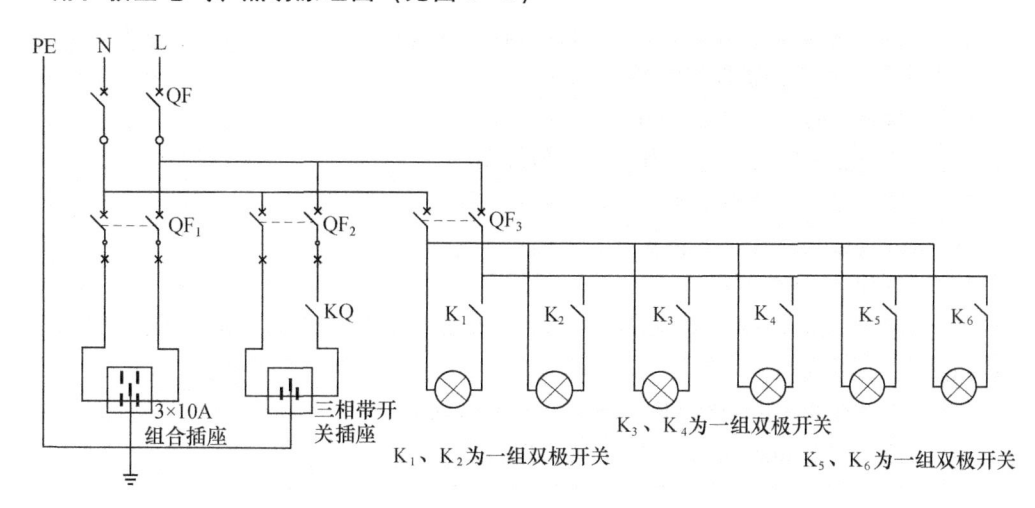

图 6-3 教室电气、照明原理图

(1) 学生阅读工作任务单、相应的图样，老师引导学生读任务单、识读图样（读任务单、图样过程中发现的问题进行记录，必要时可以讨论或探讨）。

(2) 学生填写工作页相应的内容，老师巡回指导。

(3) 部分学生复述工作任务，老师与其他同学共同倾听，必要时由其他同学补充完善。

(4) 在学生复述、补充完善的基础之上明确工作任务、要求、内容。

(5) 老师指导分组，查看学生填写工作页。

小知识

线管配线：把绝缘导线穿在管内敷设称为线管配线。这种配线方式比较安全可靠，可避免腐蚀性气体侵蚀和受机械损伤，适用于公共建筑物和工业厂房中。

线管配线有明装式和暗装式两种。明装式要求横平竖直、整齐美观；暗装式要求线管短、弯头少。

线管配线的安装要求：

(1) 管线敷设在多尘、潮湿场所，其管口连接处，如接线盒应密封，加装橡皮垫。

(2) 电线管弯曲半径见表 6-2。

表 6-2　　　　　电线管弯曲半径

敷设方式	明设	暗设	混凝土中
最小弯曲半径	≮6D 当两盒间只有一个弯时 ≮4D	≮6D	≮10D

注：D 为管的外径，单位为 mm。

(3) 埋入建筑物、构筑物内，距表面距离不大于 15mm。

为了便于导线安装和维护，接线盒的安装如下：

（4）金属管布线和硬质塑料管布线的管道较长或转弯较多时，宜适当加装拉线盒或加大管径；两个拉线点之间的距离应符合下列规定：

1）对无弯管路时，不超过 30m。

2）两个拉线点之间有一个转弯时，不超过 20m。

3）两个拉线点之间有两个转弯时，不超过 15m。

4）两个拉线点之间有三个转弯时，不超过 8m。

（5）管线弯曲后夹角不小于 90°。

管路垂直敷设时，为保证管内导线不因自重而折断，应按下列规定装设导线固定盒，在盒内用线夹将导线固定。

1）导线截面在 50mm² 及以下，长度大于 30m 时。

2）导线截面在 50mm² 以上，长度大于 20m 时。

（6）塑料管配用塑料盒，金属管配用金属盒，明装管用明装接线盒，暗装管用暗装接线盒，塑料管配线需要保护接地。需单独敷设一根不小于 2.5 mm² 铜心绝缘线，但与相线及零线颜色应有所区别，保护接地线（PE）应用黄、绿相间的绝缘导线，中性线（N）应用淡蓝色绝缘导线。

（7）三相四线制系统的照明回路，中性线（N）应与相线截面相等。

（8）导线同管敷设的规定：

1）不同回路、不同电压等级、交流回路、直流回路的导线，不得穿在同一根线管内。

不同回路的线路不应穿于同一根管路内，但符合下列情况时可穿在同一根管路内。

①标称电压为 50V 以下的回路。

②同一设备或同一流水作业线设备的电力回路和无防干扰要求的控制回路。

③同一照明灯具的几个回路。

④同类照明的几个回路，但管内绝缘导线总数不应多于 8 根。

同一台设备电动机的主回路、控制回路的所有导线允许穿在同一根线管内，但导线总数不大于 8 根。

2）直流回路导线和接地导线外，不得在钢管内穿单根导线（交流回路单根导线不能穿入同一根管内）。

3）线管内导线不准有接头，也不准穿入绝缘损坏后经过包缠恢复绝缘的导线。（接头应在接线盒或接线箱内）

4）管内导线，包括绝缘层在内，总面积不大于管内面积的 40%。

（9）在混凝土内敷设的线管，必须使用壁厚为 3mm 的电线管。当电线管的外径超过混凝土厚度的 1/3 时，不准将电线管埋在混凝土内，以免影响混凝土的强度。

（10）室内电气管线路和配电设备与其他管道、设备间的最小距离（m），见表 6-3。

表6-3　　　　　室内电气管线路和配电设备与其他管道设备间的最小距离

类别	管道与设备名称	管内导线	明线绝缘导线	裸母线	滑触线	配电设备
平行	煤气管	0.1	1.0	1.0	1.5	1.5
	乙炔管	0.1	1.0	2.0	3.0	3.0
	氧气管	0.1	0.5	1.0	1.5	1.5
	蒸汽管	上1.0/下0.5	上1.0/下0.5	1.0	1.0	0.5
	暖水管	上0.3/下0.2	上0.3/下0.2	1.0	1.0	0.1
	通风管	——	0.1	1.0	1.0	0.1
	上下水管	——	0.1	1.0	1.0	0.1
	压缩空气管	——	0.1	1.0	1.0	0.1
	工艺设备	——	——	1.0	1.5	——
交叉	煤气管	0.1	0.3	0.5	0.5	
	乙炔管	0.1	0.5	0.5	0.5	
	氧气管	0.1	0.3	0.5	0.5	
	蒸汽管	0.3	0.3	0.5	0.5	
	暖水管	0.1	0.1	0.5	0.5	
	通风管	——	0.1	0.5	0.5	
	上下水管		0.1	0.5	0.5	
	压缩空气管		0.1	0.5	0.5	
	工艺设备		——	1.5	1.5	

学习活动二　勘察施工现场，制定施工方案

【学习目标】

能根据施工图样勘察施工现场，识别有用信息，制订工作计划；根据任务要求和施工图纸，列举所需工具和材料清单，准备工具。

学习地点：施工现场

学习课时：6课时

【学习准备】

(1) 工具的种类、用途和正确的使用方法。

(2) 勘察的内容、目的和任务。

(3) 灯具的安装要求。

(4) 开关的安装要求。

(5) 插座的安装要求。

【学习过程】

对照图样勘察施工现场，识别、记录相关信息，与客户进行必要的沟通，协调相关工作事项，制定施工方案。列举工具、材料清单。

引导问题：

1. 通过勘察现场，获得必要的信息

(1) 需要施工的实训室的面积、楼层、相邻房间的用途是什么？

_____

_____

(2) 需要施工的实训室的高度、灯具的安装高度分别是多少？

_____

_____

(3) 需要施工的实训室内有哪些管道？走向与电管走向是否有并行或交叉？

_____

_____

(4) 现场有哪些有利于施工的因素和不利因素？如何处理？

_____

_____

(5) 施工过程中需要哪些安全措施和安全标识？数量是多少？安放（悬挂）的位置是哪里？

_____

_____

(6) 施工过程中是否需要登高作业？需要哪些登高工具？

_____

_____

(7) 施工现场是什么结构的墙体、地面？

_____

_____

(8) 勘察现场过程中，与什么人做了哪些沟通？获得了哪些有用的信息？

_____

_____

(9) 通过勘察施工现场，确定了哪些事情？

_____

_____

2. 材料清单（见表 6-4）

表 6-4　　　　　　　　　　　　　材料清单

序号	材料名称	规格型号	数量	备注
1				
2				
3				
4				
5				

3. 工具清单（见表 6-5）

表 6-5　　　　　　　　　　　　　工具清单

序号	工具名称	备注	序号	工具名称	备注
1			5		
2			6		
3			7		
4			8		

4. 施工进度表（见表 6-6）

表 6-6　　　　　　　　　　　　　施工进度表

序号	工作内容	负责人	完成时间	备注
1				
2				
3				
4				
5				

一、评价与分析

（1）评价表（见表 6-7）。

表 6-7　　　　　　　　　　　　　评价表

评价项目	评价人员	评价等级			
		优	良	中	差
现场勘察有效性	自我评价				
	小组评价				
	老师评价				
信息记录有效性	自我评价				
	小组评价				
	老师评价				
沟通有效性	自我评价				
	小组评价				
	老师评价				
自我文字评价	收获				
	改进				

(2) 给学生必要的反馈信息，一是总结学生在以上活动中取得的成绩、优势及创意；二是进一步明确现场特性、需要记录的有效信息；需要确定的事项、需要沟通的内容及有效信息，三是给出一些必要的建议。（掌握多鼓励少批评的原则，对表现较好的学生给予表扬，对于其他同学尤其是不太好的同学尽可能只摆事实，不进行点评和批评，给学生留有自我反省、自我修正的机会）

二、学习拓展

(1) 不同结构的墙体、地面在施工中有什么不同？

(2) 线管弯曲有哪些规定？

(3) 接线盒有什么用途？有哪些规格？按材质分为哪几种？

(4) 线盒使用中，有哪些要求？

1. 现场勘察的主要内容
(1) 施工现场的位置、楼层、相邻房间的用途。
(2) 施工现场的面积、高度。
(3) 施工现场有利和不利于施工的因素。

(4) 现场有哪些管道，是否与电管有交叉或并行，间距能否保证。

(5) 灯具的安装高度与房屋高度比较，决定灯具的吊装方式。

(6) 施工现场的墙体、地面结构。

2. 通过勘察现场需要明确的内容

(1) 确定配电箱、灯具、开关、插座的安装位置。

(2) 确定线管的走向（画线）——注意与其他管线的间距。

(3) 确定必要施工工具（开凿工具、登高工具等）。

(4) 确定线盒的位置、数量。

(5) 确定灯具的吊装方式。

(6) 确定施工中的安全措施及安全标识。

3. 通过勘察现场需要沟通的事项

(1) 适宜施工的时间。

(2) 施工过程中，对左邻右舍是否有影响？如何解决？

(3) 是否与其他工程同期施工？如何解决交叉施工问题？

(4) 施工电源如何解决？

4. 室内配线的一般工序

(1) 定位。按施工要求，在建筑物上确定出照明灯具、插座、配电装置、启动、控制设备等的实际位置，并注上记号。

(2) 画线。在导线沿建筑物敷设的路径上，画出线路走向，确定绝缘支持件固定点、穿墙孔、穿楼板孔的位置，并注明记号。

(3) 凿孔与预埋。按上述标注位置凿孔并预埋紧固件。

(4) 安装绝缘支持件、线夹或线管。

(5) 敷设导线。

(6) 完成导线间连接、分支和封端，处理线头绝缘。

(7) 检查线路安装质量。检查线路外观质量、直流电阻和绝缘电阻是否符合要求，有无断路、短路。

(8) 完成线端与设备的连接。

(9) 通电试验，全面验收。

学习活动三　领取材料

【学习目标】

能根据任务要求和施工图样，列举所需工具和材料清单，依据清单准备工具，领取材料，检查、核对材料的规格型号。

学习地点：库房

学习课时：2课时

【学习准备】

(1) 在本次典型工作任务开始之前,准备好相应的材料工具,供学生选用。(可以夹杂一些干扰材料、工具)

(2) 了解线管的型号、规格及用途。

(3) 了解导线的规格、型号及标注方法,符号的含义。

【学习过程】

(1) 在上一活动基础之上,已经核对过工具、材料清单,各小组人员分工,一部分准备施工所需要的工具,另一部分准备施工所需要的材料。

(2) 对所需要工具要进行相应的检查。

(3) 核对材料的规格型号、数量,必要时做相应的检查。

(4) 对施工工具、材料做好暂存工作。

引导问题:

(1) 本次施工用到了哪些种类的导线?解释规格型号的含义。

_____

_____

(2) 本次施工用到了哪些种类的线管?解释规格型号的含义。

_____

_____

一、计划与实施

学生组内分工,一部分人准备施工工具,一部分人准备施工材料,可以采用模拟形式,也可以采用实际库房进行。(注意工具的检查,材料规格、型号的核对,数量清点、核对,必要时对材料检查)

二、评价与分析

(1) 评价表见表 6-8。

表 6-8　　　　　　　　　　　　　评价表

评价项目	评价人员	评价等级			
		优	良	中	差
工具准备情况 (齐全、完好、准确)	自我评价				
	小组评价				
	老师评价				
材料准备情况 (齐全、准确)	自我评价				
	小组评价				
	老师评价				
自我文字评价	收获				
	改进				

(2) 给学生必要的反馈信息,一是总结学生在以上活动中取得的成绩、优势及创意;

二是点评学生在准备工具、材料过程中存在的问题；三是给出一些必要的建议。（掌握多鼓励少批评的原则，对表现较好的学生给予表扬，对于其他同学尤其是不太好的同学尽可能只摆事实，不进行点评和批评，给学生留有自我反省、自我修正的机会）

【小提示】

认识下列工具（见图 6-4～图 6-6），了解它们的用途及使用方法。

图 6-4 锤、錾子

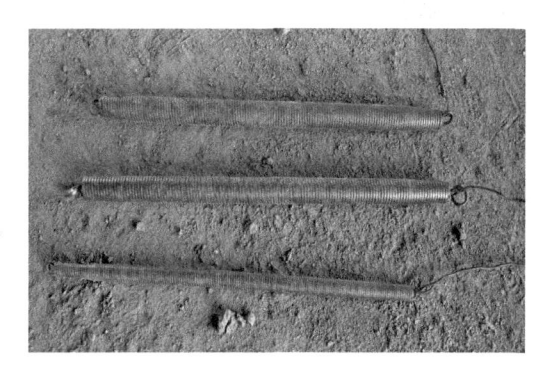

图 6-5 弯管弹簧

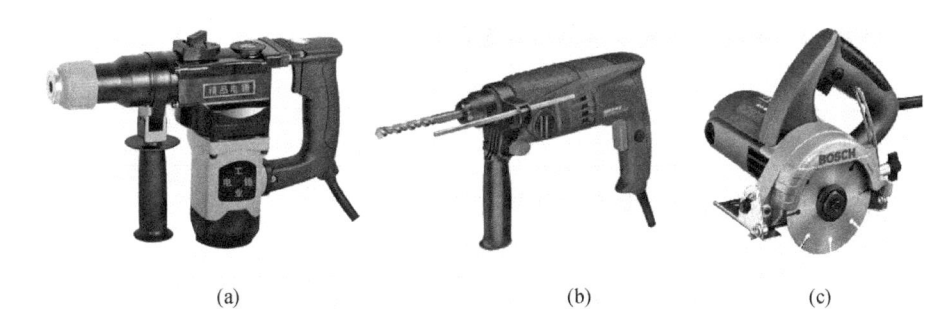

图 6-6 钻孔、切割工具
(a) 电锤；(b) 锤钻；(c) 云石机

电锤、锤钻：可以代替手工开凿墙体上的槽。

云石机：配用金刚石切割片，用于切割花岗石、大理石、石材、瓷砖等脆性材料；也可以用于混凝土、砖墙的开槽。

学习活动四　准备现场

【学习目标】

按照作业规程应用必要的标识和隔离措施，准备现场工作环境。

学习地点：施工现场

学习课时：4课时

【学习准备】

(1) 安全用具。
(2) 保证安全的技术措施。
(3) 保证安全的组织措施。

【学习过程】

(1) 学生按照现场勘察情况，施工前对现场进行必要的准备。（如隔离、屏护设施的安装）
(2) 选择合适的登高工具，并做检查。
(3) 确认施工时间。
(4) 确认安全标示、标牌的悬挂种类、数量及位置。

引导问题：

(1) 警示牌分为哪几类？哪几种？规格、颜色是怎么规定的？
_____
_____

(2) 禁止类标示牌的悬挂数量是如何规定的？
_____
_____

(3) 提醒类的标示牌悬挂数量是如何规定的？
_____
_____

(4) 允许类标示牌如何使用？
_____
_____

一、计划与实施

(1) 到达现场，按现场勘察情况，准备相应的安全措施（技术措施、组织措施）。
(2) 与报修及其他部门相关人员沟通，协调工作时间。
(3) 相应的工作页内容。

二、评价与反馈（见表 6-9）

表 6-9　　　　　　　　　　　　评价表

评价项目	评价人员	评价等级			
		优	良	中	差
安全措施（合理、齐全、完整）	自我评价				
	小组评价				
	老师评价				
安全措施准备的有效性评价	自我评价				
	小组评价				
	老师评价				
协调工作能力	自我评价				
	小组评价				
	老师评价				
自我文字评价	收获					
	改进					

三、学习拓展

1. 使用移动式（手持式）电动工具的规定

(1) 手持式电动工具的管理、使用、检查和维修要符合 GB 3787《手持电动工具的管理、使用和维护安全技术规程》的有关规定。

(2) 移动式电动工具，如电钻、电葫芦、砂轮、电刨等，金属外皮应可靠接地。

(3) 移动电动工具的电源应用双极刀开关控制。如用插头连接时，应用带有保护线连接的插头或连接器。

(4) 移动式电动工具的电源线必须采用绝缘良好的多股、铜心橡胶绝缘护套软线或聚氯乙烯绝缘聚氯乙烯护套软线。

(5) 移动式电动工具应定期摇测绝缘电阻。对长期停用的移动式电动工具，使用前应摇测绝缘电阻。

(6) 更换电钻钻头时，必须待旋转停止后进行，操作时不应戴手套，不能用手指直接清除铁屑。

(7) 使用移动式砂轮时，除按以上要求外还应戴护目镜。

(8) 在使用电动工具时，如因故离开工作场所或暂时停止工作以及遇到临时停电时，须立即切断电动工具的电源。

(9) 在金属容器内或潮湿地区工作时，应使用安全电压的电动工具，并应附加防止直接接触电击的安全措施。

2. 安全标示牌的式样（见表 6-10 和图 6-7）

表 6-10　　　　　　　　　　安全标示牌的式样

序号	名称	悬挂处所	尺寸/mm	颜色	字样
1	禁止合闸，有人工作！	一经合闸即可送电到施工设备的断路设备和隔离开关操作手把上	200×100 或 80×50	白底	红字
2	禁止合闸，线路有人工作！	线路断路设备和隔离开关操作手把上	200×100 或 80×50	红底	白字
3	在此工作！	室内或室外工作地点或施工设备上	250×250	绿底中有直径 210mm 白圆圈	黑字，写于白圆圈内
4	止步，高压危险！	施工地点临近带电设备的遮栏上，室外工作地点的围栏上，禁止通行的过道上，高压试验地点，室外架构上，工作地点临近带电设备的横梁上	250×200	白底红边	黑字，有红色危险标志
5	从此上下！	工作人员上、下的铁架、梯子上	250×250	绿底中有直径 210mm 白圆圈	黑字，写于白圆圈内
6	禁止攀登，高压危险！	工作人员上、下的铁架，临近可能上下的另外铁架上，运行中变压器的梯子	250×200	白底红边	黑字
7	已接地！	悬挂在已接地线的隔离开关的操作手柄上	240×130	绿底	黑字

图 6-7　安全标示牌的式样

3. 安全用具

(1) 所谓安全用具，对电工而言，是指在带电作业或停电作业检修时，用以保证人身安全的用具。

(2) 安全用具包括绝缘安全用具、检修安全用具、登高安全用具、一般防护用具。其中绝缘安全用具包括基本绝缘安全用具和辅助绝缘安全用具。

(3) 基本绝缘安全用具：用具本身的绝缘强度足以抵抗电气设备运行电压。低压作业基本绝缘安全用具包括低压验电器、带有绝缘柄的工具、绝缘手套。

(4) 辅助绝缘安全用具：用具本身的绝缘强度不足以抵抗电气设备运行电压。低压作业辅助绝缘安全用具包括绝缘鞋、绝缘靴、绝缘台、垫等。

(5) 检修安全用具是在停电检修作业中用以保证人身安全的一类用具。包括验电器、临时接地线、标示牌、临时遮栏等。

(6) 登高安全用具是用以保证在高处作业时防止坠落的用具：如电工安全带、高凳等。

(7) 一般防护用具包括：护目镜、帆布手套、安全帽等。

4. 技术措施

在全部停电或部分停电的电气设备上工作，必须完成停电、验电、装设接地线、悬挂标示牌和装设临时遮栏的安全技术措施。

这些措施由值班人员执行，对于无人值班的设备和线路，可由断开电源的人执行并有专人监护。

5. 组织措施

在全部停电或部分停电的电气设备上工作，必须完成下列组织措施：

(1) 工作票制度。

(2) 工作查活及交底制度。

(3) 工作许可制度。

(4) 工作监护制度。

(5) 工作间断和转移制度。

(6) 工作终结和送电制度。

学习活动五　现场施工，交付验收

【学习目标】

按图样、工艺要求、安全规程要求施工，按施工任务书的要求利用万用表进行检测。正确标注有关控制功能的铭牌。

按电工作业规程，作业完毕后恢复地面、墙面，清点工具、人员，收集剩余材料，清理工程垃圾，拆除防护措施。能正确填写任务单的验收项目，并交付验收。

学习地点：施工现场

学习课时：16课时

【学习准备】

(1) 线管敷设的方法。
(2) 线盒的安装要求。
(3) 标签的标注方法。

【学习过程】

学生分组，按照图样及工艺要求进行施工，认真执行安全措施，防止发生人身等安全事故，施工完成，按照验收标准进行自检，正确标注有关控制功能的标签，清理现场，交付验收。

引导问题：

(1) 线管配线的注意事项有哪些？
_____
_____

(2) 导线是怎么穿入线管的？（穿线的过程）
_____
_____

(3) 线管内导线截面是如何规定的？一般情况下如何根据导线根数和截面选择线管？
_____
_____

(4) 常用的线管按材质分有哪几种？按规格分有哪几种？
_____
_____

一、计划与实施

(1) 学生以小组为单位，按照工作任务单及施工图样，依照室内配线一般程序进行施工，严格执行安全规范及安装标准。

1) 定位。按施工要求，在建筑物上确定出照明灯具、插座、配电装置、启动、控制设备等的实际位置，并注上记号。

2) 画线。在导线沿建筑物敷设的路径上，画出线路走向，确定绝缘支持件固定点、穿墙孔、穿楼板孔的位置，并注明记号。

3) 凿孔与预埋。按上述标注位置凿孔并预埋紧固件。

4) 安装绝缘支持件、线夹或线管。

5) 敷设导线。

6) 完成导线间连接、分支和封端，处理线头绝缘。

7) 检查线路安装质量。检查线路外观质量、直流电阻和绝缘电阻是否符合要求，有无断路、短路。

8) 完成线端与设备的连接。

9) 通电试验，全面验收。

(2) 进行有关控制标签的标注。

(3) 清理施工现场。

(4) 学生进行模拟质量验收和交付。

二、评价与分析（见表 6-11）

表 6-11　　　　　　　　　　评价表

评价项目	评价人员	评价等级			
		优	良	中	差
施工质量（施工过程中安装规范执行情况）	自我评价				
	小组评价				
	老师评价				
安全措施有效性（施工过程中安全规范执行情况）	自我评价				
	小组评价				
	老师评价				
合作、协作能力	自我评价				
	小组评价				
	老师评价				
现场清理情况	自我评价				
	小组评价				
	老师评价				
任务单相关项填写是否完整	自我评价				
	小组评价				
	老师评价				
标签标注完整性、准确性	自我评价				
	小组评价				
	老师评价				
自我文字评价	收获				
	改进				

(1) 将要穿的导线拆去外包装，并正确放线，怎么放线才算正确？见图 6-8。

(2) 向穿线管内穿引线（钢丝），引线为什么用钢丝，而不用铁丝或铅丝？

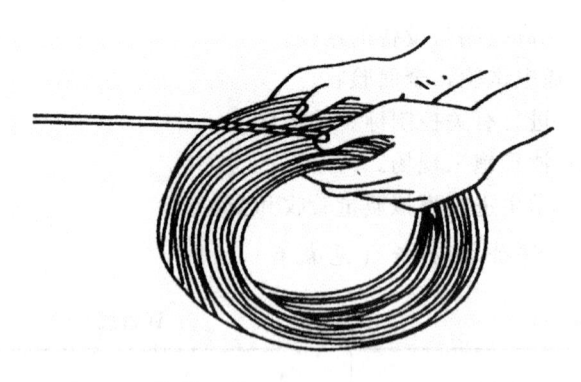

图 6-8 放线

(3) 导线与引线钢丝是怎样连接的？为什么要求打结越小越好？见图 6-9。

图 6-9 打结

(4) 根据所要安装的电器及回路分支确定导线根数，并用导线本身颜色搭配以区分零线、相线、回路线。如果导线为同一色线该怎样搭配？

(5) 穿线时尽可能将同一回路的导线穿入同一管内，不同回路或不同电压的导线不得穿入同一根线管内，这是为什么？

(6) 一人慢拉引线钢丝，一人送导线进入穿线管，一人放线，直至将导线引出，并根据接线情况留足接线长度（开关、插座为 5~8mm）。如果是电源汇线还要稍长些。为什么要这样做？见图 6-10。

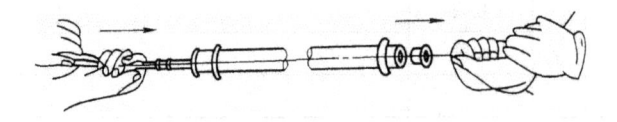

图 6-10

三、学习拓展

(1) PVC 线管配线的方法工艺及步骤如下：

1) 线管选择。选择 PVC 线管时，通常根据敷设的场所来选择线管类型；根据穿管导线截面和根数来选择线管的直径。选管时应注意以下几点：

①敷设电线的硬 PVC 管应选用热 PVC 管，其优点是在常温下坚硬，有较大的机械强度，受热软化后，又便于加工。对管壁厚度的要求是：明敷时不得小于 2 mm；暗敷时不得小于 3 mm。

②在潮湿和有腐蚀性气体的场所，不管是明敷还是暗敷，一般采用高强度 PVC 线管。

③干燥场所内明敷或暗敷一般采用管壁较薄的 PVC 线管。

④腐蚀性较大的场所内明敷或暗敷一般采用硬 PVC 管。

⑤根据穿管导线截面和根数来选择线管的直径。一般要求穿管导线的总截面（包括绝缘层）不应超过线管内径截面的 40%。

2) 锯管。锯管前应检查 PVC 线管的质量，对裂缝、瘪陷及管内有锋口杂物等均不能应用。接着应按两个接线盒之间为一个线段，根据线路弯曲转角情况来决定用几根 PVC 线管接成一个线段和确定弯曲部位，一个线段内应尽可能减少管口的连接接口。

锯 PVC 线管时，必须根据实际需要，将其切断。切断的方法是用管子台虎钳将其固定，再用钢锯锯断。锯割时，在锯口上注少量润滑油可防止钢锯条过热。管口要平齐，并锉去毛刺。

3) 弯管。根据线路敷设的需要，在 PVC 线管改变方向时需将其弯曲。PVC 线管的弯曲通常采用加热弯曲法。加热时要掌握好火候，首先要使管子软化，又不得烤伤、烤变色或使管壁出现凸凹状。为便于导线在 PVC 线管中穿越，PVC 线管的弯曲角度不应小于 90°，其弯曲半径可作如下选择：明敷不能小于管径的 6 倍；暗敷不得小于管径的 10 倍。对 PVC 管的加热弯曲有直接加热和灌沙加热两种方法。

4) 硬 PVC 管的连接。

①加热连接法。

a. 直接加热连接法。对直径为 50mm 及以下的 PVC 管可用直接加热连接法。连接前先将管口倒角，即将连接处的外管倒内角，内管倒外角，如图 6-11 所示。然后将内、外管各自插接部位的接触面用汽油、苯或二氯乙烯等溶剂洗净，待溶剂挥发完后用喷灯、电炉或其他热源对插接段加热，加热长度为管径的 1.1～1.5 倍。也可将插接段浸在 130℃ 的热甘油或石蜡中加热至软化状态，将内管涂上黏合剂，趁热插入外管并调到两管轴心一致时，迅速用湿布包缠，使其尽快冷却硬化，如图 6-12 所示。

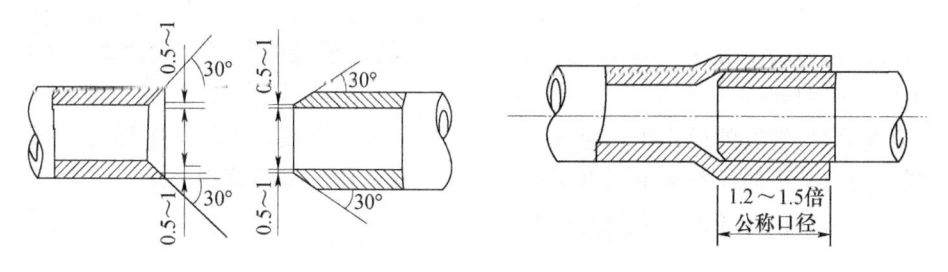

图 6-11 塑料管口倒角　　图 6-12 塑料管的直接插入

b. 模具胀管法。对直径为 65 mm 及以上的硬 PVC 管的连接，可用模具胀管法。先按照直接加热连接法对接头部分进行倒角、清除油垢并加热，等 PVC 管软化后，将已加热的金属模具趁热插入外管接头部，如图 6-13（a）所示。然后用冷水冷却到 50℃ 左右，脱出模具，在接触面涂上黏合剂，再次加热，待塑料管软化后进行插接，到位后用水冷却，使外管收缩，箍紧内管，完成连接。

硬 PVC 管在完成上述插接工序后，如果条件具备，用相应的塑料焊条在接口处圆周上焊接一圈，使接头成为一个整体，则机械强度和防潮性能更好。焊接完工的 PVC 管接头如图 6-13（b）所示。

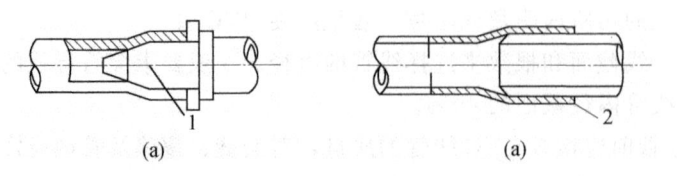

图 6-13 硬 PVC 管模具插接
1—成型模；2—焊接

②套管连接法。两根硬塑料管的连接，可在接头部分加套管完成。套管的长度为它自身内径的 2.5～3 倍，其中管径在 50 mm 以下者取较大值；在 50 mm 以上者取较小值，管内径以待插接的硬 PVC 管在套管加热状态刚能插进为合适。插接前，仍需先将管口在套管中部对齐，并处于同一轴线上，如图 6-14 所示。

5）PVC 线管的敷设。

①硬 PVC 管明敷时，应采用管卡支持，固定管子的管卡需距离始端、终端、转角中点、接线盒或电气设备边缘 150～500mm；中间直线部分间距均匀，其最大允许间距可参照：管径在 20mm 及以下时，管卡

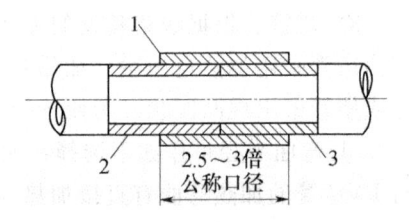

图 6-14 套管连接法
1—套管；2、3—接管

间距为 1m；管径在 25～40mm 时，管卡距离为 1.2～1.5m；管径为 50mm 及以上时，管卡距离为 2m。管卡均应安装在木结构或木榫上。

②线管在砖墙内暗线敷设。线管在砖墙内暗线敷设时，一般在土建砌砖时预埋，否则应先在砖墙上留槽或开槽，然后在砖缝里打入木榫并钉上钉子，再用铁丝将线管绑扎在钉子上，并进一步将钉子钉入。

③线管在混凝土内暗线敷设。线管在混凝土内暗线敷设时，可用铁丝将管子绑扎在钢筋上，将管子用垫块垫高 15mm 以上，使管子与混凝土模板间保持足够距离，并防止浇灌混凝土时管子脱开。

6）穿线 PVC 管路敷设完毕，应将导线穿入线管中。穿线时应尽可能将同一回路的导线穿入同一管内，不同回路或不同电压的导线不得穿入同一根线管内。

（2）为什么要标注各控制回路的标签？

（3）电子型开关。

目前使用的拉线开关、按钮开关都是人工开启或关闭电路，不能实现自动节能控制。随着科学技术的发展，人们利用电子技术研制出许多具有自动控制功能的新型开关，达到节能的目的。常见的电子型开关如图6-15所示。

图6-15 电子型开关
(a) 触摸延时开关；(b) 声光延时开关；(c) 声光延时灯头；(d) 人体感应开关

(4) 室内线路的竣工验收。

室内线路施工完成后，要进行相应的试验和竣工验收，以便检查施工质量是否达到技术要求。

1) 室内配线竣工后的试验。

①绝缘电阻的试验。

a. 导线绝缘电阻的测试，测试前应先断开熔断器，用绝缘电阻表测量导线对地或两根导线间的绝缘电阻，其测量值不应小于0.5MΩ。

b. 配电装置绝缘电阻的测试，用绝缘电阻表测量配电装置的绝缘电阻，每一段的绝缘电阻值应不小于0.5MΩ。

②试送电试验。

通过绝缘电阻试验达到要求后，可进行试送电试验。经试送电正常后，即可正式通电运行。

2) 室内配线的竣工验收。

对室内配电工程应组织竣工验收，竣工验收包括以下项目：

①验收工程质量。检查工程施工与设计是否相符，工程材料和电气设备是否良好，施工方法是否恰当，质量标准是否符合各项规定，配线的连接处是否采取合理的连接方法，是否做到可靠连接，检查可能发生危害的处所等。

②验收工程的安全性。检查配线和各种管路的距离是否符合规定，和建筑物的距离是否符合规定，配线穿墙的瓷管是否移动，各连接触头的连接是否良好，电线管的接头及端头所装的护线箍是否有脱离的危险，所装设的电器和电气装置的容量是否合格等。

(5) 成品保护——培养质量意识、成品意识、协作意识。

1) 剔槽不得过大、过深或过宽。预制梁柱和预应力楼板均不得随意剔槽打洞。混凝土楼板、墙等均不得断筋。

2) 在混凝土楼板上配管时，注意不要踩断钢筋，土建浇注混凝土时，电工应留人看守，以免振捣时损坏配管及盒、箱移位。当管路损坏时，应及时修复。

3）吊顶内稳盒配管时，不要踩坏龙骨。严禁踩电线管行走，刷防锈漆不应污染墙面，吊顶和护墙板等。

4）明配管路及电气具安装时，应保持机顶棚、墙面及地面的清洁完整。搬运材料和使用登高工具时，不得碰坏门窗、墙面等。电气具安装完毕后，土建不能再喷浆。

5）其他专业在施工中，应注意保护电气配管，严禁私自改动电线管和电气设备。

（6）穿管导线线管管径适用范围，见表6-12。

表6-12　　　　　　　　　　　　　适用范围

导线截面积/ mm²	穿管导线根数及铁管的标称直径（内径）/mm					穿管导线根数及电线管的标称直径（外径）/mm				
	2	3	4	6	9	2	3	4	6	9
1	13	13	13	16	25	13	16	16	19	25
1.5	13	16	16	19	25	13	16	19	25	25
2.5	16	16	19	19	25	16	16	19	25	25
4	16	19	19	25	32	16	19	25	25	32
6	19	19	19	25	32	16	19	25	25	32
10	19	25	25	32	51	25	25	32	38	51
16	25	25	32	38	51	25	32	32	38	51
25	32	32	38	51	64	32	38	38	51	64
35	32	38	51	51	64	32	38	51	64	64
50	38	51	51	64	76	38	51	64	64	76

（7）配合土建预埋件施工。

下列图片为施工现场的真实照片，仔细观察，理解它们中的内容和施工方法。

1）观察下列图片，图6-16中对线管做了哪些处理？如何做的？

图6-16　线管对接

2）观察图6-17和图6-18，你发现了什么？说明这么做的理由。如果不这么做可能会发生什么问题？

图 6-17 线盒固定

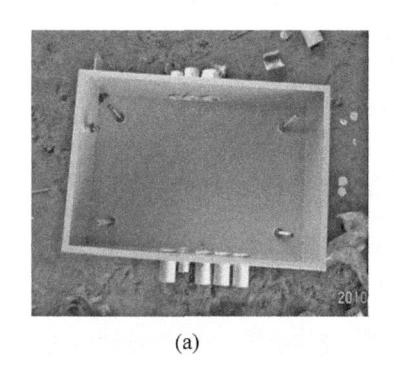

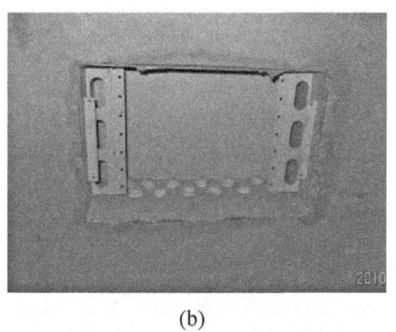

(a) (b)

图 6-18 配电箱及安装好的配电箱
(a) 配电箱；(b) 安装好的配电箱

3) 线盒及预处理后的线盒，见图 6-19。

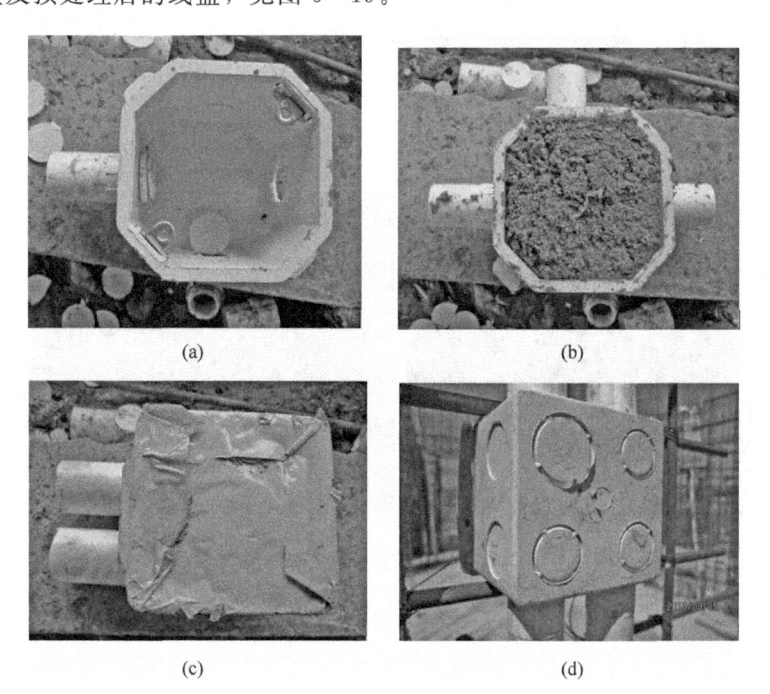

(a) (b)
(c) (d)

图 6-19 线盒及预处理后的线盒

4)连接件——锁母及堵,见图6-20。

图6-20 连接件——锁母及堵

5)金属底盒及备料,见图6-21和图6-22。

图6-21 金属底盒

图6-22 备料

6) 安装完成的线盒,见图 6-23 和图 6-24。

图 6-23 线盒安装
(a) 损坏的线盒;(b) 安装边距合格的线盒;(c) 线盒安装合格;(d) 线盒安装合格

7) 清理线盒,见图 6-25。

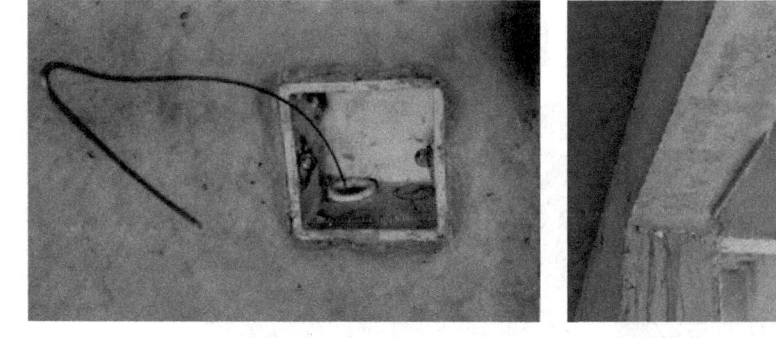

图 6-24 穿带引线

图 6-25 清理线盒

8) 线盒保护,见图 6-26。
9) 金属管、金属盒预埋件——定位、跨接,见图 6-27。

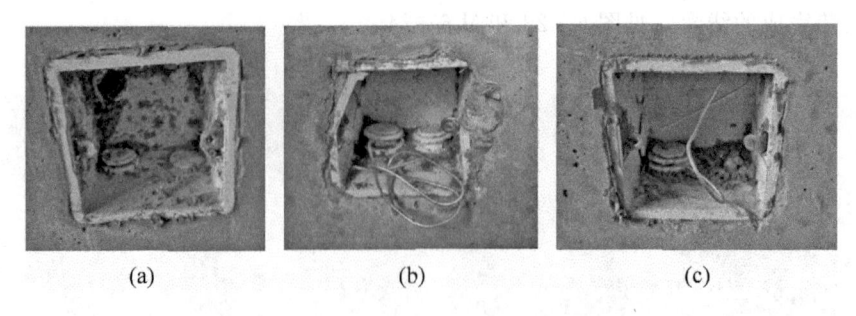

图 6-26 成品保护

图 6-27 定位、跨接

10) 预制混凝土顶板预埋件施工，见图 6-28。

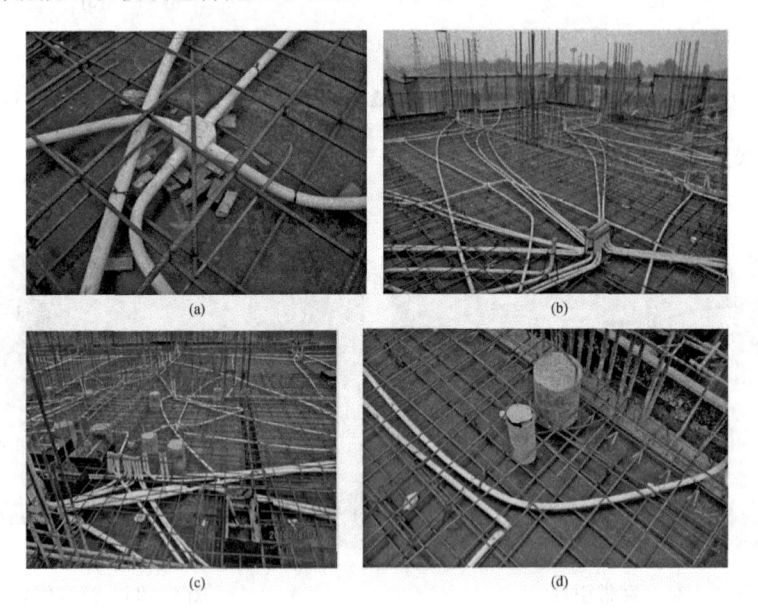

图 6-28 预制混凝土顶板预埋件施工

11) 剔除墙体——未预留配电箱位置情况下，施工方法，见图 6-29。

图 6-29 剔除墙体

12) 定位, 见图 6-30 和图 6-31。

图 6-30 定位 1 　　　　　　　图 6-31 定位 2

13) 管、盒连接, 见图 6-32。

(a)　　　　　　　　(b)　　　　　　　　(c)

图 6-32 管、盒连接

14) 预制混凝土墙体内预埋件施工，见图6-33。

图6-33 预制混凝土墙体内预埋件施工

15) 成品保护，见图6-34。

图6-34 成品保护

16）局部接地干线及接线盒，见图6-35。

图6-35 局部接地干线及接线盒

学习活动六 工作总结与评价

【学习目标】

能够公平公正地评价自我及本小组的工作，并能虚心接受他人的意见和建议，发现自己及小组的优势，及时总结自己及小组在工作中存在的不足，加以改进，有利于提高完善自我，积累工作经验，提高工作能力。

能够公平公正地评价其他同学及其他小组的工作，汲取他人及其他小组的优点，并用于今后的工作和学习，不断完善自我，自我培养高尚的人格，发现他人及其他小组存在的问题，引以为戒，避免自己或本小组再次发生，提高工作质量及工作的责任心。

学习地点：教室

学习课时：4课时

【学习准备】

学生以小组为单位，准备成果展示的物品，充分展示本小组在本次典型工作任务完成过程中，所取得的成绩、不足及获得的经验及教训，本次工作过程中，学到的新知识、获得的新技能，本小组在工作过程中出现的好的作风、行为等，本小组在工作过程中存在的不足及今后的改进措施或应对方法。个人的作用是否得到了发挥，如何调动每个人的积极性、充分发挥每个人的才智，为每个人成才提供机会。

【学习过程】

以小组为单位,选派一位或几位同学,利用各种手段,展示本小组的工作成果,老师及其他组成员注意倾听,待全部结束后,请同学进行评价,老师做出必要的点评。重点培养学生的语言表达能力、倾听能力和总结评价能力。

引导问题:

(1) 通过本典型工作任务的练习,你学会了哪些新技能?掌握了哪些新知识?

_____

_____

(2) 本小组在本次活动过程中,有哪些优势?取得了哪些成绩?

_____

_____

(3) 本小组在本次活动过程中,有哪些劣势?是如何克服的?

_____

_____

(4) 你认为本小组在本次活动过程中,有哪些不足?应当如何改进?

_____

_____

(5) 你在本小组中主要做了哪些工作?是否发挥了应有的作用?是否有需要改进的地方?

_____

_____

一、计划与实施

(1) 以小组为单位准备自己的展示材料和物品。

(2) 每小组选派一位或两位同学展示本小组的成果,其他同学可以做补充,防止打嘴架。

(3) 其他小组成员对该小组进行提问(不明确或没有明白的问题)。

(4) 轮换其他小组,依次完成。

(5) 各小组进行自评和互评。

(6) 老师进行点评,总结本次典型工作任务的完成情况。工作过程中存在的不足,取得的成绩等方面进行总结、点评。

二、评价与分析

(1) 评价表,见表6-13。

表 6-13　　　　　　　　　　　　　　评价表

评价项目	评价人员	评价等级			
		优	良	中	差
展示方式	一组				
	二组				
	三组				
	四组				
	五组				
语言表达	一组				
	二组				
	三组				
	四组				
	五组				
评价内容	一组				
	二组				
	三组				
	四组				
	五组				
自我文字评价（小组）	收获				
	不足				
	改进				

（2）给学生必要的反馈信息，一是总结学生在以上活动中（评价总结这个环节）取得的成绩，优势及创意；二是进一步总结本次典型工作任务完成过程中，学生应当掌握的新知识、学会的新技能，以及学生掌握情况；三是学生在整个典型工作任务完成过程中，取得了哪些成绩，得到了哪些提升，对照前几个工作任务完成过程中存在的问题是否已经解决；四是总结本次典型工作任务完成过程中，存在的问题和不足，应当如何加以克服和完善，还有哪些需要提升的地方；五是给出一些必要的建议。（掌握多鼓励少批评的原则，对表现较好的学生给予表扬，对于其他同学，尤其是不太好的同学尽可能只摆事实，不进行点评和批评，给学生留有自我反省、自我修正的机会）

附：塑料管暗配线综合评价表（见表 6-14）

表 6-14 综合评价表

项目	塑料管暗配线（照明线路）						
班级		学号		姓名		日期	
评价内容						等级	老师评价
知识评价							
应用到所学的知识（仅写知识点）	写出四个重点知识点得 A，每少一个降一个等级						
新学到的知识（仅写知识点）	写出四个重点知识点得 A，每少一个降一个等级						
技能评价							
技能应用与提高（仅写技能点）	写出技能提高点、安装成功得 A，否则不得分						
新学到的技能（仅写技能点）	写出四个新学技能点得 A，每少一个降一个等级						
质量评价							
外观与工艺	美观、规范得 A，每有一项不合格降一个等级						
性能与参考	弯管	锯管	接管	线盒	穿线	接线	
素质评价							
安全操作（仅写出违反安全生产的实例）	做到安全操作得 A，违反安全操作规范得 D						
文明生产	全部合格得 A，每有一项不合格就降一个等级						
	守纪	设备工具保养	整洁卫生	节约环保	生产劳动观	质量意识	
团队合作评价（有经历得 A，没有不得分）							
工作过程寻求他人帮助（请帮助人签字）							
工作过程主动帮助他人（被帮助人签字）							
创新与思想评价							
说明：创新指质量好、速度快或不同之处等，写出两项得 A、一项得 B，没有得 C							
质量没有他人好，你是怎么想的	事例			想法			
出现操作错误（包括他人），怎么想的和做的	事例			想法			
损坏工具、器材（包括他人），你是怎么想的	事例			想法			
当你做的明显比别人好，或他人有明显错误，你是怎么想的	事例			想法			
综合评价						等级	老师评价

说明：1. 综合评价说明，6 个（含）以上 A，综合得 A（不能有 D，否则降为 B）；6 个（含）以上 B，综合得 B；6 个（含）以上 C，综合得 C；5 个（含）以上得 D，综合得 D。

2. 创新的含义很广，在这里可以是操作顺序的改进，操作方法的改进，操作过程中好的经验等。

任务七
套房用电线路的安装与检修

【学习目标】

(1) 能根据电器功能和使用环境进行分路。
(2) 能正确使用漏电保护、接地保护。
(3) 能正确区分厨卫电路的灯具与插座。
(4) 能严格遵守操作规范和安装工艺,养成良好的职业习惯。
(5) 能查阅《住宅设计规范》对电器的安装要求。
(6) 能与客户进行有效的沟通。
建议课时:40 课时

【工作情境描述】

公司业务部接到套房(两室一厅、一厨、一卫,毛坯房)安装配电线路工程,要求:暗敷,且线管已预埋,布局见安装(施工)图。工程部门下达照明电路的安装任务,工期为 2 天,任务完成后交付工程部验收。

【工作流程与内容】

学习活动一	明确工作任务	(4 课时)
学习活动二	勘察施工现场	(4 课时)
学习活动三	制定施工方案	(4 课时)
学习活动四	现场施工	(20 课时)
学习活动五	检修	(4 课时)
学习活动六	交付验收	(2 课时)
学习活动七	工作总结与评价	(2 课时)

学习活动一 明确工作任务

【学习目标】

(1) 能识读工作任务单,明确任务单中的要点并在教师指导下进行人员分组。
(2) 识读施工图,明确任务要求。
学习地点:教室

学习课时：4课时

【学习准备】

任务书、施工图、《电气安装实用手册》《电工手册》《建筑电气安装安全手册》《住宅设计规范》、互联网资源、多媒体设备。

【学习过程】

1. 阅读工作任务单（见表7-1）

表7-1　　　　　　　　　　　安装工作单

编号：　　　　　　　　　　　流水号：填表日期：

报装单位	××小区	报装人	王朋	报装时间	2012.5
报装项目	套房照明电路安装	安装地点	XX小区5栋201房	安装时间	2012.5.20
安装内容	两室一厅、一厨、一卫，毛坯房设计，安装配电线路工程，要求：暗敷					
安装单位验收意见				验收人 验收时间	
安装单位审核意见 审核人签名		安装人员		施工时间	
负责人		计划工时		实际工时	

问题1：该项工作计划工时是多少？开始时间是何时？结束时间是何时？验收时间是何时？

_____

_____

问题2：该项工作的具体内容是什么？

_____

_____

问题3：该项工作由谁负责，参与人都有谁？

_____

_____

问题4：该项工作对工艺有什么要求？

_____

_____

问题5：使用工作任务单的作用是什么？

_____

_____

2. 请根据图纸要求，绘出施工草图

房间照明施工图样（见图 7-1 和图 7-2）

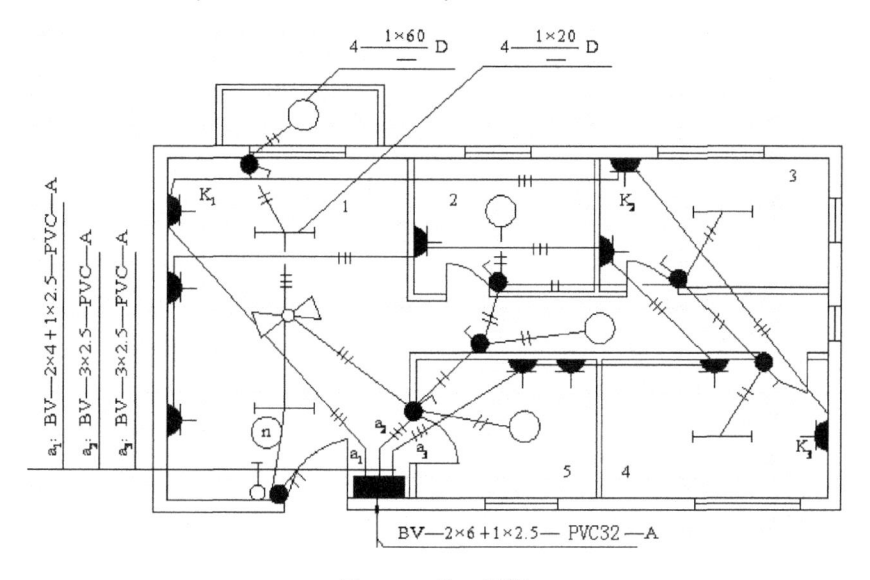

图 7-1 施工图样

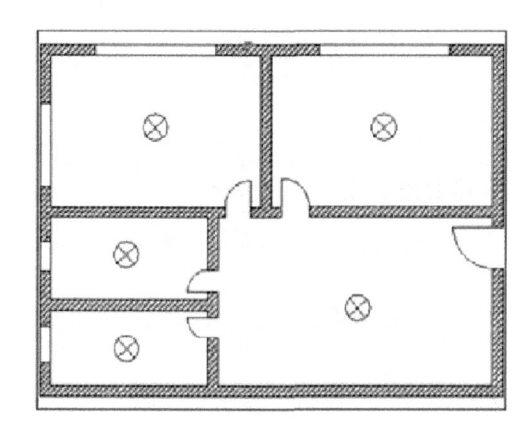

图 7-2 套房平面图

分析电气安装图，查阅《住宅设计规范》确定安装部位、电气元件、规格型号及数量并填写表 7-2。

表 7-2　　　　　　　　安装部件、电气元件、规格型号、数量及安装位置

安装部位	电气元件	规格型号	数量	安装位置
客厅	灯			
	开关			
	插座			
	有线电视			
	电话			

续表

安装部位	电气元件	规格型号	数量	安装位置
卧室	灯			
	开关			
	插座			
	有线电视			
	电话			
厨房	灯			
	开关			
	插座			
卫生间	灯			
	开关			
	插座			

问题1：照明施工图进线标注 BV－2×6＋1×2.5—PVC32—A 的含义是什么？

问题2：照明施工图中 $4-\dfrac{1\times 60}{}D$ 的含义是什么？

问题3：PVC 管照明线路的暗敷设工艺是什么？

问题4：该任务所需材料、工具有哪些？

问题5：该任务所需材料、器件的规格、要求是什么？

3．线路敷设（见表7-3）

表7-3　　　　　　　　　　线路敷设

	名称	旧代号	新代号		名称	旧代号	新代号
线路敷设方式	明敷	M	E	线路敷设部位	沿墙面	QM（Q）	WE
	暗敷	A	C		暗敷设在墙内	QA	WC
	塑料阻燃管		PVC		暗敷设在地面或地板内	DA	FC
	穿电线管	DG	T	灯具安装方式	线吊式	X	CP
	穿硬塑料管	VG	PC		壁式	B	W
	穿钢管	G	SC		吸顶式	D	S

4. 评价（见表 7-4）

表 7-4　　　　　　　　　　　　评价表　　　　　　　　　学生姓名_____

项目	自我评价			小组评价			教师评价		
	10～8	7～6	5～1	10～8	7～6	5～1	10～8	7～6	5～1
识读任务书中的要点									
识读施工图中信息									
总评									

5. 知识拓展

假如你是电器安装设计人员，你将如何制定有效工作任务单？

_____

_____

附：展示不同的工作任务单（见表 7-5 和表 7-6）

表 7-5　　　　　　　　　　　　维修工作联系单

编号：　　　　　　　　　　　　　　　　　　　　　　年　月　日

维修地点			
维修项目			
损坏原因			
报修时间	年　月　日	开工时间	年　月　日
报修单位		完工时间	年　月　日
验收意见 验收人签字		维修单位承办人签字	
		承办人联系电话	
报修处室负责人签字		维修处室负责人签字	

表 7-6　　　　　　　　　　　　工作任务书

编号：　　　　　　流水号：　　　　　　填表日期：

工作地点		责任人		开始时间	
敷设方式		参加人员		结束时间	
客户具体要求 （工作内容）				验收人	
				审核人	

学习活动二　勘察施工现场

【学习目标】

（1）能根据施工图样进行现场勘察并记录。

（2）能结合用户及施工图找出器件的安装位置、布线方法及整个电路分路情况。

学习地点：施工现场

学习课时：4课时

【学习准备】

任务单、施工图、《电气安装实用手册》《电工手册》《建筑电气安装安全手册》《住宅设计规范》《国家电网公司电力安全工作规程（电力线路部分）》、互联网资源、多媒体设备。

【学习过程】

（1）现场勘察。

问题1：为什么要勘察现场？
___
___

问题2：根据工作任务进行现场勘察的参加人员包括什么？
___
___

问题3：现场勘察包括的内容是什么？
___
___

问题4：现场勘察记录要记录什么？
___
___

问题5：勘察的后续工作如何进行？
___
___

问题6：通过现场勘察发现施工图与现场有不符的地方应作何处理？
___
___

问题7：怎样通过有效沟通，与客户结成利益共同体，能够更好地实行双赢？
___
___

问题8：根据现场勘察结果确定工时，填写表7-7。

表 7-7　　　　　　　　　　　　　　施工表

序号	施工内容	工时	测算值
1	导线敷设		
2	开关安装		
3	灯具安装		
4	汇线		
5	通电试验		

问题 9：根据现场确定需要哪些施工设备？各自主要功能是什么？请填写表 7-8。

表 7-8　　　　　　　　　　　　　　施工设备

序号	名称	型号	主要加工功能
1	常用电工工具		
2	电工仪表		
3	登高工具		
4			
5			

（2）评价：尽量不要以分数进行界定（如可能，可导入企业评价），见表 7-9。

表 7-9　　　　　　　　　　　　　　活动评价表

班级：　　　　　　　　　　组别：　　　　　　　　　姓名：

项目	评价内容	评价等级（学生自评）		
		A	B	C
关键能力考核项目	遵守纪律、遵守学习场所管理规定，服从安排			
	安全意识、责任意识，管理意识，注重节约、节能与环保			
	学习态度积极主动，能参加实习安排的活动			
	团队合作意识，注重沟通，能自主学习及相互协作			
	仪容仪表符合活动要求			
专业能力考核项目	按时按要求独立完成工作页			
	工具、设备选择得当，使用符合技术要求			
	操作规范，符合要求			
	学习准备充分、齐全			
	注重工作效率与工作质量			
小组评语及建议		组长签名： 年　月　日		
老师评语及建议		教师签名： 年　月　日		

（3）知识拓展。

如果客户的要求不符合安装规范，你将怎么办？

_____

_____

学习活动三　制定施工方案

【学习目标】

（1）能充分做好制定施工方案前期准备工作。

（2）能正确制定出具体的施工方案。

学习地点：教室

学习课时：4课时

【学习准备】

任务书、施工图、《电气安装实用手册》、《电工手册》、《建筑电气安装安全手册》、《住宅设计规范》、《建筑工程质量验收统一标准》（GB 50300—2001）、《装饰装修工程施工质量验收规范》（GB 50210—2001）、《建筑装饰装修工程质量验收规范》（GB 50210—2001）、《住宅装饰装修工程施工规范》（GB 50327—2001）、《建筑地面工程施工质量验收规范》（GB 50209—2002）、互联网资源、多媒体设备。

【学习过程】

1. 制定施工方案的准备

问题1：制定施工方案的步骤是什么？（查阅资料）

_____

_____

问题2：施工准备包括哪些内容？（劳动组织、人员分配和机械设备）

_____

_____

问题3：查阅《住宅装饰装修工程施工规范》住宅供电系统的设计，应符合哪些基本安全要求？

_____

_____

问题4：漏电保护器的使用方法是什么？

_____

_____

问题 5：开关面板、插座的选材及安装要求有哪些？

问题 6：如何选用电线？（颜色）

问题 7：插座接线应符合哪些规定？

问题 8：套房用电线路是如何分路的？

问题 9：三相五线制供电系统的特点是什么？

问题 10：如何实现电器的接地保护？

2. 制定施工方案
根据以上准备制定出该项工作的施工方案。

编制依据：

工程概况：

施工部署：

施工准备：

施工方法：

3. 居住建筑照明标准值（见表7-10）

表7-10　　　　　　　　　　居住建筑照明标准值

房间或场所		参考平面及其高度	照度标准值 /lx	Ra
起居室	一般活动	0.75m水平面	100	80
	书写、阅读		300*	
卧室	一般活动	0.75m水平面	75	80
	床头、阅读		150*	
餐厅		0.75m餐桌面	150	80
厨房	一般活动	0.75m水平面	100	80
	操作台	台面	150*	

注：*宜用混合照明。

4. 评价（见表7-11）

表7-11　　　　　　　　　　评价表

学生姓名＿＿＿＿＿＿

项目	自我评价			小组评价			教师评价		
	10～8	7～6	5～1	10～8	7～6	5～1	10～8	7～6	5～1
分路原则									
漏电保护器的使用									
根据使用环境区分器件									
总评									

5. 知识拓展

（1）查阅《住宅装饰装修工程施工规范》住宅供电系统的设计，应符合下列基本安全要求：

1）应采用TT、TN-C-S或TN-S接地方式，并进行总等电位联结。

2）电气线路应采用符合安全和防火要求的敷设方式配线，导线应采用铜线，每套住宅进户线截面不应小于10mm²，分支回路截面不应小于2.5mm²。

3）每套住宅的空调电源插座、电源插座与照明，应分路设计；厨房电源插座和卫生间电源插座宜设置独立回路。

4）除空调电源插座外，其他电源插座电路应设置漏电保护装置。

5）每套住宅应设计电源总断路器，并应采用可同时断开相线和中性线的开关电器。

6）卫生间宜作局部等电位联结。

7）每幢住宅的总电源进线断路器，应具有漏电保护功能。

（2）漏电保护器的工作原理。

漏电保护器是漏电电流动作保护的简称，是断路器的一个重要分支。主要用来防止人身电击伤亡及因电气设备或线路漏电而引起的火灾事故。照明电路常用的2P断路器（带漏电保护器）如图 7-3 所示。

图 7-3 漏电保护器

漏电保护器是在规定条件下，当漏电电流达到或超过设定值时，能自动断开电路的机械开关电器。实际上漏电保护器是在断路器内增设一套漏电保护元件，它除了具有漏电保护的功能外，还具有断路器的功能。图 7-4 是漏电保护器的工作原理。

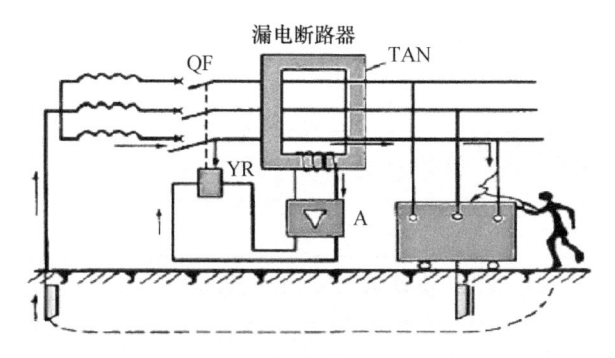

TAN—零序电流互感器；A—放大器；
YR—脱扣器；QF—低压断路器

图 7-4 电流动作型漏电断路器工作原理示意

漏电保护器在民用建筑中用得较多，广泛应用于中性点直接接地的低压电网线路中，如 TN-C-S、TN-S 系统。

学习活动四　现场施工

【学习目标】

(1) 能否按器件安装规范安装器件。
(2) 工艺是否满足要求。
(3) 能否正确标注铭牌。
(4) 职业习惯是否良好。
学习地点：施工现场

学习课时：20 课时

【学习准备】

施工图样、现场勘察记录、安装规范及所需工具、材料等。

【学习过程】

1. 线路施工

问题1：进入现场后要做的第一件事是什么？如何去做？
_____
_____

问题2：汇线盒为终端汇线盒的，盒内有七根抽头该如何连接？
_____
_____

问题3：如果汇线盒为中间端汇线盒，有下级分支电源，即盒内有九根抽头又该如何连接？
_____
_____

问题4：如何安装漏电保护器？
_____
_____

问题5：照明灯具分哪几种安装方式？如何安装照明灯具？
_____
_____

问题6：如何安装开关及插座？
_____
_____

照明工程安装的一般要求：

照明灯具按配线方式、房屋结构、环境条件及对照明的要求不同分：吸顶式、壁式、嵌入式和悬吊式等几种方式。

不论采取何种方式都必须遵守以下各项基本原则：

（1）灯具安装的高度，室外一般不低于3m，室内一般不低于2.5m。如遇特殊情况不能满足要求时可采取相应的保护措施或改用安全电压供电。

（2）灯具安装应牢固，灯具质量超过1 kg时，必须固定在预埋的吊钩上。

（3）灯具安装时不应该因灯具自重而使导线受力。

（4）灯架及管内不允许有接头。

（5）导线的分支及连接处应便于检查。

（6）导线在引入灯具处应有绝缘物保护，以免磨损导线的绝缘层，也不应使导线受力。

（7）必须接地或接零的灯具外壳应有专门的接地螺栓和标志，并和接地或接零良好连接。

（8）室内照明开关一般安装在门边便于操作的位置，拉线开关一般应离地2～3m，暗装翘板开关一般应离地1.3m，与门框的距离一般为150～200mm。

（9）明装插座的安装高度一般应离地1.4m（或与开关同高位置），暗装插座一般应离地300mm，同一场所暗装的插座高度应一致，其高度相差一般不应大于5mm，多个插座成排安装时其高度相差不应大于2mm。

2. 自检：（安装完毕后自行检查，确认没问题，通电试验）

问题1：有一开关与插座联体开关不能关闭灯具电源（长明灯），属什么原因？如何检修？

_____

问题2：三眼插座的检查。将万用表置于交流250V档，两表棒分别插入相线与零线两孔内，如图7-5所示。

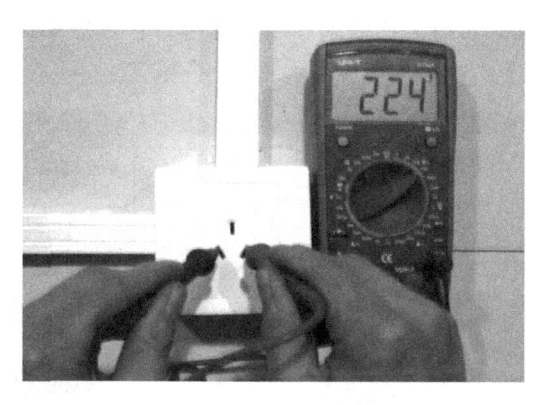

图7-5　通电检验

万用表应显示220V，再将零线一端的表棒插入接地孔内，此时显示为零，说明什么问题？

_____

_____

问题3：接地线的作用是什么？

_____

_____

问题4：该工作任务完成后，怎样在控制箱内张贴标签？标签内容是什么？

_____

_____

问题5：该工作任务完成后，下一步干什么？（工作结束后要做的工作）

_____

_____

3. 评价（见表7-12）

表7-12　　　　　　　　　　　评价表

学生姓名＿＿＿＿＿＿

项目	自我评价			小组评价			教师评价		
	10~8	7~6	5~1	10~8	7~6	5~1	10~8	7~6	5~1
线路安装工艺									
按规范安装器件									
正确标注铭牌									
职业习惯									
总评									

插座的安装：插座根据电源电压的不同可分为三相即四眼插座和单相即三眼或两眼插座，根据安装形式的不同又可分为明装式和暗装式两种，插座如图7-6所示。单相三眼插座安装的方法如图7-7所示。

图7-6　插座

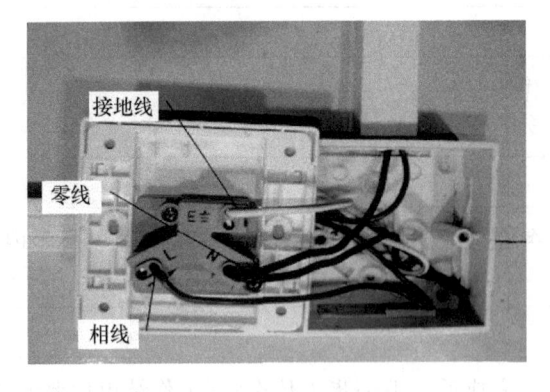

图7-7　单相三眼插座的接线

根据单相插座的接线原则即左零右相上接地，将导线分别接入插座的接线柱内。这里应注意接地线的颜色，根据标准规定接地线应是黄绿双色线。

提示：插座接线应符合下列规定。

（1）单相两孔插座，面对插座的右孔或上孔与相线连接，左孔或下孔与零线连接；单相三孔插座，面对插座的右孔与相线连接，左孔与零线连接。

（2）单相三孔、三相四孔及三相五孔插座的接地（PE）接在上孔。插座的接地端子严禁与零线端子连接。同一场所的三相插座，接线的相序一致。

（3）接地（PE）在插座间不允许串联连接。

学习活动五　检修

【学习目标】

（1）根据故障现象能在原理图上画出故障范围。
（2）根据故障范围能进一步确定故障点。
（3）能排除故障点。

学习地点：施工现场
学习课时：4课时

【学习准备】

原理图、安装图

【学习过程】

1. 检修

问题1：照明线路在运行中，经常会出现哪些故障？
_____
_____

问题2：如何用万用表检修照明线路？
_____
_____

问题3：查阅《电工手册》，完成表7-13。

表7-13　　　　　白炽灯照明电路的常见故障及检修方法

故障现象	产生原因	检修方法
灯泡不亮	（1）灯泡钨丝烧断 （2）电源熔断器的熔丝烧断 （3）灯座或开关接线松动或接触不良 （4）线路中有断路故障	

229

续表

故障现象	产生原因	检修方法
开关合上后熔断器熔丝熔断	(1) 灯座内两线头短路 (2) 螺口灯座内中心铜片与螺旋铜圈相碰短路 (3) 线路中发生短路 (4) 电气元件发生短路 (5) 用电量超过熔丝容量	
灯泡忽亮忽灭	(1) 灯丝烧断，但受振动后忽接忽离 (2) 灯座或开关接线松动 (3) 熔断器熔丝接触不良 (4) 电源电压不稳	
灯泡发强烈白光，并瞬时或短时烧毁	(1) 灯泡额定电压低于电源电压 (2) 灯泡钨丝有搭丝，从而使电阻减小，电流增大	
灯光暗淡	(1) 灯泡内钨丝挥发后积聚在玻璃壳内，表面透光度降低，同时由于钨丝挥发后变细，电阻增大，电流减小，光通量减小 (2) 电源电压过低 (3) 线路因老化或绝缘损坏有漏电现象	

问题 4：荧光灯常见故障有哪些？如何检修？填写表 7-14。

表 7-14　　　　　　荧光灯照明电路的常见故障及检修方法

故障现象	产生原因	检修方法
荧光灯不能发光		
荧光灯光线抖动或两头发光		
灯管两端发黑或生黑斑		
灯光闪烁或灯光在管内滚动		
灯管光度减低或异常		
灯管寿命短或发光后立即熄灭		
镇流器有杂音或电磁声		

问题 5：

实际检修（根据表 7-15 进行评分）。

表 7-15 评分标准

序号	主要内容	考核要求	评分标准	配分	扣分	得分
1	调查研究	1. 对故障进行调查，弄清出现故障时的现象 2. 查阅有关记录	排除故障前不进行调查研究，扣2分	2		
2	故障分析	1. 根据故障现象，分析故障原因，思路正确 2. 判断故障部位 3. 采取有针对性的处理方法进行故障部件的修复	1. 故障分析思路不够清晰扣8分 2. 不能标出最小的故障范围，每个故障点扣2分	13		
3	故障排除	1. 正确使用工具和仪表查找故障点 2. 找出故障点并排除故障	1. 不能找出故障点扣5分 2. 不能排除故障点扣5分 3. 排除故障方法不正确，扣5分	25		
4	其他	操作有误，要从总分中扣分	排除故障时产生新的故障后不能自行修复，每处扣10分；已经修复，每处扣5分	10		
5	安全文明	严格按照安全规程作业	不按照安全规程作业一次扣10分	10		
备注			合计			

问题 6：检修完毕应认真填写维修记录，记录的内容包含哪些？

问题 7：填写维修记录的意义何在？

2. 评价（见表 7-16）

表 7-16 评价表

学生姓名_____

项目	自我评价			小组评价			教师评价		
	10~8	7~6	5~1	10~8	7~6	5~1	10~8	7~6	5~1
在原理图上画出故障范围									
查找故障点									
排除故障点									
安全、文明生产									
总评									

3. 知识拓展

不同种类灯具的常见故障检修见表 7-17～表 7-19。

表 7-17　高压汞灯常见的故障检修

故障现象	产生原因	检修方法
灯不发光	1. 电源电压过低 2. 开关接线柱上的线头松动 3. 镇流器选用不当 4. 灯安装不正确或灯泡损坏	1. 应提高电源电压或采用升压变压器 2. 应重新接线并紧固好 3. 应更换符合要求的镇流器 4. 应重新正确安装或更换灯泡
灯光不亮	1. 汞蒸气未达到足够的压力电 5min 左右，灯泡就能发出亮光 2. 电源电压过低 3. 镇流器选用不合适或接线错误 4. 灯泡使用过久，已经老化	1. 如果电源、灯泡均无故障，通常为接线问题 2. 应提高电源电压或采用升压变压器 3. 应更换符合要求的镇流器或改正接线 4. 应更换灯泡
高压汞灯发光正常，但不久灯光即昏暗	1. 电源负荷增大 2. 镇流器的沥青流出，绝缘强度降低 3. 由于振动，灯泡损坏或接触松动 4. 通过灯泡的电流过大，灯泡使用寿命缩短 5. 灯泡连接头松动	1. 应检查电源负荷并适当降低负荷 2. 应更换镇流器 3. 应消除振动现象或采用耐振型灯具 4. 应调整电源电压，使其正常，或采用较高电压的镇流器，然后更换灯泡 5. 应重新接好线
高压汞灯熄灭后，立即接通开关，灯长时间不亮	1. 灯罩过小或通风不良 2. 电源电压下降，再起动时间延长 3. 灯泡损坏	1. 应更换大尺寸或改用小功率镇流器和小功率灯泡 2. 应提高电源电压或采用适合电源电压的镇流器 3. 应更换灯泡
高压汞灯一亮即突然熄灭	1. 电源电压过低 2. 灯座、镇流器和开关的接线松动 3. 线路断线 4. 灯泡损坏	1. 应提高电源电压至额定值，或采用升压变压器 2. 应重新接好线 3. 应检查线路，找出原因并接好断线 4. 应更换灯泡
高压汞灯忽亮忽灭	1. 电源电压波动于启辉电压的临界值 2. 灯座接触不良 3. 灯泡螺口松动 4. 连接线头松动 5. 镇流器有故障	1. 应检查电源，必要时采用稳压型镇流器 2. 应修复或更换灯座 3. 应更换灯泡 4. 应重新接好线 5. 应更换镇流器
高压汞灯有闪烁	1. 接线错误 2. 电源电压下降 3. 镇流器规格不合适 4. 灯泡损坏	1. 应改正接线 2. 应调整电源电压或采用升压变压器 3. 应更换符合要求的镇流器 4. 应更换灯泡
高压汞灯只亮灯心	1. 玻璃外壳破碎 2. 玻璃外壳真空度不良及漏气	1. 应调换新灯泡 2. 应调换新灯泡
高压汞灯灯亮后突然熄灭	1. 动力线路、照明线路混用。负荷较重的动力设备起动时，会造成电源电压的降低 2. 线路中发生断路故障 3. 灯泡损坏	1. 应进行线路改造，动力线路、照明线路分路供电 2. 检测断线处并进行故障排除 3. 调换新灯泡
高压汞灯通电后灯泡不亮	1. 灯泡损坏 2. 镇流器损坏 3. 灯泡刚熄灭立即通电	1. 调换新灯泡 2. 调换新镇流器 3. 正常应间隔 10～15min 后通电

表 7-18　　　　　　　　　　　高压钠灯常见的故障检修

故障现象	产生原因	检修方法
高压钠灯灯泡不亮	1. 外壳漏气或放电管漏钠 2. 镇流器损坏 3. 灯座接触不良 4. 热继电器动断触头接触不良或开路	1. 调换新灯泡 2. 调换新镇流器 3. 调换新灯座 4. 应修整触头或分清触头开路原因后并恢复其闭合
高压钠灯灯泡起动性能差	1. 放电管内钠气变质或灯管电极发射性能差 2. 镇流器规格不符	1. 更换新灯泡 2. 调换规格相符的镇流器

表 7-19　　　　　　　　　　　碘钨灯常见的故障检修

故障现象	产生原因	检修方法
碘钨灯灯管不亮	1. 灯管钨丝烧断 2. 线路中有断路故障 3. 灯脚密封处松动	1. 调换新灯管 2. 进行检查并排除故障 3. 调换灯脚
碘钨灯灯管使用寿命很短	1. 灯管本身质量不好 2. 灯管未按水平位置安装	1. 调换新管 2. 更换新灯管时，灯管倾斜度<4°

学习活动六　交付验收

【学习目标】

(1) 能查阅《住宅设计规范》对电器的安装要求。
(2) 能根据《室内装饰工程施工及验收标准》进行工程交验。
(3) 能与客户进行有效的沟通。
学习地点：施工现场
学习课时：2 课时
学习准备：任务单，《住宅设计规范》《室内装饰工程施工及验收标准》

【学习过程】

1. 查阅《住宅设计规范》《室内装饰工程施工及验收标准》
问题1：试写出电工工程验收要求（16字方针）：
_____

问题2：墙、顶、地面剔槽，埋 PVC 硬质阻燃及配件，对管内导线有何要求？
_____

问题3：暗线铺设必须配阻燃管，严禁将导线直接埋入_____内，导线在管内不得

_____，如需分线，必须用_____。暗埋时需留_____。

问题4：安装电源插座时，面向插座应符"_____"的要求，有接地孔插座的接地线应_____，不得与工作零线混用。

问题5：厕浴间应安装_____插座，_____宜安装在门外开启侧的墙体上。

问题6：灯具、开关、插座安装规范。
_____
_____

问题7：每套住宅的空调电源插座、电源插座与照明，应_____；厨房电源插座和卫生间电源插座宜_____。

问题8：每幢住宅的总电源进线断路器，应具有_____保护功能。

问题9：电工验收流程。
_____
_____

问题10：与客户沟通些什么？
_____
_____

2. 填写任务单（验收部分）
3. 学习拓展

住宅设计规范

电气

(1) 每套住宅应设电能表。每套住宅的用电负荷标准及电能表规格，不应小于表7-20的规定。

表7-20　　　　　　　　　用电负荷标准及电能表规格

套　型	用电负荷标准/kW	电能表规格/A
一类	2.5	5 (20)
二类	2.5	5 (20)
三类	4.0	10 (40)
四类	4.0	10 (40)

(2) 住宅供电系统的设计，应符合下列基本安全要求：

1) 应采用TT、TN-C-S或TN-S接地方式，并进行总等电位联结。

2) 电气线路应采用符合安全和防火要求的敷设方式配线，导线应采用铜线，每套住宅进户线截面不应小于10mm^2，分支回路截面不应小于2.5mm^2。

3) 每套住宅的空调电源插座、电源插座与照明，应分路设计；厨房电源插座和卫生间电源插座宜设置独立回路。

4) 除空调电源插座外，其他电源插座电路应设置漏电保护装置。

5) 每套住宅应设计电源总断路器，并应采用可同时断开相线和中性线的开关电器。

6）卫生间宜作局部等电位联结。

7）每幢住宅的总电源进线断路器，应具有漏电保护功能。

（3）住宅的公共部位应设人工照明，除高层住宅的电梯厅和应急照明外，均应采用节能自熄开关。

（4）电源插座的数量，不应少于表 7-21 的规定。

表 7-21　　　　　　　　　　　电源插座的设置数量

部　　位	设　置　数　量
卧室、起居室（厅）	一个单相三线和一个单相二线的插座两组
厨房、卫生间	防溅水型一个单相三线和一个单相二线和组合插座一组
布置洗衣机、电冰箱、排气机械和空调器等处	专用单相三线插座各一个

室内装饰工程施工及验收标准

1. 电工工程

验收要求：材料达标、安全可靠、外观洁净、灵活有效。

（1）墙、顶、地面剔槽，埋 PVC 硬质阻燃及配件，内穿国标 2.5mm² 塑铜线，分色布线，空调等大功率电器应采用 4mm² 能上能下塑铜线。

（2）阻燃管内穿线不超过 4 根，弱电（电话、电视）单独穿管，水平间距不应小于 500mm，特殊情况时可考虑屏蔽后并行。

（3）暗线敷设必须配阻燃管，严禁将导线直接埋入抹灰层内，导线在管内不得有接头和扭结，如需分线，必须用分线盒。暗埋时需留检修口。吊顶内可直接用双层塑胶护套线。

（4）剔槽埋管后，需经甲方签字验收后，方可用水泥沙浆或石膏填平。

（5）安装电源插座时，面向插座应符合"左零右相，保护地线在上"的要求，有接地孔插座的接地线应单独敷设，不得与工作零线混用。

（6）厕浴间应安装防水插座，开关宜安装在门外开启侧的墙体上。

（7）灯具、开关、插座安装牢固、灵活有效、位置正确，上沿标高一致，面板端正，紧贴墙面、无缝隙，表面洁净。

（8）电气工程安装完后，应进行 24h 满负荷运行试验，检验合格后才能验收使用。

（9）工程竣工时应向用户提供电路竣工图，标明导线规格和暗线管走向。

2. 电工验收流程

（1）确认电线。

（2）观察走线是否横平竖直。

（3）观察开关、插座接头是否牢固。

（4）向工程监理员询问，线径匹配、零地相三线位置是否合理。

（5）观察开关、插座安装是否平正，高低是否一致。

（6）检验开关是否灵活有效。

学习活动七　工作总结与评价

【学习目标】

（1）能对自己的成果进行总结、评价。
（2）能通过演示文稿、展板、海报等形式，向全班展示、汇报学习成果。
（3）能与教师、同学进行有效的沟通。

学习地点：教室

学习课时：2课时

学习准备：多媒体、展板、海报

【学习过程】

1. 总结

问题1：你是如何完成该项工作的？（学生自己制作PPT、展板、海报等）
_____
_____

问题2：写出客厅、卧室、厨房、卫生间插座的安装高度、容量选择及安装规范。
_____
_____

问题3：你掌握了灯具、开关、插座的哪些安装规范？
_____
_____

问题4：写出民用住宅电器安装的工艺要求。
_____
_____

问题5：通过该项工作的完成你学到了些什么？
_____
_____

2. 综合评价（见表7-22）

表7-22　　　　　　　　综合评价表

学生姓名_____

项目	自我评价			小组评价			教师评价		
	10～8	7～6	5～1	10～8	7～6	5～1	10～8	7～6	5～1
兴趣									
任务明确程度									
调查的方法与效果									

续表

项目	自我评价			小组评价			教师评价		
	10~8	7~6	5~1	10~8	7~6	5~1	10~8	7~6	5~1
学习主动性									
承担工作表现									
其他工作表现									
协作精神									
时间观念									
总评									

操作能力考核表（操作技能考点能完成的打钩，尽量不要以分数进行界定；如可能，可导入企业评价），见表7-23。

表7-23　　　　　　　　　　　活动评价表

班级：　　　　　　　　　　　　组别：姓名：

项目	评价内容	评价等级（学生自评）		
		A	B	C
关键能力考核项目	遵守纪律、遵守学习场所管理规定，服从安排			
	安全意识、责任意识，管理意识，注重节约、节能与环保			
	学习态度积极主动，能参加实习安排的活动			
	团队合作意识，注重沟通，能自主学习及相互协作			
	仪容仪表符合活动要求			
专业能力考核项目	按时按要求独立完成工作页			
	工具、设备选择得当，使用符合技术要求			
	操作规范，符合要求			
	学习准备充分、齐全			
	注重工作效率与工作质量			
小组评语及建议	组长签名： 　　　　　　　　　　　　　　　　年　月　日			
老师评语及建议	教师签名： 　　　　　　　　　　　　　　　　年　月　日			

室内装修电气线路设计安装

一、导线的选择

导线的选择应根据住户用电负荷的大小而定，应满足供电能力和供电质量的要求，并满足防火的要求。用电设备的负荷电流不能超过导线额定安全载流量。

一般按每户住宅的用电量在 4～10kW 的水平，每户进户线宜采用截面积为 10mm² 的铜心绝缘线，分支回路导线截面不应小于 2.5mm² 铜心绝缘导线。对特殊用户则应特别配线。为使所有的用电装置都能够可靠接地，应将接地线引入每户居民住宅，接地线采用不小于 2.5mm² 的铜心绝缘线。在房屋装修中，所有线路都应采用铜心绝缘线穿管暗敷方式。

特别需要注意的一点是，许多住户在装修时将室内的线路、开关等都更换一新并加大容量，往往忽略了进户线，这将影响居室的供电能力并带来不安全的因素。

二、室内布线

室内布线不仅要安全可靠的输送电能，而且要布置整齐、安装合理、固定牢靠，符合相关技术规范的要求。内线工程的开展应以不能降低建筑物的强度和影响建筑物的美观为前提。室内布线的施工设计要对给排水管道、热力管道、风管道以及通信线路布线等位置关系给予充分考虑。

室内配线技术要求：①室内布线根据绝缘皮的颜色分清火线、中性线和地线。②选用的绝缘导线其额定电压应大于线路工作电压，导线的绝缘应符合线路的安装方式和敷设的环境条件。③配线时应尽量避免导线有接头。因为往往接头由于工艺不良等原因而使接触电阻太大，发热量较大而引起事故。必须有接头时，可采用压接和焊接，务必使其接触良好，不应松动，接头处不应受到机械力的作用。④当导线互相交叉时，为避免碰线，在每根导线上应套上塑料管或绝缘管，并需将套管固定。⑤若导线所穿的管为钢管时，钢管应接地。当几个回路的导线穿同一根管时，管内的绝缘导线数不得多于 8 根。穿管敷设的绝缘导线的绝缘电压等级不应小于 500V，穿管导线的总截面积（包括外护套）应不大于管内净面积的 40%。

三、灯具的设计安装

灯具的高度：室内灯具悬挂要适当，如果悬挂过高，不利于维修，而且降低了照度；如果悬挂过低，会产生眩光，降低人的视力，而且容易与人碰撞，不安全。灯具悬挂的高度应考虑：便于维护管理；保证电气安全；限制直接眩光；与建筑尺寸配合；提高经济性。

灯具布置前，应先了解建筑的高度及是否做吊顶等问题，灯具的基本功能是提供照明。在设计中应注意荧光灯比白炽灯光照度高，直接照明比间接照明灯具效率高，吸顶安装比嵌入安装灯具效率高。灯具遮光材料的透射率及老化问题也应在设计考虑范围之内，选择光效高、寿命长、功率因数高的光源，高效率的灯具和合理的安装使用方法，可以保证照度并节约用电。

灯具现一般推荐采用节能电灯，如稀土荧光灯、三基色高效细荧光灯、紧凑型荧光灯（双 D 型 H 型）、小容量卤、钨灯等。灯具的选择视具体房间功能而定，如起居室、卧室可用升降灯，起居室、客厅设置一般照明、灯饰台灯、壁灯、落地灯等。厨房的灯具应选用玻璃或陶瓷制品灯罩配以防潮灯口，并且宜与餐厅用的照明光显色一致。浴室灯应选用防潮灯口的防爆灯。卫生间、浴室的灯具应采用防潮防水型面板开关。

安装灯具时，安装高度低于 2.4m 时，金属灯具应作接零或接地保护，开关距门框 0.15～0.2m，灯头距离易燃物不得小于 0.3m；在潮湿有腐蚀性气体的场所，应采用防潮、防爆、防雨的灯头和开关；灯具安装时应牢固可靠，质量超过 1kg 时，要加装金属吊链或预埋吊钩；灯架和管内的导线不应有接头；灯具配件应齐全，灯具的各种金属配件应进行防腐处理。

四、开关的设计安装

安装开关时，应注意开关的额定电压与供电电压是否相符；开关的额定电流应大于所控制灯具的额定电流；开关结构应适应安装场所的环境；明装时可选用拉线开关，拉线开关距地 2.8m，拉线可采用绝缘绳，长度不应小于 1.5m；成排安装开关时，高度应一致；开关位置与灯位相对应，同一室内开关的开、闭方向应一致；开关应串联在通往灯头的相线上；安装开关时，无论明装还是暗装，均应安装成往下扳动接通电源，往上扳动切断电源。

五、插座的设计安装

安装插座时，应注意插座的额定电压必须与受电电压相符，额定电流大于所控电器的额定电流；插座的型号应根据所控电器的防触电类别来选用；双孔插座应水平并列安装，不可以垂直安装，三孔或四孔插座的接地孔应置于顶部，不许倒装或横装；一般居室、学校，明装不应低于 1.8m，车间和实验室距地距离不应低于 0.3m。

插座宜固定安装，切忌吊挂使用。插座吊挂会使电线受摆动，造成压线螺钉松动，并使插头与插座接触不良。对于单相双线或三线的插座，接线时必须按照左中性线、右相（火）线，上接地线的方法进行，与所有家用电器的三线插头配合。

布置插座要充分考虑家庭现有的和未来 5～10 年可能要添置的家用电器，尽可能多安排一些插座，避免因后期发现插座不够用而重新改造电气线路，将电气事故隐患的概率降到最低。同时住宅内的插座应全部设置为安全型插座，在厨房、卫生间灯比较潮湿的地方应加上防潮盖。

客厅、卧室、厨房、餐厅，卫生间插座的安装高度及容量选择如下所述。

客厅：客厅插座底边距地 1.0m 较为合适。既使用方便，也能与墙裙装修协调，即使有的住户不搞墙裙装修，又能保持统一。另外，小于 20m^2 的客厅，空调机一般采用壁挂式，那么这个空调机插座底边距地为 1.8m。如客厅大于 20m^2，采用柜机插座高度为 1.0m，客厅插座容量选择是：壁挂式空调机选用 10A 三孔插座，柜式空调机选用 16A 三孔插座，其余选用 10A 的多用插座。

卧室：住户在卧室装修中，用装饰板搞墙裙的比较少，故建议空调电源插座底边距地为 1.8m，其余强、弱电插座底边距地 0.3m。空调机电源选用 10A 三孔插座，其余选用 10A 二、三孔多用插座。

厨房：厨房是人们制作饭菜的地方，家用电器比较多。主要有电冰箱、电饭煲、排气扇、消毒柜、电烤箱、微波炉、洗碗机和壁挂式电话机等。根据给排水设计图及建筑厨房布置大样图，确定污水池、炉台及切菜台的位置。在炉台侧面布置一组多用插座，供排气扇用，在切菜台上方及其他位置均匀布置 6 组三孔插座，容量均为 10A。厨房门边布置电话插座一个，以上插座底边距地均为 1.4m。

餐厅：餐厅是人们吃饭的地方，家用电器很少，冬天有电火锅，夏天有落地风扇等，沿墙均匀布置 2 组（二、三孔）多用插座即可，安装高度底边距地 0.3m，容量为 10A。装一个电话插座，安装高度底边距地 1.4m。

卫生间：卫生间是人们洗澡、方便的地方。家用电器有排气扇、电热水器等。一个 10A 多用插座供排气扇用，1 个 16A 三孔插座供电热水器用，底边距地均为 1.8m，尽量远离淋浴器，必须采用防溅型插座。

1. 单相电能表的安装

（1）阅读单相电能表安装指南、安装规范。
（2）熟悉单相电能表的接线端子。
（3）学习单相电能表的工作原理。

通过查找资料等活动，回答下列问题：
1）电能表的作用是什么？
_____
_____

2）画出单相电能表的接线图。
3）写出单相电能表的安装规范。
_____
_____

① 电能表的作用、种类及接线。

电能表也称为电能表，是专门用来测量电能的，是一种能将电能累计起来的积算式仪表。

根据工作原理，可分为感应式电能表，磁电式电能表，电子式电能表等。原理接线图如图 7-8 所示。

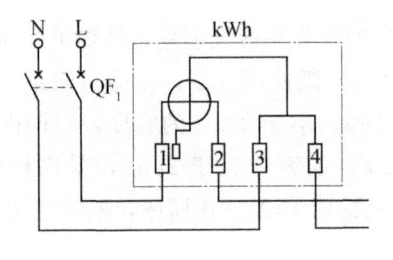

图 7-8 原理接线图　　图 7-9 接线

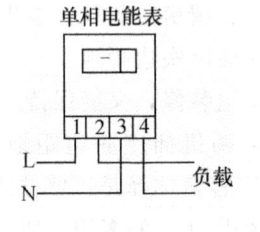

电能表的正确使用方法如下：单相电能的测量应使用单相电能表，其接线如图 7-9 所示。正确的接法是：电源的相线（火线）从电能表的 1 号端子进入电流线圈，从 2 号端子引出，接负载；中性线（零线）从 3 号端子入，从 4 号端子引出。

② 电能表的安装技术要求（规范）。

a. 电能表应安装在涂有防潮漆的木制底盘或塑料底盘上。在盘的凸面上，用木螺钉或机制螺钉固定电能表。电源引入线和引出线可通过盘的背面（凹面）穿入盘面的正面后进行接线，也可以在盘面上走明线，并固定整齐。

b. 电能表不得安装过高，一般距地面1.8~2.2m。

c. 电能表的安装不要倾斜，其垂直方向的偏移不大于1°，否则会增大计量误差。

d. 电能表应安装在室内，如走廊、门厅、屋檐下，切忌安装在厕所、厨房等潮湿或有腐蚀性气体的地方。表的周围环境应干燥、通风，安装应牢固、无振动。其环境温度应在-10℃~+50℃的范围内，温度过低过高均会影响其准确性。

e. 电能表的进出线，应使用铜心绝缘线，心线面积不得小于1mm^2。接线要牢固，但不可焊接，裸露的线头部分，不可露出接线盒。

f. 如需并列安装多只电能表，两表之间的距离不得小于200mm。

任务八 车间照明线路的安装

【学习目标】

(1) 能正确安装单相电能表。
(2) 能对薄壁金属电工管进行敷设与连接（管与管，管与盒）；了解金属线槽的安装。
(3) 能按规范进行弯管，能用手锯切割电工管。
(4) 能识别车间照明灯具并按规范安装。
(5) 能撰写工作总结，采用多种形式进行成果展示。

建议课时：40课时

【工作情境描述】

操作者接到"车间照明线路的安装"任务后，根据任务书和施工图要求，准备工具，做好工作现场准备，严格遵守作业规范进行施工，安装完毕后进行自检，填写相关表格并交付工程部验收。按照现场管理规范清理场地、归置物品，见表8-1。

表8-1　　　　　　　　　　任务评价

序号	教学活动	评价内容					权重
		活动成果(40%)	参与度(10%)	安全生产(20%)	劳动纪律(20%)	工作效率(10%)	
1	明确工作任务	工作计划	活动记录	工作记录	教学日志	完成时间	10%
2	勘察施工现场	记录	活动记录	工作记录	教学日志	完成时间	15%
3	制订工作计划，列举工具和材料清单	工具清单工作计划	活动记录	工作记录	教学日志	完成时间	5%
4	施工准备	准备是否充分	活动记录	工作记录	教学日志	完成时间	25%
5	现场施工	操作是否规范、质量是否合格	活动记录	工作记录	教学日志	完成时间	25%
6	施工项目验收	验收表的填写	活动记录	工作记录	教学日志	完成时间	10%
7	工作总结、成果展示	总结	活动记录	工作记录	教学日志	完成时间	10%
	总　　计						100%

【工作流程与内容】

学习活动一　明确工作任务　　　　　　　　　　　　　　　　　(2课时)
学习活动二　勘察施工现场　　　　　　　　　　　　　　　　　(2课时)
学习活动三　制订工作计划　　　　　　　　　　　　　　　　　(2课时)

学习活动四　施工前准备	（10 课时）
学习活动五　现场施工	（18 课时）
学习活动六　施工项目验收	（2 课时）
学习活动七　工作总结与评价	（4 课时）

学习活动一　明确工作任务

【学习目标】

(1) 能通过任务书、图样及网路等渠道获取信息，能向老师咨询信息的可靠性并表述出所获取的信息。

(2) 能了解住宅照明与车间照明的区别。

(3) 能初步识读车间照明线路施工图、能了解技术要求。

(4) 能够与老师、同学协作与沟通，确定工作任务的内容。

【学习过程】

通过阅读任务书和识读图样，回答下列问题：

任务书：

机械厂新建一车间，现需要对其照明电路进行安装。要求：明敷，薄壁金属电工管，金属线槽，办公室、配电房等用电工管。材料厂方已备齐，布局及安装要求见施工图。工程部向电工班下达车间照明电路的安装任务，工期为 5 天，任务完成后交付工程部验收。（学生需完成办公室、配电房等的照明线路的安装任务）

施工图及安装要求见图 8-1 和图 8-2。

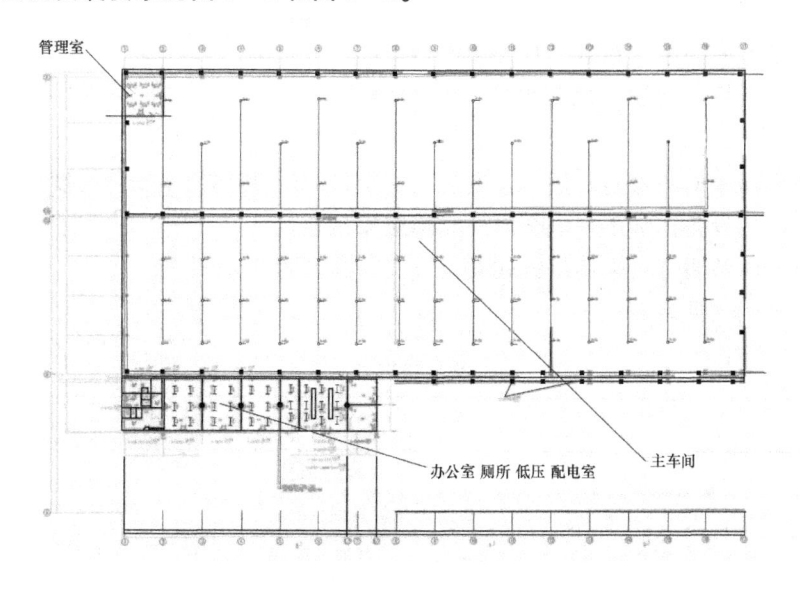

图 8-1　某车间照明电路施工图

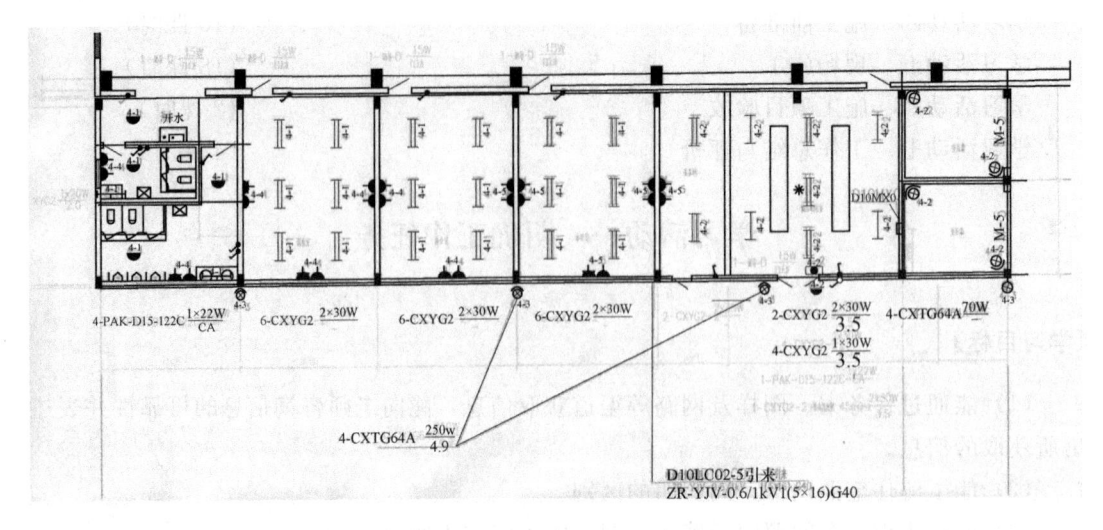

图 8-2 调度室、办公室、厕所、低压配电室等

沿厂房梁到灯具也可用电工管布线；各辅助房间（办公室、测所、管理室、配电室等）用电工管布线。

说明：

(1) 照明配电箱配电系统图见图 8-3。

(2) D10MX01、02、03、04 为挂墙式控制箱，拿柱安装，安装高度为箱体中心距所在地坪 1.5m。

(3) 门口雨棚下的吸顶灯开关需要安装防溅盒，安装位置应防止雨水溅入。

(4) 机修车间同一屋面下灯具安装高度保持在同一平面，要求不能与吊车相碰，且便于维护。

(5) 图中所有灯具安装高度指光源底面距所在地坪的高度。

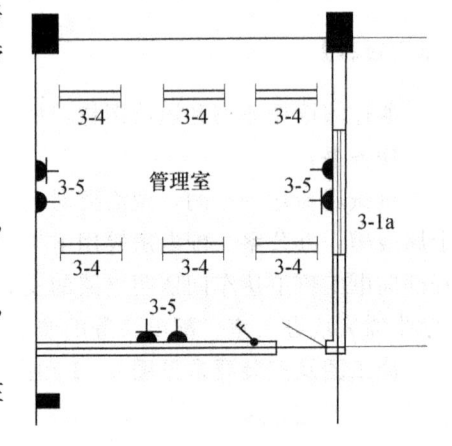

图 8-3 管理室详图

(6) 原所内插座使防水防溅插座，安装高度+1.2m，其他插座安装高度+0.3m。

(7) 所有电气设备正常不带电金属外壳均应靠接地。

(8) 配电室内照明灯具采用吊链式安装，安装高度为 3.5m。

(9) 标注示例（见表 8-2）：

表 8-2　　　　　　　　　　　　　标注示例

示例	$a-b\dfrac{c}{d}$
a	灯具数量
b	灯具型号或编号
c	灯泡容量/W
d	灯具距所在地坪安装高度/m

（10）主厂房线路敷设方式。

1）从照明配电箱 D10MX01、02、03 配出的线采用 BV－500 6mm² 导线。电线穿钢管沿厂房柱敷设至厂房柱顶部照明线槽，再沿厂房梁线槽敷设至灯具。

2）在照明配电箱安装处顶部沿行列线全长设置 80mm×40mm 的电缆线槽，沿厂房梁至照明灯具设置 50mm×25mm 的电缆线槽，用于敷设照明线路。

3）灯头线采用 BVR－500 1.5mm² 导线。

4）电缆线槽固定在主厂房屋架上，水平固定间距为 1.5m。

5）敷设在厂房电缆线槽内的照明导线要求按回路每隔 1.5m 捆轧一次，以降低阻抗和方便维修。

①本任务主要做什么？

②本任务中哪些技术是已经学习过的？

③本任务中哪些技术是需要学习的？

④本任务的工期是多长？

⑤车间照明有什么需要注意的？

学习活动二　勘察施工现场

【学习目标】

(1) 对照车间照明线路施工图，现场确定灯具、开关、插座等的具体位置。

(2) 确定线管或线槽的敷设路线和方法。

(3) 与客户沟通（情景模仿）。

【学习过程】

通过阅读任务书、识读图样，在勘察施工现场的同时与车间的相关人员交流，之后需要确定下列事项：

(1) 车间是什么性质的车间？

(2) 主车间的面积有多大？

(3) 主车间采用何种光源照明？有何特点？

(4) 主车间的每个照明灯的功率是多少？一共有多少个？

(5) 安装位置距地面有多高？

(6) 主车间的辅助面积有哪些？

(7) 辅助部分用何种光源照明？

(8) 每个办公室的照明灯的安装高度是多少？总功率是多少？

(9) 插座在哪？高度是多少？用何种插座？

(10) 厕所采用何种光源？

(11) 厕所采用何种插座？为什么？

(12) 车间对照明灯具的安装有何特殊要求？

(13) 车间电源在何处？

(14) 管理室开关的具体位置在哪？

(15) 管理室有多少盏灯？什么灯？每盏灯的功率多大？

(16) 灯的安装位置是什么？高度是多少？

(17) 管理室的电工管的敷设方法及路线是什么？

(18) 配电室的照明灯具安装有何具体要求？

学习活动三 制订工作计划

请根据施工图、任务书和现场勘察，给出本任务在施工过程中所需清单。并指出哪些工具未曾使用过，或不熟悉，哪些器件不了解，见表8-3和表8-4。

表8-3　　　　　　　　　　　　　工具清单

序号	名称	型号	数量
1			
2			
3			
4			
5			

表8-4　　　　　　　　　　　　　材料清单

序号	名称	型号	数量
1			
2			
3			
4			
5			

根据实际情况制定工作计划。

工作计划应包括下列内容：
(1) 工作任务名称。
(2) 工期时间。
(3) 工艺要求（规程）。
(4) 人员分组、各组应该完成的任务等。
工作计划：
_____
_____

展示工作计划，由各组自行决定。

学习活动四　施工前准备

本工作任务的重点是：
(1) 弯管器的使用（用于金属电工管）。
(2) 电工管的安装工艺。
(3) 高压汞灯的安装。
1) 学习高压汞灯的工作原理。
2) 阅读高压汞灯的安装指南、安装规范。
3) 了解高压汞灯使用环境。
(4) 高频无极灯的安装。
(5) 电能表的安装。
通过阅读相关资料，与教师或电气技术人员交流，回答下列问题：
1) 高压汞灯对使用环境有什么要求？
_____
_____

2) 写出高压汞灯的安装规范。
_____
_____

3) 高压汞灯有哪些优点？
_____
_____

4) 高频无极灯是什么类型的灯？
_____
_____

5) 高频无极灯有哪几个主要组成部分？
_____
_____

6）安装高频无极灯时，要注意什么？

7）请查找有关资料，回答高频无极灯有什么优、缺点？

8）电能表的用途是什么？

9）单相电能表的电源输入、输出的接线要求是什么？

10）怎样选用与安装电能表？

11）金属电工管常用于什么场所？

12）厚壁电工管有什么特点？

13）薄壁电工管有什么特点？

14）切割电工管常用什么方法？你使用过什么方法？

15）电工管切割后，为什么要处理割口？

16）处理电工管割口常使用什么工具？你认为用什么工具处理好？

17）薄壁电工管与接线盒是如何连接的？常用的连接器有几种？

18）薄壁电工管与薄壁电工管之间是如何连接的？常用的连接件有几种？

19）常用的弯管方法有两种，是哪两种？

20）弯管时要注意什么？

21）手工弯管适用的范围是多少？（电工管的管径）

22）明敷时，对电工管的曲率半径有何要求？

23）明敷电工管的施工步骤有哪几个内容？

24）电工管安装时，对于直径 15～20mm 的电工管，中间固定点间的最大允许距离是多少？

25）电工管安装时，对管卡与终端、转弯中点、电气器具或接线盒边缘的距离有什么要求？

26）列举常用的电工管的安装方法。

27）电工管配线与设备，如不能直接进入时，可用哪些方法与设备进行连接？

一、高压汞灯的工作原理

高压汞灯又称为高压水银灯，是一种相对新型的电光源，分荧光高压汞灯、反射型荧光高压汞灯和自镇流荧光高压汞灯三种，主要由涂有荧光粉的玻璃泡和装有主、辅电极的放电管组成。玻璃泡内装有与放电管内辅助电极串联的附加电阻及电极引线，并将玻璃泡与放电管间抽成真空，充入少量惰性气体，如图 8-4 所示。

荧光高压汞灯的光效比白炽灯高三倍左右，寿命也长，启动时不需加热灯丝，故不需

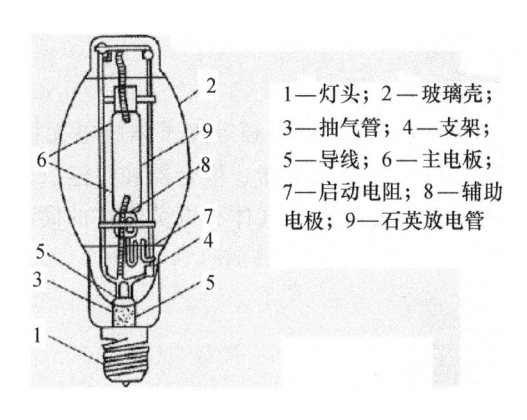

图 8-4 高压汞灯

1—灯头；2—玻璃壳；3—抽气管；4—支架；5—导线；6—主电极；7—启动电阻；8—辅助电极；9—石英放电管

要启辉器，但显色性差，电源电压变化对灯的光电参数有较大影响，故电源电压变化不宜大于±5%。

反射型荧光高压汞灯玻璃壳内壁上部镀有铝反射层，具有定向反射性能，使用时可不用灯具。

反射型荧光高压汞灯和自镇流荧光高压汞灯见图 8-5。

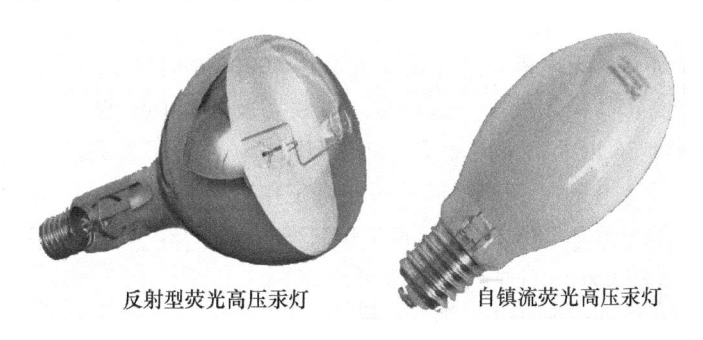

反射型荧光高压汞灯　　自镇流荧光高压汞灯

图 8-5　反射型荧光高压汞灯和自镇流荧光高压汞灯

自镇流荧光高压汞灯用钨丝作为镇流器，是利用高压汞蒸气放电、白炽体和荧光材料三种发光物质同时发光的复合光源。这类灯的外玻璃壳内壁都涂有荧光粉，它能将汞蒸气放电时辐射的紫外线转变为可见光，以改善光色，提高光效。

高压汞灯主要的优点有发光效率高、寿命长、省电、耐震，且对安装无特殊要求，所以被广泛用于施工现场、广场、车站等大面积场所的照明。

二、高压汞灯的安装

高压汞灯有两种，一种需要镇流器，一种不需要镇流器。所以安装时一定要看清楚。需要配置镇流器的高压汞灯一定要使镇流器的功率与灯泡的功率相匹配，否则，灯泡会损坏或者启动困难。高压汞灯可在任意位置使用，但水平点亮时，会影响光通量的输出，而且容易自灭。高压汞灯工作时，外玻璃壳温度很高，必须配备散热好的灯具。外玻璃壳破碎后的高压汞灯应立即换下，因为大量的紫外线会伤害人的眼睛。高压汞灯的供电电压应尽量保持稳定，当电压降低5%时，灯泡可能会自行熄灭，所以，必要时，应考虑调压措施。

三、高频无极灯

无极灯介绍：无极灯是 Promise Light 高频等离子体放电无极灯的简称；无极灯分高频无级灯和低频无级灯。无极灯由高频发生器、耦合器和灯泡三部分组成。无极灯属于第四代照明产品，无灯丝，无电极，是无电极气体放电荧光灯的简称，见图 8-6。

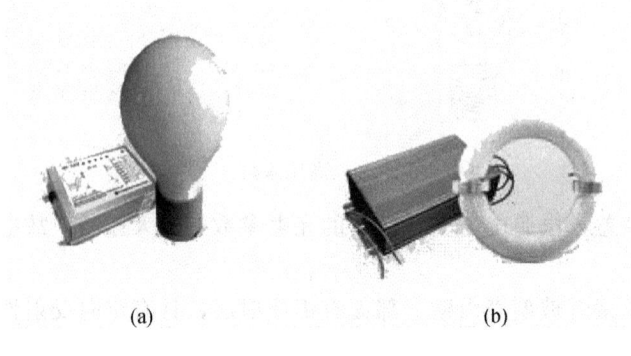

图 8-6 高频无极灯

特点：
(1) 灯泡内无灯丝、无电极，产品使用寿命达 60000 小时以上。
(2) 发光效率高，高频无极灯 70Lm/W，低频无极灯 75Lm/W。
(3) 显色指数达 80 以上，采用优质三基色荧光粉，颜色不失真。
(4) 宽电压工作，电压在 185~255V 可正常工作。
(5) 高频工作频率为 2.65MHz，低频工作频率为 230Hz，安全没有频闪效应。
(6) 光衰小，20000 小时后光通维持率可达 80%。
(7) 瞬时启动再启动时间均小于 0.5s。
(8) 启动温度低，适应温度范围大，零下 25℃，均可正常启动和工作。
(9) 功率因数可高达 0.95 以上。
(10) 安全可靠性、绿色环保、真正实现免维护、免更换。

优、缺点：
(1) 高频无极灯体积小，灯泡外形变化较多，可配灯具多，旧灯具稍加改装也可使用，同等功率下光效更高，灯泡采用纳米级别的氧化铝涂层杜绝电磁辐射。但是高频无极灯缺点也显而易见，散热不好，造成功率做不高，为求质量稳定，一般厂商只做到 200W。

(2) 低频无极灯功率可以做大，大功率低频无极灯是其他常用的常规照明灯所无法企及的存在，耦合器外置、灯管体积大，因此散热效果也非常好。但是因为体积大造成的可配灯具也非常少，并造成一些流明损耗。另外耦合器外置造成有少量的电磁外泄。

灯的形状。
高频无极灯：球形、柱形、螺口分体灯、小功率螺口一体灯。
低频无极灯：球形、环形、矩形、小功率螺口一体灯。

1) 无极灯系统组成示意图,见图 8-7。

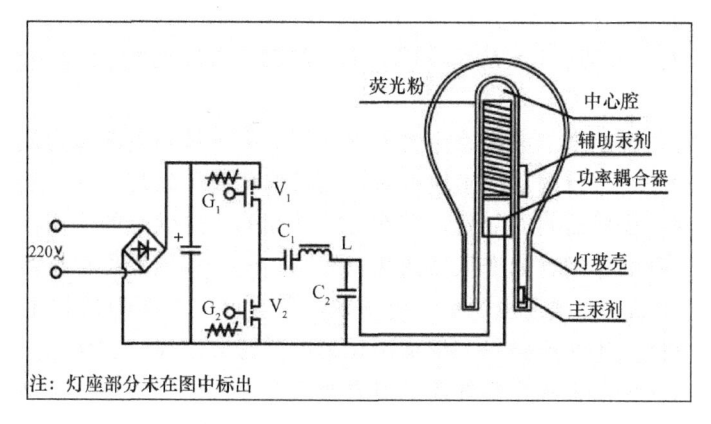

图 8-7 无极灯系统组成示意图

2) 无极灯安装尺寸图:单位毫米（mm）,见图 8-8。

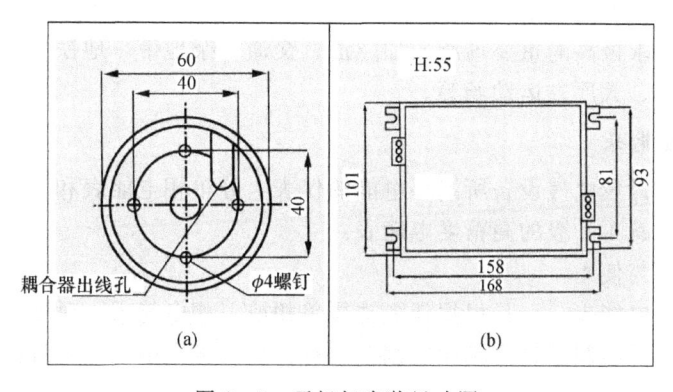

图 8-8 无极灯安装尺寸图

3) 无极灯系统安装示意图,见图 8-9。

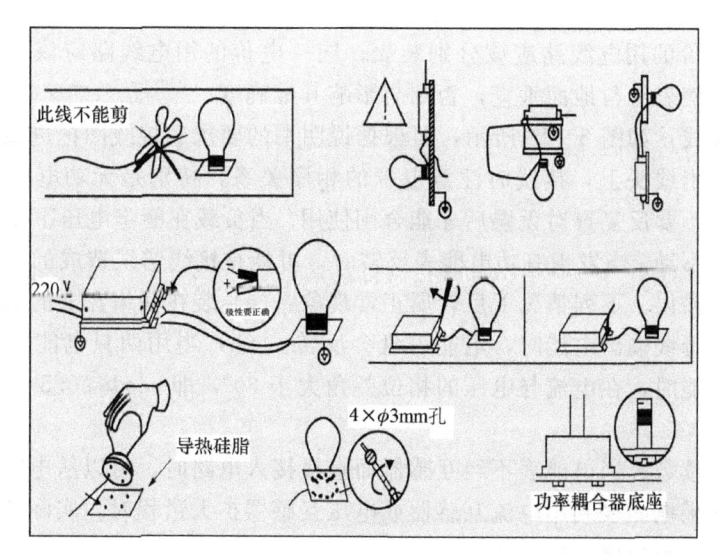

图 8-9 无极灯系统安装示意图

253

注：安装无极灯时，必须使用散热金属铝板或铜板，散热金属板面积如下。

无极灯功率为：30W、40W、60W、85W、100W 时，散热面积 $S \geqslant 250 cm^2$

无极灯功率为：120W、135W、165W、200W 时，散热面积 $S \geqslant 300 cm^2$

选用指南：

无电极荧光灯系统是基于电磁感应的原理，使等离子体与电路磁力线耦合，利用套在灯管外面的一对铁心在灯管内形成感应电流，而不像普通荧光灯一样，利用电极将外部的电能转化为灯内部工作所需要的能量。套在灯管外面的一对铁心的作用犹如变压器的初级线圈，而闭合的灯管的作用犹如变压器的次级线圈。电子镇流器可根据需要，与灯管分开安装，距离为 0~20m。在接通电源后，电子镇流器会产生 1.5MHz 以上工作频率的交变电流，从而在放电区产生交流磁场。根据法拉第电磁感应定律，变化的磁场会在灯管内产生感应电流，从而使低压汞和惰性气体的混合蒸汽产生放电，辐射出 253.7nm 的紫外线，再通过荧光粉转化为可见光。

由于无极灯没有电极，灯管部分不存在易损元件，整个系统的寿命主要取决于电子镇流器，所以这类灯的寿命非常长，可达到 6 万小时以上。特别适用于换灯困难且费用昂贵的场所及对安全要求极高的重要场所。如隧道、交通复杂地带、地铁站、天花板很高的厂房、危险地域照明、大厅、运动场等。

四、单相电能表

电能表是用来计量电气设备所消耗电能的仪表，分单相电能表和三相电能表，准确度一般为 2.0 级，也有 1.0 级的高精度电能表。

电能表的安装与使用：

（1）合理选择电能表：一是根据任务选择单相或三相电能表。对于三相电能表，应根据被测线路是三相三线制还是三相四线制来选择。二是额定电压、电流的选择，必须使负载电压、电流等于或小于其额定值。

（2）安装电能表：电能表通常与配电装置安装在一起，而电能表应该安装在配电装置的下方，其中心距地面 1.5~1.8m 处；并列安装多只电能表时，两表间距不得小于 200mm；不同电价的用电线路应该分别装表；同一电价的用电线路应该合并装表；安装电能表时，必须使表身与地面垂直，否则会影响其准确度。

（3）正确接线：如图 8-10 所示，要根据说明书的要求和接线图把进线和出线依次对应接在电能表的出线头上；接线时注意电源的相序关系，特别是无功电能表更要注意相序；接线完毕后，要反复查对无误后才能合闸使用。当负载在额定电压下是空载时，电能表铝盘应该静止不动。当发现有功电能表反转时，可能是接线错误造成的，但不能认为凡是反转都是接线错误。下列情况下反转属正常现象：(a) 装在联络盘上的电能表，当由一段母线向另一段母线输出电能时，电能表盘会反转。(b) 当用两只电能表测定三相三线制负载的有功电能时，在电流与电压的相位差角大于 60°，即 $\cos\Phi < 0.5$ 时，其中一个电能表会反转。

（4）正确的读数：当电能表不经互感器而直接接入电路时，可以从电能表上直接读出实际用电量；如果电能表利用电流互感器或电压互感器扩大量程时，实际消耗电能应为电能表的读数乘以电流变比或电压变比。

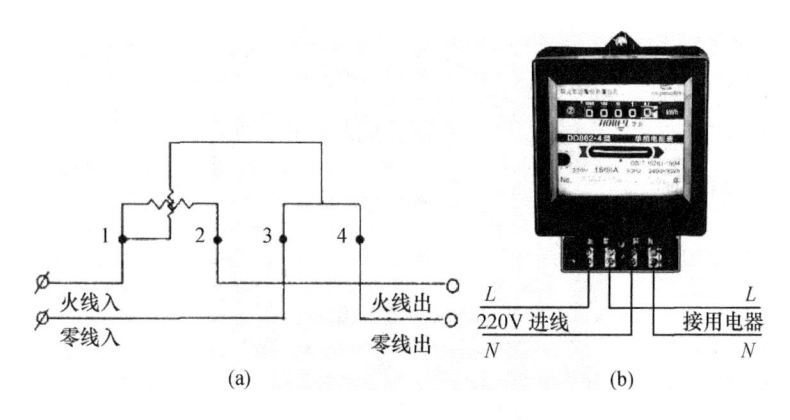

图 8-10 电能表接线

机械式电能表的型号及其含义：

电能表型号是用字母和数字的排列来表示的，内容如下：类别代号＋组别代号＋设计序号＋派生号。

如我们常用的家用单相电能表：DD862-4型、DDS971型、DDSY971型等。

1) 类别代号：D—电能表。

2) 组别代号：表示相线：D—单相；S—三相三线；T—三相四线。

3) 设计序号用阿拉伯数字表示：每个制造厂的设计序号不同，如长沙希麦特电子科技发展有限公司设计生产的电能表产品备案的序列号为971，正泰公司的为666等。

综合上面几点如下所述。

DD—表示单相电能表：如DD971型 DD862型。

DS—表示三相三线有功电能表：如DS862，DS971型。

DT—表示三相四线有功电能表：如DT862、DT971型。

DX—表示无功电能表：如DX971、DX864型。

DDS—表示单相电子式电能表：如DDS971型。

DTS—表示三相四线电子式有功电能表：如DTS971型。

DDSY—表示单相电子式预付费电能表：如DDSY971型。

DTSF—表示三相四线电子式复费率有功电能表：如DTSF971型。

DSSD—表示三相三线多功能电能表：如DSSD971型。

基本电流和额定最大电流：

基本电流是确定电能表有关特性的电流值，额定最大电流是仪表能满足其制造标准规定的准确度的最大电流值。

如 5（20）A 即表示电能表的基本电流为5A，额定最大电流为20A，对于三相电能表还应在前面乘以相数，如 3×5（20）A。

电能表面板如图 8-11 所示。

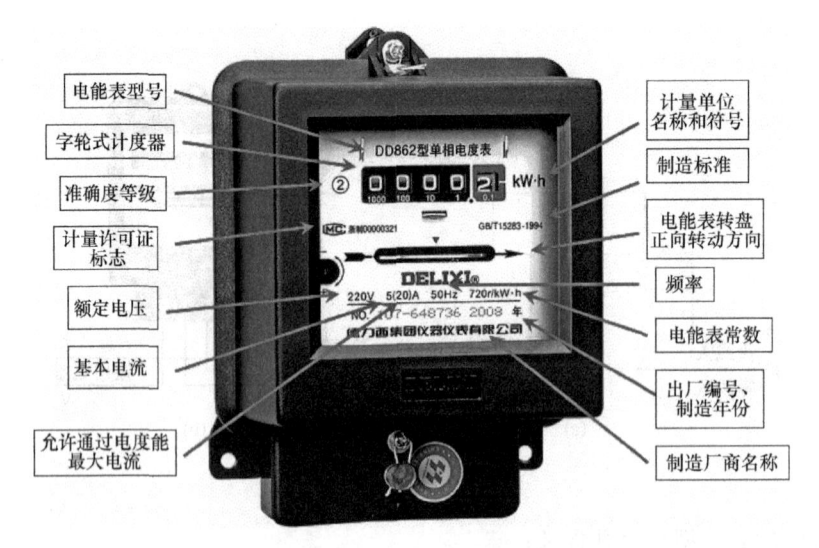

图 8-11 电能表面板

五、薄壁金属电工管的敷设

1. 金属电工管

钢管（电工管）按管壁的薄厚可分为两种：厚壁电工管和薄壁电工管（EMT）。厚壁电工管的连接需要用螺纹（套丝）连接，机械强度高，防碰撞；薄壁电工管则不用螺纹连接，连接处用螺钉固定或用锁紧螺母固定，安装相对容易。室内钢管（电工管）敷设应根据施工图样的要求和施工规范的规定，确定管路的敷设位置和走向以及在不同方向上进出盒（箱）的位置。

薄壁电工管通常用于干燥场所进行明敷。薄壁管也可安装于吊顶、夹板墙内，也可暗敷于墙体及混凝土层内。

电工管的敷设是指沿建筑物的墙、梁或支、吊架进行的敷设，一般在生产厂房中用的较多。明配钢管应配合土建施工安装好支架、吊架的预埋件，土建室内装饰工程结束后再配管。在吊顶内的配管，虽然属于暗配管，但一般常按明配管的方法施工。无特殊要求，工厂中的照明电路，多用薄壁电工管。

2. 电工管的切割

切割薄壁电工管的常用工具有：钢锯、切管器、（砂轮）切割机等。切割后，需用刮刀（铰刀）处理割口，见图 8-12。

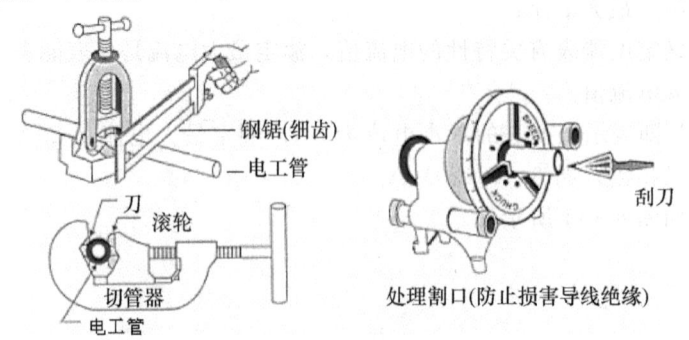

图 8-12 电工管的切割

3. 管与管的连接

薄壁电工管的连接是用连接件（连接器）完成的。常用的连接件如图 8-13 所示。

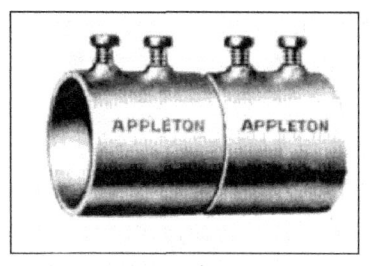

螺钉固定型 　　　　　　　　螺母固定型

图 8-13　电工管连接器

螺钉固定型连接件的使用方法：是将待连接的两只管分别插入连接件的两端，锁紧螺钉即可。

螺母固定型连接件的使用方法：是将待连接的两只管分别插入连接器的两端，锁紧螺母即可。

制作连接器的材料有钢管和铸铁两种。

4. 管与盒的连接

金属电工管需与金属盒相连接。电工管与盒的连接也需用连接件（连接器）。常用的盒及连接器如图 8-14 所示。

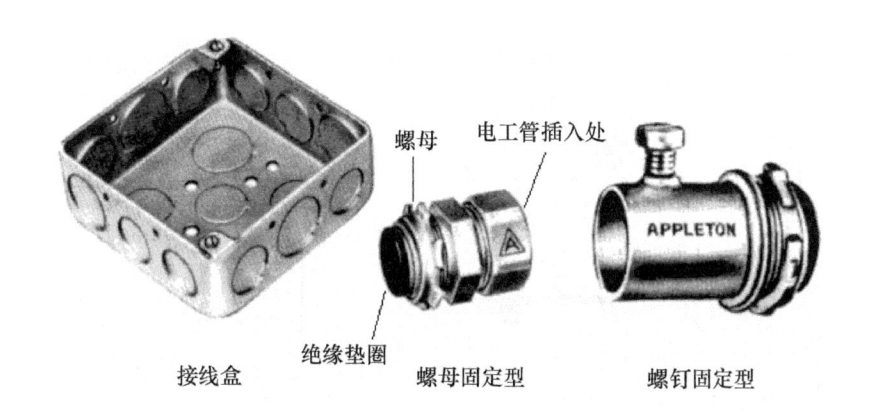

接线盒　　绝缘垫圈　螺母固定型　　螺钉固定型

（螺母　电工管插入处）

图 8-14　管与盒连接

连接方法：将螺母固定型连接件的螺母取下，选择接线盒中与其相适合的孔位，插入并锁紧螺母即可。请注意，连接件插入接线盒的一端，有一个绝缘垫圈，是用来保护导线绝缘的。安装时不要遗失。将电工管插入另一端，并锁紧螺母即可。

螺钉固定型连接器的连接方法与螺母固定型的连接方法相同。

5. 弯管

弯管是电工管安装中的一个难点。弯不好，电工管轻者变形，严重的会破裂报废，见图 8-15。

电工管的弯管方法有冷弯和热弯两种。热弯常用于厚壁电工管；冷弯用于薄壁电工管。弯管需要使用专用的弯管工具。常用的弯管工具如图 8-16 所示。

电工管一般都有焊缝，在弯管时务必将焊缝作为中间层，切忌将焊缝放在弯曲处的内侧或外侧。因为焊缝在内侧，会受到压缩力的作用；处在外侧，会受到拉伸力的作用；而中间处在弯曲形变时，受拉伸或压缩的力最小。因此，相对较硬、较脆的焊缝就不易发生皱折、断裂或瘪陷等现象。

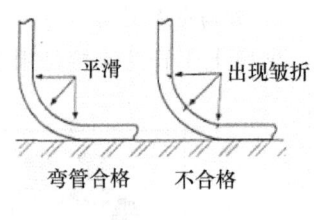

图 8-15 弯管

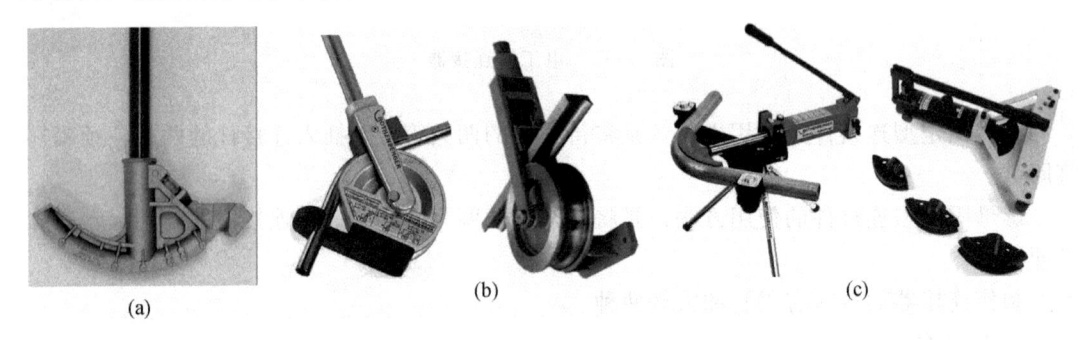

图 8-16 常用的弯管工具

对直径 25～30mm 以下的电工管常用手工弯管。图 8-17 是手工弯管器的使用简图。

图 8-17 手工弯管器的使用　　图 8-18 电工管的曲率半径

弯管时，要注意曲率半径不能太小。规定：明敷时的曲率半径 $R \geqslant 4d$（d 为电工管的外径），暗敷时 $R \geqslant 6d$，见图 8-18。

其他弯管器的使用请参见相应的弯管器使用说明书。

弯管的典型应用如图 8-19 所示，左图是使用场所，右图是常用的弯管形状。

弯一个弯，相对容易掌握。如要连续做两个弯，并在同一平面内，则较难。需要刻苦的练习才能做好。

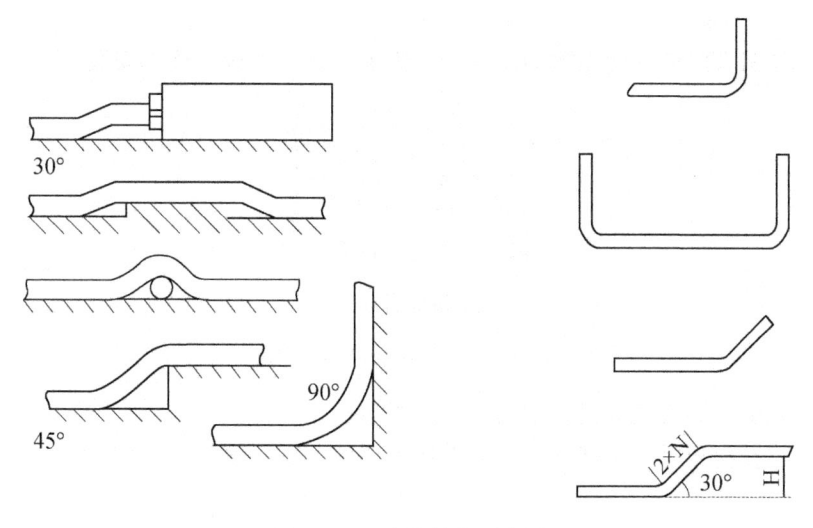

图 8-19 弯管的典型应用

6. 管的安装

电工管敷设有明敷和暗敷两种方式。

电工管明敷时，其施工步骤如下：

(1) 确定电器设备的安装位置。
(2) 划出管路中心线和管路交叉位置。
(3) 量管线长度。
(4) 将电工管按建筑结构形状弯曲。
(5) 根据测得管线长度锯切电工管。
(6) 将电工管、连接器和接线盒等连接成一整体进行安装。
(7) 做接地。

7. 安装间距

明管用吊装、支架敷设或沿墙安装时，固定点的距离应均匀，管卡与终端、转弯中点、电气器具或接线盒边缘的距离为150～500mm，中间固定点间的最大允许距离应符合表 8-5 的规定。

表 8-5　　　　　　　　　　　　　敷设表

敷设方式	钢管名称	钢管直径/mm			
		15～20	25～30	40～50	65～100
		最大允许距离/m			
吊架、支架	厚壁管	1.5	2.0	2.5	3.5
沿墙敷设	薄壁管	1.0	1.5	2.0	—

8. 电工管敷设施工

1）电工管明管沿墙拐弯做法如图 8-20 所示。钢管连接与接地安装如图 8-21 所示。

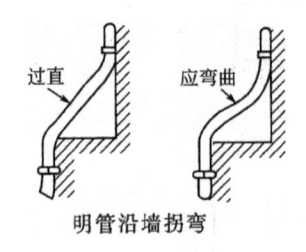

图 8-20　电工管明管沿墙拐弯做法

2）电工管引入接线盒等设备如图 8-22 所示。

3）电工管在拐角时要用拐角盒，其做法如图 8-23 所示。

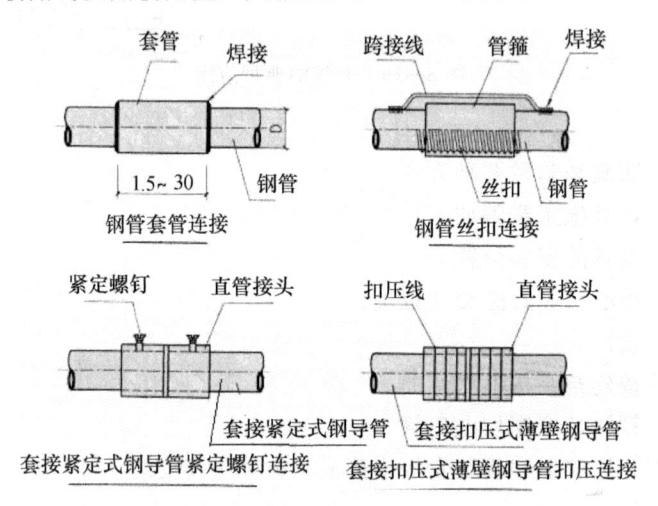

跨接线要求

DN/mm	跨接线/mm		
金属管	圆铜	扁钢	焊接长度
≤25	φ6	—	40
32	φ8	—	50
40～50	φ10	—	60
70～80	—	25×4	60

图 8-21　钢管连接与接地安装

4）电工管沿墙敷设采用管卡直接固定在墙上或支架上，如图 8-24 所示。

5）电工管沿房梁底面及侧面敷设方法如图 8-25 所示。

6）电工管吊装如图 8-26 所示。

7）电工管进入灯头盒、开关盒、接线盒及配电箱时，露出锁紧螺母的螺纹为 2～4 扣。当在室外或潮湿房屋内，采用防潮接线盒、配电箱时，配管与接线盒、配电箱的连接应加橡胶垫，见图 8-27。

8）电工管配线与设备连接时，应将电工管敷设到设备内，电工管露出地面的管口距

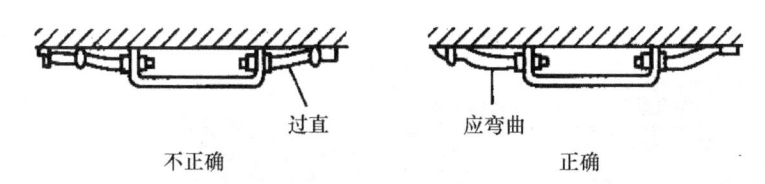

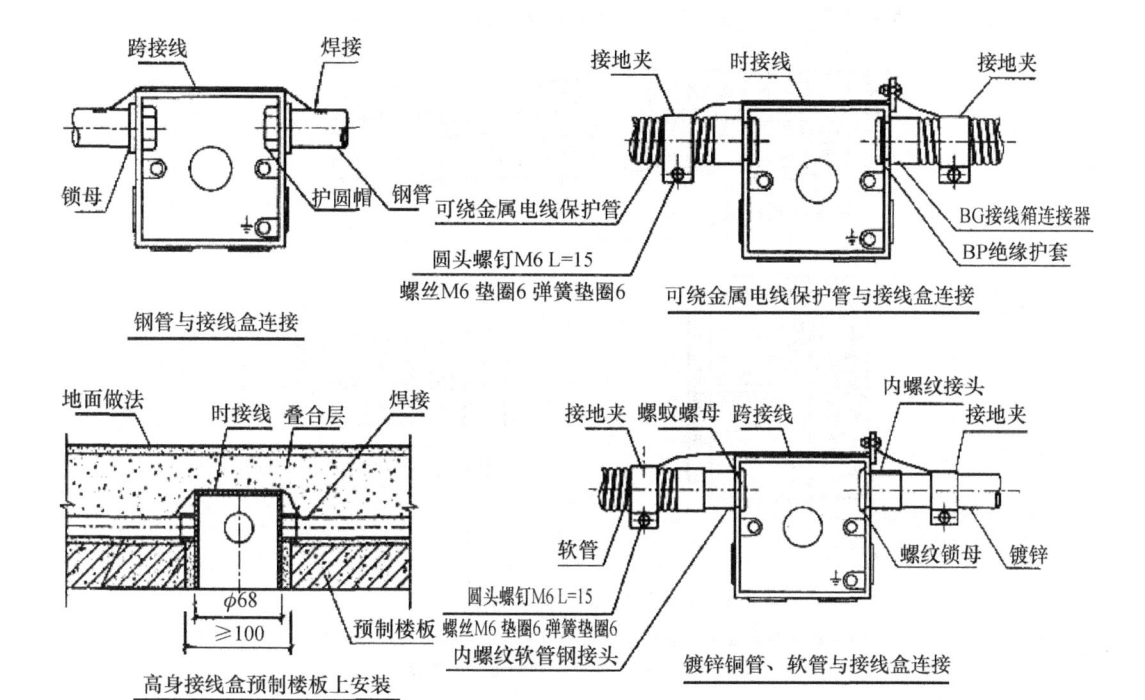

图 8-22 电工管引入接线盒等设备

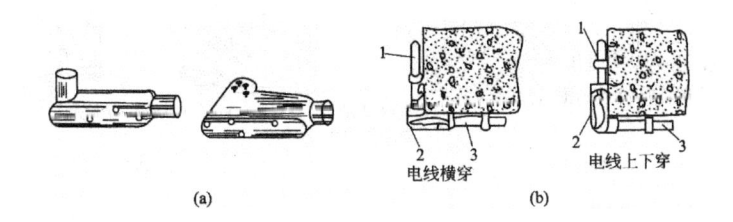

图 8-23 做法

地面高度应不小于200mm，如不能直接进入时，可按下列方法进行连接。

①在干燥房间内，可在电工管出口处加保护软管引入设备。

②在室外或潮湿的房间内，可采用防潮湿软管或在管口处装设防水弯头。当由防水弯

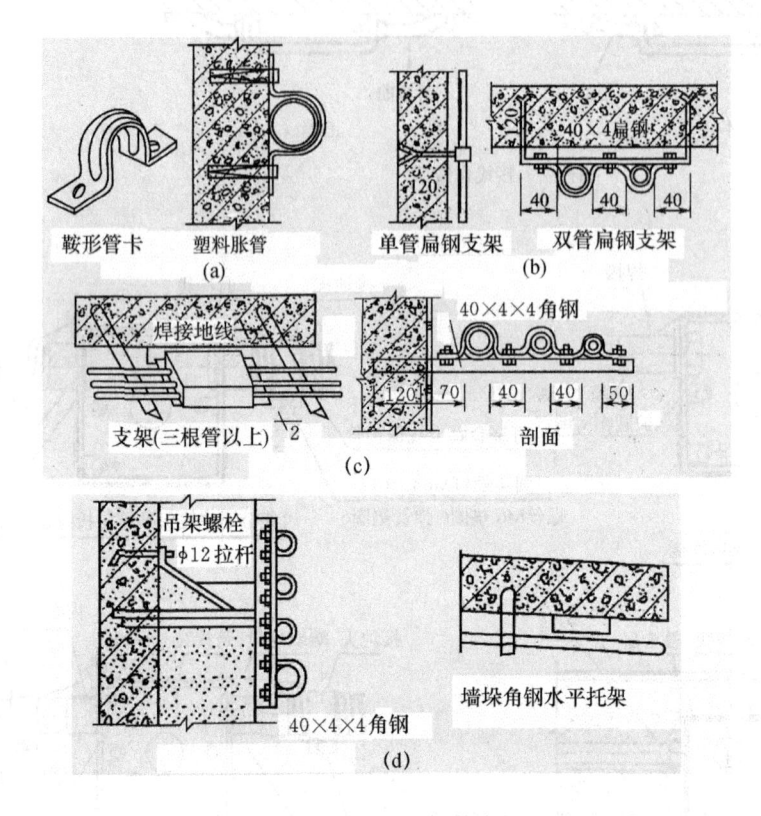

图 8-24 固定在墙上的支架上
(a) 钢管沿墙敷设；(b) 扁钢支架沿墙垂直敷设；(c) 角钢支架沿墙水平敷设；(d) 沿墙跨越柱子敷设

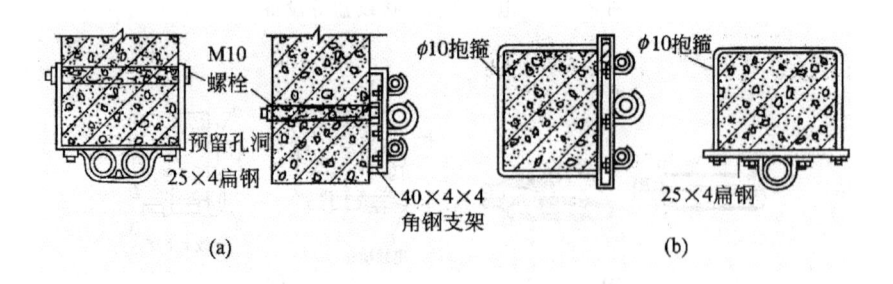

图 8-25 敷设方法

头引出的导线接至设备时，导线套绝缘软管保护，并应由防水弯头进入设备。

③金属软管引入设备时，软管与电工管、软管与设备间的连接应用软管接头连接。软管在设备上应用管卡固定，其固定点间距离应不大于1m，金属软管不能作为接地导体。

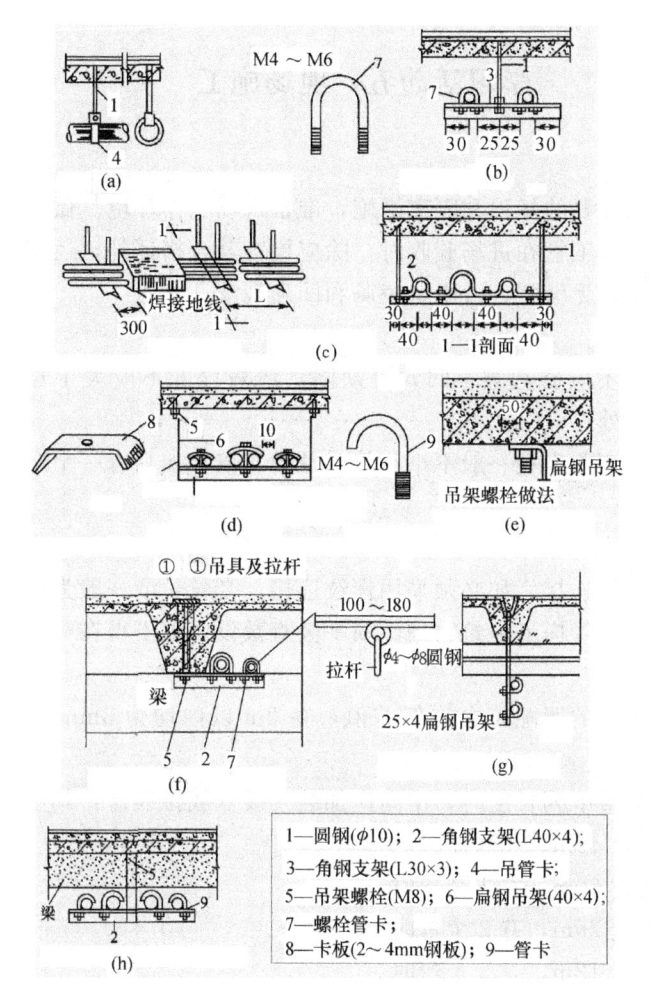

图 8-26 电工管吊装

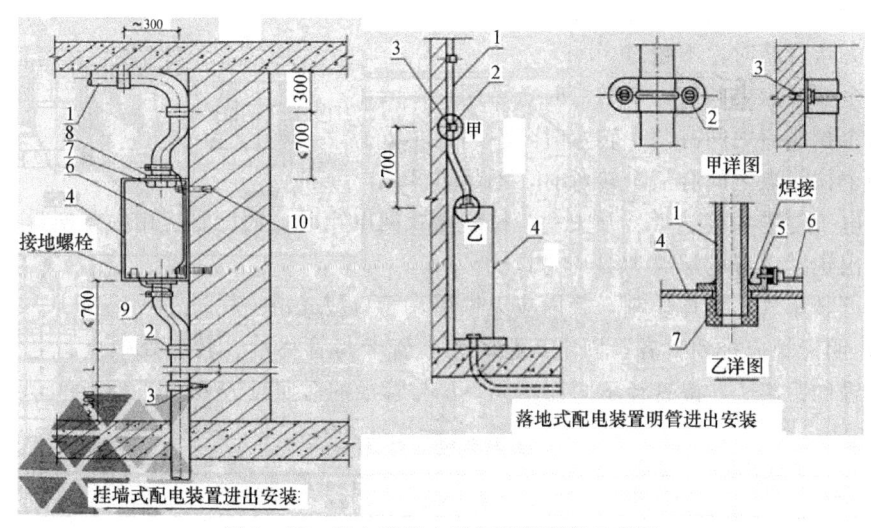

图 8-27 配电箱进出线穿钢管明敷示意图

学习活动五　现场施工

(1) 进场。

按照作业规程应用必要的标识和隔离措施，准备现场工作环境。做好安全准备工作。

(2) 电气安装用的电工管在进场验收时，除应检查其合格证外，还应注意电工管壁厚要均匀，焊缝均匀规则，无劈裂、沙眼、棱刺和凹扁现象。

(3) 弯管。

外观：管路弯曲处不应有起皱、凹穴等缺陷，弯扁程度不应大于管子外径的10%，配管接头不宜设在弯曲处。

弯曲半径：明配管弯曲半径一般不小于管外径的6倍；如只有一个弯时，则不可小于管外径的4倍。

(4) 配管连接。

薄壁管严禁对口焊接连接，如必须采用螺纹连接，套丝长度一般为束节长度的1/2。

(5) 明配管时，电工管应沿建筑物表面横平竖直敷设，但不得在锅炉、烟道和其他发热表面上敷设。

(6) 水平或垂直敷设的明配管允许偏差值，在2m以内均为3mm，全长不应超过管子内径的1/2。

(7) 在电线管路超过下列长度时，中间应加装接线盒或拉线盒，其位置应便于穿线。

1) 管子长度每超过45m，无弯曲时。
2) 管子长度每超过30m，有1个弯时。
3) 管子长度每超过20m，有2个弯时。
4) 管子长度每超过12m，有3个弯时。

金属管布线和硬质塑料管布线的管道较长或转弯较多时，宜适当加装拉线盒或加大管径；两个拉线点之间的距离应符合下列规定。

①对无弯管路时，不超过30m。
②两个拉线点之间有一个转弯时，不超过20m。
③两个拉线点之间有两个转弯时，不超过15m。
④两个拉线点之间有三个转弯时，不超过8m。

(8) 电工管进入接线盒、开关盒、拉线盒及配电箱时，明配管应用锁紧螺母或护圈帽固定，露出锁紧螺母的螺纹为2~4扣。

(9) 严禁用气、电焊切割，管内应无铁屑，管口应光滑。

(10) 明配管应排列整齐，固定点距均匀。管卡与管终端、转弯处中点、电气设备或接线盒边缘的距离 L，按管径不同而不同。L 与管径的对照见表8-6。

表8-4　　　　　　　　　L 与管径的对照

管径/mm	15~20	25~32	40~50	65~100
L/mm	150	250	300	500

(11) 管内配线。

穿在管内绝缘导线的额定电压不应低于500V。按标准，黄、绿、红色分别为A、B、C三相色标，淡蓝色或黑色为零线，黄绿相间混合线为接地线。

(12) 管内导线总截面积（包括外护层）不应超过管截面积的40%。

(13) 管内导线不得有接头和扭结，在导线出管口处，应加装护圈。为便于导线的检查与更换，配线所用的铜心软线最小线心截面积不小于$1mm^2$。

不同回路的线路不应穿于同一根管路内，但符合下列情况时可穿在同一根管路内。

①标称电压为50V以下的回路。

②同一设备或同一流水作业线设备的电力回路和无防干扰要求的控制回路。

③同一照明灯具的几个回路。

④同类照明的几个回路，但管内绝缘导线总数不应多于8根。

(14) 成品保护意识

上述规范应严格执行。如有其他问题，可查阅中华人民共和国国家标准，《建筑电气施工质量验收规范》或《电气工程施工与安装》等相关技术资料。

在本任务的安装工作中，应严格按任务书和施工图的要求进行，按规程安装。

各小组按已制订的计划和方案进行，教师现场巡查指导。

评价见表8-7

表8-7　　　　　　　　　　　评价表

学生姓名_____

项目	自我评价			小组评价			教师评价		
	10～8	7～6	5～1	10～8	7～6	5～1	10～8	7～6	5～1
线路安装工艺									
按规范安装器件									
正确标注铭牌									
职业习惯									
总评									

学习活动六　施工项目验收

【学习目标】

学习地点：施工现场

学习课时：2课时

【学习过程】

填写工作验收单,见表8-8。

表8-8　　　　　　　　　　　工作验收单

编号:　　　　　　　　　　　　　　　流水号:填表日期:

报建单位		报建人		报建时间	
报建项目		维建地点		适合施工时间	
报建单位验收意见				验收人 验收时间	
安装单位审核意见		施工人员		施工时间	
审核人		计划工时		实际工时	

学习活动七　工作总结与评价

操作能力考核表(操作技能考点能完成的打钩,尽量不要以分数进行界定;如可能,可导入企业评价),见表8-9。

表8-9　　　　　　　　　　　活动评价表

班级:　　　　　　　　　　组别:　　　　　　　　　　姓名:

项目	评价内容	评价等级（学生自评）		
		A	B	C
关键能力考核项目	遵守纪律、遵守学习场所管理规定,服从安排			
	安全意识、责任意识,管理意识,注重节约、节能与环保			
	学习态度积极主动,能参加实习安排的活动			
	团队合作意识,注重沟通,能自主学习及相互协作			
	仪容仪表符合活动要求			
专业能力考核项目	按时按要求独立完成工作页			
	工具、设备选择得当,使用符合技术要求			
	操作规范,符合要求			
	学习准备充分、齐全			
	注重工作效率与工作质量			
小组评语及建议		组长签名： 　　　　　　年　月　日		
老师评语及建议		教师签名： 　　　　　　年　月　日		